高等学校计算机专业核心课
名师精品·系列教材

工信学术出版基金
Industry and Information Technology
Academic Publishing Fund

计算机体系结构
与 SoC 设计

附微课
视频

**Computer Architecture
and SoC Design**

韩军 ◉ 主编　秦心宇 刘旭东 邵天宇 孟建熠 ◉ 副主编

人民邮电出版社
北 京

U0161397

图书在版编目（CIP）数据

计算机体系结构与SoC设计：附微课视频 / 韩军主编. -- 北京：人民邮电出版社，2022.10
高等学校计算机专业核心课名师精品系列教材
ISBN 978-7-115-59266-8

Ⅰ．①计… Ⅱ．①韩… Ⅲ．①计算机体系结构－高等学校－教材②集成电路－芯片－设计－高等学校－教材 Ⅳ．①TP303②TN402

中国版本图书馆CIP数据核字(2022)第078632号

内 容 提 要

本书为一本融合计算机体系结构基本原理和SoC设计实践的专业教材，包含基础理论知识和嵌入式SoC开发实验。基础理论知识部分深入浅出地阐述计算机体系结构领域的关键技术和发展趋势，涵盖指令集基本原理、流水线技术、存储与I/O系统、SoC设计与嵌入式操作系统等核心知识。嵌入式SoC开发实验部分以工业级处理器和SoC案例为依托，从体系结构仿真、处理器RTL仿真、SoC集成到FPGA硬件验证，系统地呈现嵌入式系统开发的全流程。全书将实践内容与理论知识紧密结合，紧跟产业前沿，融合真实的开源工业级处理器设计细节，并附有微课视频讲解，力求使读者在实践中了解处理器和SoC设计的核心原理和行业发展动态。

本书主要针对学习计算机体系结构相关课程的本科生、研究生，也可作为电子信息领域相关从业者的学习用书或参考教材。

◆ 主　　编　韩　军
　　副主编　秦心宇　刘旭东　邵天宇　孟建熠
　　责任编辑　祝智敏
　　责任印制　王　郁　陈　犇
◆ 人民邮电出版社出版发行　　北京市丰台区成寿寺路11号
　　邮编　100164　电子邮件　315@ptpress.com.cn
　　网址　https://www.ptpress.com.cn
　　大厂回族自治县聚鑫印刷有限责任公司印刷
◆ 开本：787×1092　1/16
　　印张：16.25　　　　　　　　　　2022年10月第1版
　　字数：392千字　　　　　　　　2022年10月河北第1次印刷

定价：69.80元
读者服务热线：(010)81055256　印装质量热线：(010)81055316
反盗版热线：(010)81055315
广告经营许可证：京东市监广登字 20170147 号

我国集成电路产业的高质量发展既承载着光荣的使命，也面临着严峻的挑战。要解决集成电路产业技术的深层次问题，特别是要在高端芯片领域持续发力，应当特别注重高端人才的培养。过去几年，国家为了大力培养集成电路产业人才，采取了诸多有效措施，将"集成电路科学与工程"设置为一级学科，在多所高校建设示范性微电子学院等。要真正培养出集成电路产业高端人才，需要植根产业的大环境，关注产品技术需求中的实际问题，高度重视培养创新实践能力，切实推进产教融合。

在具体举措上，一方面要让学生能够真正走入产业，参与产品开发、接触并掌握核心关键技术，从而培养出真正"有战斗力"的人才。另一方面要着力改革课程体系，使教学内容紧跟产业前沿，真正体现理论与实践、教育与产业的紧密结合。

紧紧围绕产教融合这一核心理念，复旦大学韩军教授与平头哥半导体有限公司孟建熠副总裁等专家共同探索了产教协同的路径，并以此为基础编撰了本教材。该教材在内容上将计算机体系结构的关键原理与先进的工业级 CPU 芯片的设计实践紧密结合，使学生能系统性地了解如何开展 CPU 与 SoC 设计，从而更加深刻地领会相关的理论基础与核心技术。该教材的推出凝结了学术界和产业界的努力，本身就是产教融合的一次积极探索。

振兴我国集成电路产业，根本点是人才培养。我们要力争形成教育与产业统筹融合、良性互动发展的总格局，一定要通过相关学校相关学科的建设与改革，推进课程改革和教材建设，形成促进产教融合的重要抓手。在奋力推进我国集成电路产业的征途上，一定要坚定信念，勇于攻坚克难。通过业界同仁一步一个脚印的持续努力，我国集成电路人才培养的数量和质量一定能逐步适应产业发展的战略需求。

国家示范性微电子学院建设专家组组长
浙江大学教授 严晓浪

计算机体系结构作为构建计算机系统的基本理论模型和关键技术方法，对人类社会的信息化进程产生了巨大的推动作用。在此基础上，集成电路的迅猛发展使计算机系统在性能持续提升的同时不断小型化和芯片化，有力地促进了信息技术和各类智能计算设备的广泛应用，从而使社会生活的形态发生了天翻地覆的变化。如今的各类片上系统（system on chip，SoC）就是依据计算机体系结构原理设计的一种芯片上的计算机系统，它们在各行各业的电子设备中发挥着不可或缺的作用。SoC 的核心是中央处理器（central processing unit，CPU）。CPU 的设计技术一直是制约我国芯片产业发展的瓶颈问题。要在这个领域实现突破，不仅要靠产业界的大力攻关，高等学校对相关人才的孕育和培养也同样重要。国家于 2020 年底批准设立了"集成电路科学与工程"一级学科，旨在构建支撑集成电路产业高速发展的创新人才培养体系。在国家产教融合政策的指引下，编者希望通过紧密结合产业界的需求，密切跟踪当前的技术发展趋势，为培养我国急需的 CPU 和 SoC 设计人才，建设相应的高水平课程与教材体系尽一份力。

近年来，RISC-V 开源指令集架构有力地带动了全球开源芯片的潮流，使处理器的研发和应用的生态掀开了新的历史篇章。平头哥半导体有限公司也推出了性能极强的 RISC-V 处理器——玄铁 C910，并在 2021 年阿里巴巴云栖大会上进行了全栈开源。利用产业界的开源项目，引入真实的工业级处理器案例和软硬件开发流程，让读者紧跟产业前沿，在生动、具体的研究资料中亲身体验计算机体系结构相关知识的实际应用，这成了一条实现高质量人才培养的重要途径。基于上述愿景，编者力图以玄铁处理器等 RISC-V 开源项目为抓手，探索一条产教融合的教学内容改革和教材建设的新路。

本书的主要内容包括计算机体系结构简介、指令集基本原理、处理器流水线结构、计算机存储系统、计算机 I/O 系统、SoC 设计、嵌入式操作系统、体系结构仿真器实验、RTL 的 SoC 平台仿真实验、基于 FPGA 的 SoC 板级测试实验。前 7 章主要介绍计算机体系结构的原理知识，后 3 章涵盖处理器的仿真、设计、集成和 FPGA 硬件验证的 10 项实验。

相较于其他计算机体系结构或嵌入式系统开发的相关教材，本书具有以下 3 个特色。

（1）理论结合实践。读者在学习相关理论基础的同时，可以结合本书后 3 章中相应的实验内容，理论联系实际，在处理器和 SoC 设计方面锻炼实际的动手能力。其中基于平头哥 wujian100 平台的 SoC 实验具有很好的启发性和可扩展性，可以培养读者的创新实践能力，构建更多有特色的 SoC 设计。

（2）紧跟业界进展。本书以案例学习的方式，对每一章的理论知识在工业界的发展和应用实例都进行了分析与介绍，能够引导读者将理论与实际应用相结合，进一步了解目前业界 SoC 设计的最新进展与动态。

（3）面向重大需求。本书力图使读者在掌握计算机体系结构基础知识的同时，侧重于从 CPU 设计的角度理解相关理论模型和技术方法，从而为将来投身芯片领域解决"卡脖子"问题做好知识储备。

本书在编写过程中，编者得到了复旦大学微电子学院教材建设重点研究基地、专用集成电路与系统国家重点实验室、处理器与 SoC 研究所的大力支持。微电子学院的研究生尹天宇、辛国柱、周宇超等同学在前期的材料准备过程中提供了重要帮助。阿里巴巴平头哥半导体有限公司的陈晨、陈志坚、陈炜等专家也提供了大力的支持和帮助。在本书的编辑出版过程中，得到了人民邮电出版社祝智敏编辑的大力支持。

鉴于编者的水平有限，书中难免有疏漏与不足之处，恳请各位专家学者、业界同仁及广大读者批评指正，不吝赐教，修改建议可直接反馈至编者的电子邮箱：junhan@fudan.edu.cn。

编者

2022 年春谨识于复旦大学

CONTENTS 目录

目录 CONTENTS

目录 CONTENTS

第 1 章
计算机体系结构简介

计算机技术自诞生以来蓬勃发展，已经显著地改变了人类的生活方式。作为计算机技术的基础，计算机体系结构数十年来经历了多次变革，近年摩尔定律（Moore's law）和登纳德缩放定律（Dennard scaling）的失效、多处理器（multiprocessor）和领域专用体系结构（domain specific architecture，DSA）的发展，以及开源 RISC-V 指令集的兴起等诸多因素给计算机体系结构的未来带来了新的机遇和挑战。

本章讲述计算机体系结构的基本概念和研究内容。首先介绍计算机的历史、现状和未来等背景知识，接着阐述目前计算机体系结构的定义和研究方向。另外，作为计算机体系结构的重要组成部分，当下主流的指令集架构（instruction set architecture，ISA）也将在本章中被简要介绍。本章的最后分享一个工业级处理器案例——玄铁 C910 的微架构（micro architecture）设计。

本章学习目标

（1）了解计算机的历史、发展现状和未来趋势。

（2）掌握计算机体系结构的基本概念和研究范畴。

（3）了解 RISC-V 等指令集架构的最近进展及其在工业级先进处理器中的应用案例。

1.1 计算机的历史、现状和未来

为了让读者对计算机技术有更加整体的了解，本节首先对计算机的历史、现状和未来分别进行介绍。计算机技术日新月异，虽然其只有短短几十年的历史，却发展得十分迅猛，如今计算机技术已逐渐被细致地划分为不同的领域。当下计算机技术面临着诸多机遇和挑战，有着大量不同的发展方向，本节也将对主流的几种未来发展方向进行介绍。

1.1.1 计算机的历史回顾

计算机的雏形最早可以追溯到 19 世纪差分机（difference engine）的发明。巴贝奇

（Babbage），一位具有空前远见的科学家发明了人类历史上第一台基于机械部件的"计算机"。这台计算机能够按照设计者的旨意，自动处理不同函数的计算过程，所能处理的数达到 3 个，计算精度则达到 6 位小数。应该说，差分机是计算机发展史上一项划时代的发明。

然而，巴贝奇并不满足这样的成就，他在 1834 年提出另一个大胆的设计，巴贝奇称之为分析机（analytical engine）。该机器不仅能进行特定的数学运算，而且被构想为一种被后世称为图灵完备（Turing completeness）的通用计算机（尽管当时还没有图灵完备的概念）。遗憾的是，巴贝奇最终失败了，当时的机械加工条件和制造精度还不能满足分析机的制造要求，这也使得分析机的设想超出了巴贝奇所处的时代整整一个世纪。

巴贝奇分析机蕴含的图灵机（Turing machine）概念在 1936 年才由英国数学家图灵（Turing）给出正式的形式化定义，图灵机将人们使用纸和笔进行数学运算的过程进行抽象，由虚拟的机器替代人类进行数学运算。图灵把人用纸和笔进行数学运算的过程看作两种简单的动作：在纸上写上或擦除某个符号，以及从纸的一个位置移动到另一个位置。图灵认为符合图灵机定义的机器能模拟人类所能进行的任何计算过程。

图灵机模型的提出在计算机的发展历史上具有里程碑式的意义。它证明了通用计算理论，肯定了通用计算机的可实现性，给出了计算机应有的主要架构。同时，图灵机模型引入了算法与程序语言的概念，极大地突破了过去计算机器的设计理念，为冯·诺依曼架构下的现代计算机的出现奠定了理论基础。

20 世纪，半导体技术的高速发展使得制造更高性能的计算机成为可能。人类历史上第一台通用电子计算机 ENIAC 于 1946 年诞生于美国宾夕法尼亚大学。在计算机已经走进千家万户的今天，ENIAC 的规模对于现代人是难以想象的，约 $150m^2$ 的面积以及近 30t 的质量使其注定与普通家庭无缘。同时，它每秒仅可进行 5000 次运算的速度在如今看来也非常缓慢。

ENIAC 使用电子管（electron tube）作为基本元件，但电子管具有体积大、耗电大、发热多的缺点，这些缺点大大限制了电子管计算机的发展。1945 年，贝尔实验室（Bell labs）成立了以肖克利（Shockley）为核心的半导体小组，这个在后世被认为颇富传奇色彩的小组在 1947 年发明了世界上第一个晶体管（transistor），为后来对人类影响深远的集成电路的诞生拉开了序幕。之后，随着金属氧化物半导体场效晶体管（metal-oxide-semiconductor field-effect transistor，MOSFET）（如图 1-1 所示）的发明，数字集成电路（digital integrated circuit）的发展越来越快，基于晶体管的通用计算机也应运而生，通用计算机逐渐走进普通人的家庭。

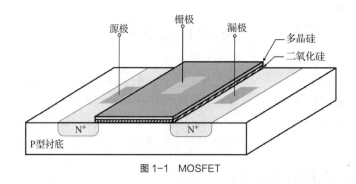

图 1-1　MOSFET

足以载入史册的第一块商用微处理器芯片 Intel 4004 于 1971 年诞生，片内集成了 2250

个晶体管，操作数位宽为 4 位，时钟频率为 108kHz，达到了每秒 6 万次的运算速度。Intel 公司（英特尔公司，后简称"Intel"）创始人之一戈登·摩尔（Gordon Moore）称之为人类历史上最具革新性的产品之一。这款处理器与同为 Intel 开发的动态随机存储器（dynamic random access memory，DRAM）（代号 4001）、只读存储器（read-only memory，ROM）（代号 4002）以及寄存器堆（代号 4003）相结合，就可以组装出一个微型计算机系统。随着 4004 的问世，之后越来越多的处理器被生产出来，新推出的处理器往往具有更高的性能和更复杂的微架构。

在中央处理器（central processing unit，CPU）诞生的早期，复杂指令集计算机（complex instruction set computer，CISC）是主流的计算机，因为它可以用较少的指令（instruction）完成一些复杂的操作。但是随着指令集的发展，CISC 风格指令集的弊端也渐渐显现，具体如下。

（1）在程序运行过程中存在着著名的"二八定理"，即程序中 80% 的指令只占所有指令类型的 20%，这使得 CISC 中定义的大量指令并不会经常用到，降低了 CISC 的指令编码空间的利用效率。

（2）CISC 中定义的那些并不常用的特殊指令让处理器的设计变得极为烦琐和复杂，大大增加了处理器的设计成本。

（3）CISC 指令集不利于处理器流水线（pipeline）的分割，从而限制了处理器性能的进一步提高。

20 世纪 80 年代，一种包含更精简指令的新指令集架构被提出且被后续的计算机广泛采用，称为精简指令集计算机（reduced instruction set computer，RISC）。

RISC 一经推出便对 CISC 产生了极大的冲击。DEC 公司的虚拟地址扩展（virtual address extension，VAX）架构由于没有跟上时代发展的潮流，被 RISC 架构取代。而与之相对应，Intel 敏锐地捕捉到了 RISC 架构所具有的潜力，从 1997 年的 Pentium Pro 架构开始引入微指令译码，将 CISC 架构的 x86 指令在处理器内部译码为类似 RISC 架构的简单指令，并采用了许多在 RISC 中被提出的创新方法，例如指令级并行（instruction level parallelism，ILP）。Intel 在 CPU 领域的建树使其成为到目前为止最成功的计算机商业公司之一。

如今，RISC 架构和 CISC 架构相互借鉴，其界限已经不再泾渭分明。两种指令集架构的更多介绍参见第 2 章。

随着 RISC 架构的广泛应用及集成电路科学的蓬勃发展，自 20 世纪 80 年代初到 21 世纪初，计算机迎来了发展的黄金年代，晶体管密度伴随全球人均 GDP 同步增长（如图 1-2 所示），计算机性能以每年超过 50% 的速率持续增长，该增长率在计算机产业中是空前的。这一发展趋势也正如戈登·摩尔所预言的著名的摩尔定律：当价格不变时，集成电路上可容纳的元器件的数目，每隔 18～24 个月便会增加一倍，性能也将提升一倍。

令人遗憾的是，计算机性能在过去数十年间的高速增长趋势正在放缓。1974 年提出的登纳德缩放定律在 2005 年前后失效，集成电路的功耗密度持续上升，指令级并行的开发也因为能量利用效率等方面的问题趋近极限。

上述问题驱使计算机产业转向新的角度以维持发展。例如，多核处理器取代单核处理器（single-core processor）；数据级并行、线程级并行乃至请求级并行开始受到更多重视；领域专用体系结构逐渐取代传统通用计算架构。除此之外，量子计算机、类脑计算机等新兴技术也将迎来发展机遇。

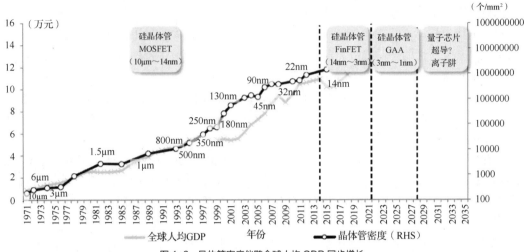

图 1-2　晶体管密度伴随全球人均 GDP 同步增长

1.1.2　计算机的发展现状

经过几十年的发展，计算机由单一的大型机（mainframe）类别发展为多个细分领域，包括移动端设备（mobile device）领域、台式计算机（desktop computer）领域、嵌入式计算机/物联网计算机（embedded computer/internet of things computer）领域、服务器（server）领域及仓库级计算机（warehouse-scale computer，WSC）集群领域。每一个领域都具有迥异、多样化的用户应用、需求和技术，下面介绍这些细分领域的主要特征。

1. 移动端设备领域

移动端设备是可以在移动中使用并具有用户界面的无线设备，当前环境下多指智能手机、平板电脑等具有多种应用功能的智能终端。伴随着互联网、无线通信和集成电路技术的快速发展，移动端设备的运算能力突飞猛进，移动端设备已经成为互联网的主要入口和关键创新平台，并迅速占据了主要市场份额。2020 年，移动端设备的互联网接入数量和访问流量在所有计算机类别中均排名第一，是当前计算机市场主要的增长动力之一。图 1-3 展示了 2010 年到 2020 年间移动端设备与台式计算机的市场份额变化。

图 1-3　移动端设备与台式计算机的市场份额变化

传统意义上，移动端处理器被认为是嵌入式处理器的一种。但是，如今移动端处理器出货量的快速增长使其形成了一个庞大而相对独立的市场。此外，当下的移动端处理器功能日益强大，一般都搭载操作系统并能够自由运行丰富的第三方软件，这与桌面端的通用处理器具有相同的特点。相对地，传统嵌入式处理器的软硬件平台限制较大，狭义的嵌入式处理器通常只能运行特定的软件。因此，现在一般把移动端处理器从传统嵌入式处理器中独立出来，移动端设备领域已经是一个相对独立且正处于舞台中心的计算机领域。

移动端设备市场的迅猛拓展同样促成了许多相关领域新兴技术的快速进步。除了以ARM（advanced RISC machine）架构为代表的移动端处理器高速迭代外，屏幕显示技术、电池技术、影像技术和生物特征识别技术等均在过去多年间得到了高速发展。移动端设备不仅追求更高的性能，还要考虑在有限的体积和电池容量下为用户带来更好的体验，这给软硬件技术都带来了新的挑战。高能效的硬件设计、高效率的电源和内存管理、操作系统的调度优化和更小"体积"的软件代码等手段，使移动端设备在便携性和长续航的方向上不断取得进步。

2. 台式计算机领域

台式计算机领域是最为传统的，也是过去数十年间占据最大市场份额的计算机领域。传统的台式计算机领域以家用台式计算机为主，如今超过一半的桌面市场由可以通过电池供电的便携式笔记本电脑占据。随着移动端设备和物联网计算机的兴起，台式计算机的市场份额正在逐年下降。图1-4展示了过去25年间台式计算机的年单位销售额变化。

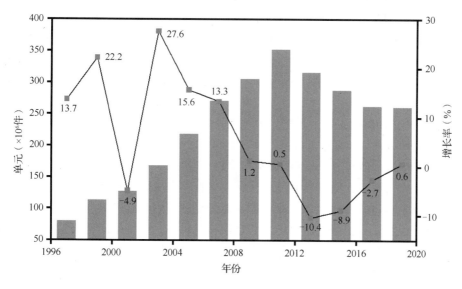

图 1-4　台式计算机的年单位销售额变化

可以看到，20世纪末，台式计算机的全球销售额增长非常迅猛，年均增长率超过15%，这一势头在21世纪的前10年稍有放缓，但依然保持高速增长。2010年后，随着智能手机等移动端设备市场的强势崛起，台式计算机受到严重的冲击，并连续7年保持负增长，如今的台式计算机市场维持在一个较为平稳的规模。尽管如此，不可否认的是，个人计算机及图形化、可交互的桌面交互系统的出现，极大地改变了人们的生活方式。作为主要的生产工具，台式计算机仍将在计算机市场中占据一席之地。

3．嵌入式计算机/物联网计算机领域

嵌入式计算机领域是一个高速增长的新兴领域。人类日常生活中处处可见嵌入式计算机的身影，其范围涵盖日常使用的智能设备（例如路由器、打印机、车载电子等）和娱乐设备（例如视频游戏机和数字机顶盒）等。物联网计算机是指能够连接网络（通常是无线方式）的嵌入式计算机，包括智能手环、智能手表，以及一些能联网的家居电子设备等。

虽然不同嵌入式计算机的计算性能差异较大，但相较于性能，衡量嵌入式计算机优劣更为重要的参数是能效比。在达到设备性能要求的前提下，更低的能耗成为产品的主要优势。为了追求更佳的能效比，广泛采用包括休眠模式、芯片动态电压频率调整及门控时钟单元等在内的超低功耗的电路设计技术。除此之外，存储需求也是嵌入式计算机需要考虑的关键特性。在很多嵌入式应用中，存储器是系统的重要部分，庞大的片上存储可能会给设备的小型化带来困难，因此针对存储器的优化显得尤为重要。随着物联网热潮的兴起，全世界范围内所有的物联网处理器的数目预计将很快达到 20 亿个至 50 亿个的规模。

物联网的兴起也为计算机安全带来了新的挑战。受限于体积和功耗等因素，物联网计算机对它们可用的计算资源有严格限制，计算能力的制约导致设备无法像台式计算机和服务器那样使用高级的安全措施，数据和通信安全也变得难以保证。另外，物联网计算机更容易受到环境噪声干扰和电磁场干扰等物理干扰，并可能被当作跳板以攻击其他物联网设备。设备分散、监管困难使得上述风险难以得到有效控制，这一新兴领域的安全规范现在正受到人们的广泛关注和讨论。

4．服务器领域

服务器主要用于提供更大规模及更可靠的文件与计算服务，以弥补台式计算机在规模和可靠性方面的不足。互联网的出现加速了这种趋势，这是因为互联网浪潮使得对网络服务器和网络业务的需求快速增长。服务器正逐渐取代传统的大型机成为企业进行大规模信息处理的中枢。

几乎整个因特网（Internet）结构都是基于客户端-服务器模型的，无论是域名系统（domain name system，DNS）、万维网还是各类邮件和文件传输服务，普通互联网用户的每项网络活动都在与数台工作于幕后的服务器"打交道"。

相较于台式计算机，服务器的可靠性和数据吞吐率显得更为重要。大型服务器需要长时间不间断地运行，可靠性要求非常高，对硬件的耐用性有着更严格的要求。关键的企业服务器一般需要有很强的容错能力和错误检查机制，并尽量使用错误率低的专用硬件，以延长正常运行时间。为了保证数据安全性，服务器通常还会引入硬件冗余，例如纠错码（error correction code，ECC）校验、独立磁盘冗余阵列（redundant arrays of independent disks，RAID）以及多地数据备份和同步等，以保证单台主机故障时服务器仍可正常工作。此外，数据吞吐率是处理大流量业务的服务器的关键特性。如今，各类电商平台种类繁多的购物节活动、订票网站在节假日急剧增长的访问需求均对服务器的吞吐率提出了很高的要求。

5．仓库级计算机集群领域

随着信息搜索、社交网络及网上购物等网络服务需求呈现爆发式的增长，单台服务器通常已经不能满足企业对网络服务的需要，计算机集群的概念应运而生。所谓计算机集群，

是指若干台台式计算机或者服务器通过本地局域网互连，从而像单台计算机一样进行工作。计算机集群是低成本处理器、高速网络和高性能分布式软件共同作用的产物。多数情况下，集群中的节点使用相同的硬件和操作系统，并通过特定的网络协议进行通信。仓库级计算机集群是计算机集群中最大的一类，它通常由成千上万台服务器组成，对外却表现为一台服务器的工作形式。

仓库级计算机需要消耗大量的能源给机房设备和冷却系统供电，因此除了建设成本外，维护成本占据了仓库级计算机的大量支出，这使得仓库级计算机的性价比及能耗成为重要的市场因素。仓库级计算机有着与服务器类似的高可靠性要求，一般情况下，仓库级计算机的本地计算机网络中会存在一些冗余的节点，当工作节点出现故障时，则会由冗余的节点代替故障节点进行工作。因为整个过程由专门的操作系统进行管理，所以用户不会感知到异常。

随着仓库级计算机的发展，众多的云服务器相继进入普通人的视野。云服务器是一种能提供简单高效、安全可靠、处理能力可弹性伸缩的计算服务的设备。其管理方式简单高效，用户无须提前购买硬件，即可迅速创建或释放任意多台云服务器。云服务器能够帮助开发人员快速构建更稳定、更安全的应用，降低开发运维的难度和成本，使开发人员能够更专注于核心业务的创新。

计算机领域的另一个重要分支是超级计算机（supercomputer），与仓库级计算机类似，这类计算机通常有着高昂的造价和维护成本。超级计算机一般针对特定的运算（例如复杂的浮点和向量运算）进行优化，从而达到十分优异的性能，而且通常用来连续数周乃至数月运行专门的计算程序。到 2021 年，世界顶级超级计算机的运算能力大幅提升，极高的运算速度也对传输数据的带宽提出了严格要求，细微的传输速率差异即可导致巨大的算力差距。

21 世纪以来，我国在超级计算机领域开展了持续的技术攻关，取得了一系列令人瞩目的成就。2010 年，我国首台吉次级超级计算机"天河一号"问鼎全球超级计算机 500 强。2013 年，"天河二号"横空出世，蝉联六届全球超级计算机 500 强冠军，直到 2016 年被同为国产的"神威·太湖之光"超越。"神威·太湖之光"全部采用我国自主知识产权芯片，是我国科技实力的重要标志之一。

1.1.3 计算机的未来趋势

计算机的未来趋势

计算机发展至今，早已过了仅比拼性能数值的时代，转而朝着更加密切结合应用、更加注重用户体验的方向发展。究其原因，最主要的因素是摩尔定律在纳米级电路中已逐渐不再适用。当构成当代集成电路主要部件的 MOSFET 的尺寸越来越小，甚至接近 1nm 量级时，在栅和沟道之间会发生显著的量子隧穿现象，这会导致 MOSFET 的数字开关功能失效，从而使整个计算机芯片完全不能工作。另外，随着 MOSFET 的尺寸变小，单个芯片上集成的晶体管越来越多，芯片功耗密度快速上升，导致了制约芯片发展的"功耗墙"问题。图 1-5 显示了 Intel 处理器的能耗发展趋势，展示了 Intel 处理器的能耗随工艺节点变化的情况，可以看到，如果按照摩尔定律的发展，当晶体管的尺寸进一步减小时，芯片的功耗密度将会惊人地与核反应堆相当，甚至达到火箭发射时的功耗密度。由于以上种种原因，如今，人们正在积极探索多种新型计算机体系结构，以进一步推动计算机科学的发展。

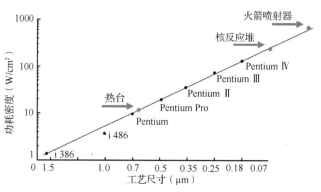

图 1-5　Intel 处理器的能耗发展趋势

　　在历史长河中，人们非常喜欢对未来做出预测，其中也不乏一些对自己所处行业有着深刻洞见的企业家或科学家。这些预测有些过于保守，例如在 1943 年的时候，IBM 总裁托马斯·J. 沃森（Thomas J. Watson）曾经说过："我认为全球市场可能仅需要 5 台计算机。"而在 70 余年后的今天，计算机已经是人们生活和工作中的常用设备之一了。也有过于乐观的预测，例如著名的"再过 50 年，人类将用上可控核聚变能源"，这一预测于 1954 年被提出，彼时苏联库尔恰托夫原子能研究所建成了世界上第一台托卡马克（Tokamak）装置，该装置利用磁约束来实现可控核聚变。但到了今天，可控核聚变能源的实现依然是一个难题。实际上，预测的错误不仅因为当时人们对事物的认识不够深刻，更因为未来会因为现实的变化而产生蝴蝶效应般的剧变，这使得准确地预测较长时间后的科技发展变得困难。尽管如此，为了让读者对短期的未来计算机发展有一个大概的把握，下面列出了近年较为热门的计算机体系结构的发展方向，供读者参考。

1. 多处理器架构

　　近 20 年来，人们对多处理器的研究兴趣日益增加，多处理器在现今时代的地位越来越重要。

　　在 21 世纪初期，人们尝试继续对单核处理器进行性能优化并提高指令级并行度。但最后却发现，这种优化方法是极其低效的，因为能耗及硅片成本的提高往往比性能的提高更加显著，最终的结果可能得不偿失。因此，人们转而考虑把计算任务分布到多个处理器核心上，利用并行加速来实现性能提升，从而避免在单个处理器核心上设计复杂的硬件结构和采用过高的工作频率。这种片上的并行计算架构有效地缓解了处理器芯片的能效瓶颈问题，因而受到了众多主流厂商的青睐。

　　其次，人们开始意识到台式计算机处理器性能的绝对增长不再那么重要，一些计算密集、数据密集的运算完全可以放到云端进行。这减小了在一定功耗和成本约束下对单核处理器性能增长的迫切需求。

　　虽然目前想要实现多处理器的高效运行仍然有着大量的研究问题需要解决，但对于多处理器的核心问题，业界已经掌握了一定的知识和技巧，这为多处理器的现实应用提供了保障。

　　多处理器设计的初衷是提高处理器整体的数据吞吐量，但实际上除了多处理器，向量处理器也能够显著提高数据的并行性。早在 40 余年前，迈克尔·J. 费林（Michael J. Flynn）就提出了一种能对所有处理器进行分类的简单模型，这个模型即使今天来看仍然很有价值。

根据处理器所运行的指令流与数据流的关系，他把处理器分为以下 4 类。

（1）单指令流单数据流（single-instruction stream single-data stream，SISD）：普通的单核处理器。

（2）单指令流多数据流（single-instruction stream multiple-data streams，SIMD）：广义的 SIMD 是指对于同一个指令，计算机通过并行的方式应用于数据的各项来实现数据级的并行，前文提到的向量处理器是这种结构最大的一个分支。而狭义的 SIMD 是指处理器的 SIMD 多媒体扩展指令集，例如 Intel 的高级向量扩展（advanced vector extensions，AVX）指令集。

（3）多指令流单数据流（multiple-instruction streams single-data stream，MISD）：这种处理器目前限于理论研究，尚没有在商业处理器中见到该类处理器。

（4）多指令流多数据流（multiple-instruction streams multiple-data streams，MIMD）：即多处理器架构，每个处理器均有独立的指令流和独立的数据空间，MIMD 能实现线程级并行，比数据级并行更加灵活，用途也更为广泛。

另外，根据不同处理器之间传递数据所用的方法及存储器的组织方式，可以将现有的多处理器架构分为两大类。

第一种类型称为集中式共享存储器多处理器（centralized shared-memory multiprocessor）架构，这种多处理器架构一般针对处理器数量比较少的应用场景，各个处理器可以共享单个集中式存储器。在使用大容量缓存（cache）的情况下，单一存储器能够确保小数目的处理器的存储访问得到及时响应。通过使用多个点对点的连接，或者使用交换机，再加上额外的存储器组，集中式共享存储器多处理器架构可以扩展到几十个处理器。在集中式共享存储器多处理器架构中，因为存储器对于每个处理器来说地位是对等的，并且每个处理器的访问时间相同，这样组成的系统也称为对称多处理器（symmetric multiprocessor，SMP）系统，或称为均匀存储器访问（uniform memory access，UMA）结构，即所有的处理器都具有相同的访问存储（简称访存）延时。典型的集中式共享存储器多处理器架构如图 1-6 所示。

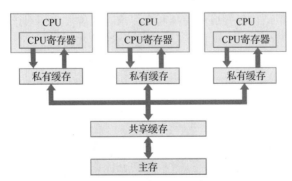

图 1-6　集中式共享存储器多处理器架构

然而，受限于互连结构的可扩展性，集中式共享存储器多处理器架构难以被扩展到"核"很多的情况，尤其是面对由上百个处理器组成的众核系统。分布式共享存储器（distributed shared memory，DSM）架构可以更好地解决这一问题，它的存储器在物理上是分布式的，图 1-7 展示了其基本结构。为了支持更多的处理器，DSM 替代了 SMP，否则存储器在提供多个处理器所需带宽的同时无法避免较长的延时。大量的处理器要求互联网络必须具有足够的带宽，为了满足带宽的要求，诸如多维 Mesh 网络和交换机等互联技术被提出和采用。

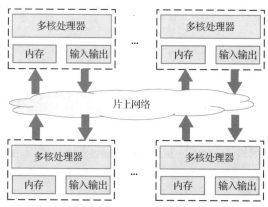

图 1-7　分布式共享存储器的基本结构

存储器分布在各个处理器内部，既增大了存储器的带宽，又缩短了访问本地存储器的延时。因为访存的延时取决于数据在内存中的位置，由 DSM 多处理器组成的系统也被称为非一致存储器访问（nonuniform memory access，NUMA）结构。DSM 的主要缺点在于它使得处理器之间的通信机制变得较为复杂，不管是 SMP 还是 DSM，它们均是共享存储器架构，即任何一个处理器只要具有相应的访问权限就可以通过内存寻址的方式访问任意节点上的存储器。这是多处理器架构与计算机集群的主要区别，对于计算机集群，其内的每个计算机具有独立的地址空间，集群计算机之间的数据通信通过显式地在处理器之间传送消息来完成，这一般通过网络通信协议完成，而非内存寻址。

2. 领域专用体系结构

随着摩尔定律趋向终结，领域专用体系结构的概念被提出并受到了众多研究人员的关注。领域专用体系结构的主要观点是：应该针对每一个特定应用领域的需求设计专用芯片架构，从而高效支持该领域的各类计算任务。例如，针对安全要求较高的领域设计高能效的安全芯片，针对人工智能领域设计专用的人工智能芯片等。当然领域也不是随便定义的，一个需要定义专用体系结构的领域应满足两个要求：大规模应用对该领域的计算能力提出明确需求；该领域涉及的主要算法以共同的数学结构为基础。

实际上，领域专用体系结构的提出与敏捷硬件开发（agile hardware development）的兴起密不可分，正因为芯片的设计周期在各种系统设计方法论及领域专用语言（domain specific language，DSL，例如 Chisel）的提出后大幅下降，才有了领域专用体系结构苗壮成长所需的土壤。

通用计算机具有图灵完备性，即通过编写不同的程序，计算机几乎可以解决任何可计算问题。但是计算机的这种通用性是通过舍弃部分计算效率达到的，这意味着通用计算机在解决某些特定的计算任务时效率并不高。为了提高芯片在特定领域的计算效率，设计者需要充分研究此领域的计算模式、工作负载及数据交互模式，从而设计一款为此领域特别定制的高效率芯片架构。

3. 类脑体系结构

类脑芯片的体系结构与通用计算机的体系结构截然不同，通用计算机基于冯·诺依曼架构并通过数字电路完成各类运算，而类脑芯片通过处理模拟神经信号的脉冲信号来模拟大脑。这种新颖的芯片架构是否能在未来大放异彩在工业界仍在被激烈地讨论，但作为潜在的未来计算机发展方向，类脑体系结构近年激发了学界广泛的研究兴趣。2019 年，清华大学研发的天机芯片登上了《自然》杂志的封面，该处理器是一款采用类脑体系结构的通用人工智能处理器。天机芯片采用全数字设计的多核架构，有多个高度可重构的功能核，可以同时支持机器学习算法和类脑电路，其核心在于脉冲神经网络（spiking neural network，SNN）和人工神经网络（artificial neural network，ANN）的融合。

图 1-8 展示了天机芯片的主要系统结构。在天机芯片中，SNN 用于模拟生物神经元，是最具生物解释性的神经网络之一；ANN 是从信息处理角度对人脑神经元网络进行抽象，卷积神经网络（convolutional neural network，CNN）和循环神经网络（recurrent neural network，RNN）都属于 ANN 的范畴。天机芯片的成功展现了我国在新型计算机体系结构上的研究实力。

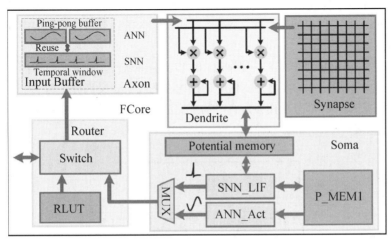

图 1-8　天机芯片的主要系统结构

1.2　计算机体系结构的定义

狭义的计算机体系结构单指 ISA，而更细节的设计则称为计算机的实现。这种狭义的定义是不完善的，因为在计算机的具体实现中也包含许多具有挑战性且引人关注的技术创新。本书采用更广义的计算机体系结构的定义。它包含计算机设计的 3 个方面——ISA、微架构及硬件实现（hardware implementation）。

1.2.1　ISA

在处理器的世界里，指令是指示处理器进行操作的最小单元，一段程序需要被编译成一条条的指令，才能被处理器运行。指令集是指处理器所能执行的指令的集合。ISA 作为处理器的"灵魂"，赋予了处理器可编程的特点，可编程性使处理器能够将不同的任务分解为不同基本指令的组合，从而实现处理器通用计算的功能。

指令集也被认为是处理器的软件世界与硬件世界进行沟通的桥梁。指令集的应用程序二进制接口（application binary interface，ABI）为软件提供了硬件信息的抽象，并规定了编程者需要遵守的编程规范。同时，指令集的具体硬件实现也决定了处理器内部的工作方式及工作效率。指令集作为软硬件世界之间的抽象层，使得同一款软件可以不经过任何修改便能够正确运行在所有具有相同指令集架构的处理器上。一个优秀的指令集不仅能够使硬件有着高效的执行效率，同时也能加速软件代码的执行。现今处理器面临着越来越快的速度要求，指令集的重要性也愈加凸显。

ISA 同时为软件的开发提供了便利，在某个 ISA 的生命周期内，为它所编写的程序只需要开发一次，就可以运行于所有的硬件实现之上。这种程序的兼容性极大地减少了软件开发的费用，增加了软件使用的寿命。值得注意的是，凡事都具有两面性，正是因为 ISA 的这种特性，程序移植到新的 ISA 通常需要编译器的支持，这种依赖性使得 ISA 的微小变化都会要求软件的重新编译和开发，这间接导致了 ISA 的发展缓慢。一般情况下，除非性能能够有显著的提高，否则软件开发人员不会付出额外的开销来重新编译已经存在的软件。一个 ISA 的存在时间越长（例如 x86 指令集），基于这个 ISA 的软件应用基础将越大，将来取代这个 ISA 所需付出的努力也会更大。这也是如今的计算机体系结构市场被少数几个主流 ISA 垄断的重要原因。

前文讨论了 ISA 起到的两个关键作用，即 ISA 提供软件与硬件之间的沟通桥梁和成为处理器硬件设计的规范。除此之外，ISA 通过内在的接口定义区分了程序中的哪部分工作在编译时静态完成，哪部分工作在运行时动态完成。耶鲁·帕特（Yale Patt）将这个接口称为动态-静态接口（dynamic-static interface，DSI），如图 1-9 所示。

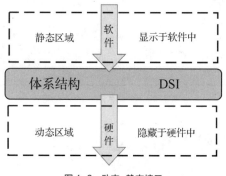

图 1-9　动态-静态接口

在传统意义上，在 DSI 之上的部分一般指所有在编译时由软件和编译器静态完成的任务。相反地，在 DSI 之下的部分一般指所有在运行时由硬件动态完成的任务。所以，微架构的所有特性都处于 DSI 之下的动态区域，这些特性对于软件和编译器来说是透明的。换言之，DSI 之上的软件和 DSI 之下的微架构实现了解耦，使得两者的发展可以相互独立。

随着软硬件技术的不断发展，DSI 在整个系统所处的位置也变成了一个很重要的设计参数，如何在编译器的复杂性与硬件的复杂性之间做出权衡，并找到一个最佳的平衡点，成了研究人员需要探索的关键。例如，CISC 将 DSI 放置在传统的汇编语言层；而 RISC 降低了 DSI 的位置，将更多的优化工作交给编译器去处理，从而简化了硬件的复杂度。然而，过于降低 DSI 的位置会导致大量微架构的信息被暴露给软件，随着技术迭代，很多微架构的信息可能变得过时而不合时宜，此时软件部分就会包含很多冗余信息。为了避免软件变得过于臃肿，一种解决方法是让 ISA 和微架构实现严格分离。RISC-V 就具有这样的特点。

作为美国加州大学伯克利分校提出的开源指令集，RISC-V 的设计理念获得了学术界和工业界的密切关注，本书第 2 章将以 RISC-V 指令集为基础介绍指令集基本原理。

概括而言，不同的指令集架构通常存在以下几个方面的区别。

1．操作数来源

典型的指令集架构包括堆栈系统结构、累加器系统结构、寄存器-存储器系统结构及寄存器-寄存器系统结构。随着集成电路设计技术的发展，由于处理器与存储器的速度差距越来越大，前 3 种经典结构逐渐无法满足现代处理器的要求，寄存器-寄存器结构变得较为普遍，这在 RISC 指令集中尤为明显。寄存器-寄存器系统结构的主要特点为：两个操作数均为寄存器，运算结果也写入寄存器组内，且只有内存访问指令能实现寄存器和内存之间的数据传输。

2．存储器寻址

现今的处理器多采用字节寻址的方式，即一个地址线表示的数（即状态）与一个字节地址相对应。一部分系统结构（例如 ARMv8），要求访问对象必须为对齐的。所谓对齐是指在访问字节地址 A 处 s 字节大小的操作数时，要求地址 A 可以被 s 整除。80×86 和 RISC-V 则不强制要求地址对齐，但如果数据是地址对齐的，访问速度一般而言会更快。因此，一般而言编译器会主动提供一些对齐操作来提升程序的性能。

3．寻址模式

寻址模式即处理器根据指令中给出的地址信息来寻找有效地址的方式。常见的寻址模式有寄存器寻址、立即数寻址及偏移寻址等。寻址模式越多，寻址方式越多样，指令就越灵活，但硬件的复杂性也会相应提高。RISC-V 作为一种以简洁作为设计哲学的指令集，支持的寻址模式比较少，本书第 2 章会详细介绍。

4．操作数类型与大小

ISA 通常包含几组不同类型的寄存器以支持不同类型的操作和运算，不同版本的 ISA 中寄存器的位宽也有所不同。与大多数 ISA 一样，RISC-V 已经支持的操作数类型包括 8 位整型、16 位整型、32 位整型、64 位整型，以及满足 IEEE 754 标准的 32 位（单精度）浮点型和 64 位（双精度）浮点型。128 位整型和浮点型尚处于开发阶段。

5．操作指令

操作指令包括算术与逻辑运算指令、控制转移指令、数据传输指令及系统调用指令等。除了上述 4 类常见的指令，某些处理器还具有控制与状态寄存器指令、存储器定序指令等。处理器正是通过执行上述几个有限的类别的指令，完成各种各样复杂的精妙任务的。

6．指令编码

指令编码是指不同指令的二进制数表示，编译器依照 ISA 规定的编码把程序转换为二进制位流。硬件根据指令编码来决定要执行的具体操作。精心设计的指令编码可以有效地提高处理器的工作效率。

1.2.2　微架构

微架构是指体系结构的具体设计，同一 ISA 在它的生命周期内会有许多微架构，例如，AMD Opteron 和 Intel Pentium 4 均为 x86 指令集，它们拥有相同的 ISA，但却有着完全不同的具体设计。虽然两者具有完全不同的流水线和缓存结构，但任何一个 x86 程序均可以在两者的平台上运行。实际上，处理器设计人员的工作就是依照 ISA 的规范研究并发展对软件透明的微架构。

从宏观上来看，微架构分为两大类，即冯·诺依曼架构（也称为普林斯顿架构）和哈佛架构。冯·诺依曼架构是当今多数计算机使用的抽象架构，如图 1-10 所示。冯·诺依曼架构作为经典的计算机体系结构，由数学家冯·诺依曼提出，他指明了组成计算机的 3 要素，如下。

（1）采用二进制逻辑。

（2）采用程序存储执行。

（3）由 5 个部分组成：运算器、控制器、存储器、输入设备及输出设备。

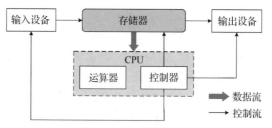

图 1-10　冯·诺依曼架构

一个程序要在采用冯·诺依曼架构的计算机上运行，需要经历如下步骤。首先，程序需要编译为该计算机支持的二进制编码文件；接着，对程序进行连接并将其载入存储器；然后，处理器从存储器获得指令，由译码器进行译码后产生一系列的控制信号，对运算器进行控制；最后，运算器运算所得的结果会写入处理器内部的寄存器堆或输出设备（例如屏幕），从而使用户能观察到程序运行的结果。

在冯·诺依曼架构中，程序的指令存储器和数据存储器被合并在一起，并且指令和数据共享同一种总线。该架构被广泛应用于现代计算机中，取得了巨大的成功。但随着处理器的速度和存储器带宽之间的差距越来越大，冯·诺依曼架构对存储器的过分依赖阻碍了处理器性能的进一步提高。哈佛架构则提出将程序的指令存储和数据存储分开，并且具有独立的指令总线和数据总线，使得指令获取和数据存储可以同时进行，因而提高了程序的执行效率。其示意图如图 1-11 所示。

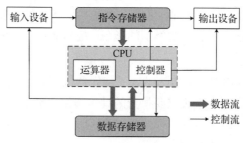

图 1-11　哈佛架构示意图

微观上而言，基于同一 ISA 的设计可能千差万别。高性能处理器可能存在多级缓存，具有超长深度的流水线，采用超标量乱序执行的结构。对于面向低功耗（例如物联网应用）的处理器，通常会采用 2～4 级较浅的流水线，采用顺序执行的结构及更少的硬件处理单元。

流水线作为现代处理器微架构设计的核心之一，在提升指令执行吞吐率方面扮演了关键角色。图 1-12 展示了 RISC 架构的 5 级流水线，包括取指（instruction fetch，IF）、译码（instruction decode，ID）、执行（execution，EX）、访存（memory，MEM）和写回（write back，WB）5 个部分。由于每个周期仅发送一条指令，该流水线属于标量顺序执行流水线。本书第 3 章将以该微架构为基础，介绍现代处理器设计中的流水线结构。

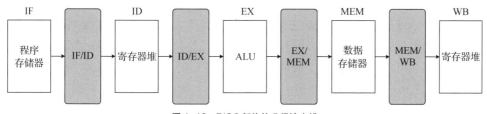

图 1-12　RISC 架构的 5 级流水线

1.2.3　硬件实现

硬件实现指计算机具体的实现细节，包括具体的逻辑设计和封装技术等。同一品牌、同一系列的计算机通常具有相同的 ISA 和几乎相同的微架构，但它们的硬件设计却可以不相同。例如，同代 Intel Core i7 与 Intel Xeon E7 的 ISA 和处理器微架构是基本相同的，但它们具有完全不同的时钟频率和存储系统，这一区别使得 Intel Core i7 适用于个人计算机，而 Intel Xeon E7 更适合服务器领域。

硬件实现要考虑的因素除了时钟频率、缓存容量、总线接口及封装等方面之外，与物理设计相关的方面，包括晶圆大小、器件的物理特性、功耗、冷却及可靠性等因素，也是设计者需要关心的内容。

1.3　主流 ISA 介绍

本节介绍计算机体系结构发展史中具有代表性的一些 ISA。它们中的一部分已经退出了历史的舞台，但曾在其诞生的时代因其开拓性的贡献留下了浓墨重彩的一笔；一部分经过时间的考验，历经数十年的发展，如今依然活跃在市场中，成为 ISA 的中坚力量；还有一部分是"后起之秀"，诞生不久但凭借其新颖的设计思想在行业中占据了一席之地。

1.3.1　ISA 的诞生

谈论计算机体系结构的发展，IBM 360 是不能不提的一座丰碑。在商业计算机诞生的初期没有指令集的概念，各种机器往往是互不兼容的，每个型号的计算机都拥有自己独特的指令系统、编译器、输入输出（input/output，I/O）和存储系统。这种情况使得程序员编写通用的、可移植的软件异常困难。1964 年，IBM 的吉恩·安达尔（Gene Amdahl）、格里特·A. 布洛乌（Gerrit A. Blaauw）和弗雷德里克·P. 布鲁克斯（Fredrick P. Brooks）首次使用了"计算机体系结构"这个词来指代指令集之中程序员可见的部分。他们认为同一系列体系结构的计算机能够运行相同的软件。这一想法在今天已经成为公认的理念，但在当时却是一个革新性的观点。IBM 360 作为体系结构领域的开拓者，留下了诸多延续至今的重要创新，其中包括但不限于以下几个设计思想。

（1）采用 32 位的地址寻址空间。

（2）存储器按照字节寻址，8 位为一个字节，每个地址寻址一个字节。

（3）使用 8 位、16 位、32 位及 64 位多种数据位宽。

（4）使用 32 位的单精度数和 64 位的双精度数。

（5）使用 32 位的通用寄存器和单独的浮点数寄存器。

IBM 360 的设计思想使得体系结构设计具有延续性。其对编译器和软件隐藏不同机器间技术差异的思想，是体系结构历史上里程碑式的成就。IBM 370 是 IBM 360 的一个改进，它进一步扩展为可虚拟化的架构，使得任何一个 ISA 的虚拟机可以以最小的代价在 IBM 370 上运行。除此之外，IBM 360/370 还实现了指令集架构和微架构的解耦。

如今，计算机体系结构经过几十年的发展，全世界范围内已经相继诞生或消亡了几十种不同的指令集架构，下面将对其中一些代表性成果进行简单介绍。

1.3.2　CISC 架构指令集

x86 架构是由 Intel 推出的一款复杂指令集，在其发展的二三十余年中，相当多独立的 Intel 团队为这款指令集的发展做出了贡献。作为一款商业指令集，为了使旧版本的软件能够易于运行于新的架构，不仅要在 x86 架构中加入新的特性，同时还需要保持向前兼容，这使得 x86 架构逐渐变得异常庞大。

x86 架构在 1978 年新推出的 Intel 8086 处理器中第一次正式使用。与前辈 8080 处理器采用的累加器结构不同，8086 在累加器的基础上增加了额外的寄存器，且几乎每个寄存器都有自己专门的用途，所以 8086 的指令集架构也被称为扩展累加器结构。1980 年，8087 处理器问世，这是一款能进行浮点运算的协处理器。相较于 8086，8087 额外增加了近 60 条浮点运算指令。同时，8087 摒弃了扩展累加器结构，转而采用堆栈和寄存器来存储数据，这种结构又称为扩展堆栈结构。1982 年，80286 处理器问世，相较于 8086，它的地址空间增加至 24 位，同时引入了内存映射和内存保护的模式。1985 年，80386 处理器问世，这是一款现今看来性能都比较完善的处理器。相较于 80286，它将寄存器位宽及内存地址空间都扩展至 32 位。此外，它还增加了全新的寻址模式和内存保护模型，80386 甚至在 ISA 层面上支持页表机制，从而支持分段寻址。此外，80386 增添的一些指令使得 80386 处理器成了一款通用寄存器计算机。

然而，x86 架构的发展始终是一场"戴着脚链的舞蹈"，因为 Intel 必须兼容先前编译在旧指令集架构上的软件，长此以往，x86 架构变得愈发臃肿。例如，为了满足多媒体应用的需要，Intel 在 1997 年增加了多媒体指令扩展（multi-media extension，MMX），用于支持位宽较小的数据的并行操作。1999 年，Intel 在新推出的奔腾 3 代处理器中加入了数据流单指令序列扩展（streaming SIMD extension，SSE），进一步将 MMX 的 SIMD 处理的数据位宽从 64 位提高至 128 位。现今，Intel 进一步推出了 AVX，用于进一步提高处理器对数据并行应用的支持。图 1-13 展示了具有 Skylake 架构的 Intel 酷睿处理器的基本信息。可以发现，它支持包括 MMX、SSE、高等加密标准（advanced encryption standard，AES）在内的多种指令集扩展。

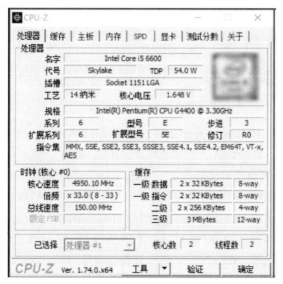

图 1-13　Intel 酷睿处理器的基本信息

除 Intel 外，美国超微半导体（AMD）公司（后简称"AMD"）也是现今主要的 x86 处理器提供商及架构推动者。早期的 32 位 CPU 最大只能寻址 4GB 内存空间，这对于市场上快速增长的内存需求而言显然是远远不够的，因而处理器由 32 位转向 64 位是大势所趋。2001 年，Intel 推出的 IA64 架构（Intel itanium architecture）采用了一种激进的策略，它完全基于 64 位的原生指令集，且不兼容传统的 x86 指令。这种完全摒弃传统的革新非常难以在市场上推广，操作系统和软件开发商并不愿意抛弃已有的成熟应用而转向一套全新的架构。AMD 则选择了一条更为温和的道路，其主导的 AMD64 指令集在兼容原有标准的情况下把 32 位的 x86 架构扩展到 64 位版本，受到市场青睐。最终，AMD64 在 AMD 和 Intel 等行业"龙头"的共同推动下，发展成了 64 位 x86 指令集的事实性标准，也就是今天大家熟知的 x86-64（或称为 x64）。x86-64 的指令规范如图 1-14 所示，指令大致由指令前缀（instruction prefixes）、操作码（operation code，Opcode）、内存/寄存器操作数字节（ModR/M）、索引寻址描述字节（scale-index-base，SIB）、常数偏移（displacement）和立即数（immediate）组成。上述指令中只有操作码是必需的，且除了 ModR/M 和 SIB 外，其他部分的长度均是可变的。这种复杂性和灵活性正代表了 CISC 指令集的特征。

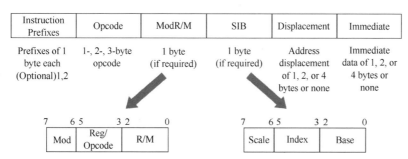

图 1-14　x86-64 的指令规范

虽然 x86 采用的是可变指令长度的 CISC 架构，且其在几十年的发展中变得越发庞大和复杂，但不可否认的是，x86 在个人计算机市场和服务器市场都取得了空前的成功。事实上，Intel 通过内部"微码化"的方法克服了 CISC 架构的诸多缺点。微码化是指把复杂的指令先用硬件解码器翻译成内部可识别的简短的指令序列，该方法借鉴了 RISC 架构的优点，实现了处理器的流水化。

1.3.3　RISC 架构指令集

1. SPARC

可扩充处理器架构（scalable processor architecture，SPARC）于 1985 年由 Sun 公司首次提出，其至今仍是一款极具代表性的高性能 RISC 架构。1987 年，全世界第一款采用 SPARC 由美国 Sun 公司和德州仪器公司（Texas Instruments）合作推出。SPARC 最突出的特点是它的可扩展性，作为业界出现的第一款有可扩展性功能的微处理器，SPARC 的推出使 Sun 公司占据了高端处理器市场的领先地位。1995 年，Sun 公司推出 UltraSPARC 处理器，引入 64 位架构设计。SPARC 的设计初衷就是服务于公司的工作站，所以它自身拥有一个大型的寄存器窗口用于数据暂存。这种寄存器窗口包括总计 72～640 个之多的通用寄存器组，每个寄存器的位宽都为 64 位。这种寄存器窗口的架构通过切换不同的寄存器组的方式，可以快速响应函数的调用和返回，大大提高了处理器的运算速度。如图 1-15 所示，在函数调用时，寄存器窗口就会进行相应滑动。

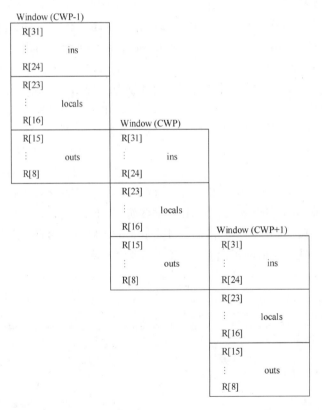

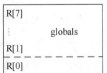

图 1-15　SPARC 的寄存器窗口

同时，许多研究机构看准了 SPARC 开源的特点，进行了大量基于 SPARC 指令集的处理器设计。例如，欧洲航天局为了摆脱对美国航天级处理器的依赖，其总局旗下的盖斯勒研究公司（Gaisler Research）领头开发并维护了基于 SPARC V8 指令集的 LEON 处理器。目前，LEON 的主要产品线包括 LEON2、LEON3 和 LEON4。LEON4 是 Gaisler Research 开发的最新产品，它在 LEON3 基础上对内部总线和流水线进行了改进，并提供了可选的二级缓存。目前 LEON4 只作为商业应用，不开放源码。

遗憾的是，Sun 公司主打的 SPARC 在服务器领域与 Intel 竞争中失败，其市场份额也在逐年下降。2017 年 9 月，Sun 公司的母公司甲骨文（Oracle）正式宣布放弃硬件业务，宣告 SPARC 正式退出商业领域。

2．MIPS 架构

MIPS（microprocessor without interlocked piped stages）架构，即无内部互锁流水级的微处理器架构，是一种在 20 世纪 80 年代初期由美国斯坦福大学约翰·亨尼西（John Hennessy）教授领导的研究小组设计而成的、简洁优化的 RISC 架构。MIPS 架构因其尽量利用软件办法避免流水线中的数据相关问题的机制而出名，在 20 世纪 80 年代一经推出便风靡全世界，广泛应用于各种网络设备、电子游戏装置及一些超级计算机之中。与 Intel 的 CISC 指令集相比，MIPS 架构具有硬件设计更简洁、开发周期更短等优点，所以在 20 世纪与 Intel 的竞争中不分伯仲。同时，MIPS 架构凭借其先进的设计理念，在通用处理器体系中由 MIPS Ⅰ 一直发展到 MIPS Ⅴ，在嵌入式体系中由 MIPS 16 发展到 MIPS 32 再到 MIPS 64，甚至还提出了 microMIPS 64 架构来满足深嵌入式领域对能效比的极致要求。

遗憾的是，由于其商业模式的原因，MIPS 架构被"后起之秀"ARM 架构赶超，最终在 2013 年被 Imagination 公司收购。尽管如此，MIPS 架构先进的设计理念与架构创新仍然为后来的指令集设计提供了宝贵的经验。

3．ARM 架构

ARM 架构是一种当今主流的面向移动端的 RISC 指令集架构。同时，开发 ARM 架构的团队在英国成立了同名的处理器设计公司。在非微处理器行业人员的眼中，ARM 公司（后简称"ARM"）似乎默默无闻，但实际上，ARM 架构被广泛地应用在移动端及嵌入式平台。2011 年，ARM 的客户报告宣称该年度 ARM 处理器出货量为 79 亿颗，占有 95%的智能手机、90%的硬盘驱动器、40%的数字电视和机顶盒、15%的微控制器及 20%的移动计算机。2016 年，ARM 被日本软银公司以 320 万亿美元的高昂价格收购。如今，ARM 在移动端和嵌入式市场领域占据统治地位，并大有进军服务器市场的雄心壮志。

ARM 取得如此巨大成功的原因不仅在于其精巧的指令集架构设计，而且在于 ARM 开创的知识产权（intellectual property，IP）授权经营模式。传统的处理器设计公司，例如 Intel，公司自身掌握着 x86 架构，同时还拥有自己的微处理器设计团队，甚至自己的芯片制造厂。Intel 能够自主设计 x86 指令集、设计微处理器架构乃至最后的芯片制造和流片测试。换言之，Intel 独立完成了处理器设计的完整流程。在过去，这也是大多数公司的经营方式。然而 ARM 另辟蹊径，它不直接生产处理器芯片，而是通过 IP 授权的方式，转让或授权许可给其他公司。目前，全世界有数十家大型芯片公司均从 ARM 购买授权，然后加上自己需要的定制外围电路，通过芯片代工厂生产相应的 ARM 处理器芯片进入市场。这种全新的模式充分挖掘了现代商业合作分工明确的特点，使各个科技公司能在自己专精的领域中深耕，从而提高自己的核心竞争力。

ARM 具有 3 种不同的 IP 授权模式。

（1）架构/指令集层级授权：该授权方式可以对 ARM 架构进行大幅度改造，甚至可以对 ARM 指令集进行扩展或缩减以满足自身业务需求。通常，只有具备相当程度研发能力的公司才会选用这种授权模式，因为不仅其授权价格极度昂贵（高达千万美元数量级），而且深度定制自研处理器需要公司具有很强的技术底蕴并能够承担高昂的研发成本。目前有能力做到这一点的仅有华为、高通、苹果等巨头科技公司。例如，苹果公司就在使用 ARMv7-A 架构的基础上，扩展出自己的苹果 swift 架构。

（2）内核层级授权：这种授权模式是指公司直接购买 ARM 处理器的 IP，然后在 ARM 内核的外围加上自定义的外设，例如通用异步接收发送设备（universal asynchronous receiver/transmitter，UART）、通用输入输出（general purpose input output，GPIO）等，最终形成自己的微控制单元。这种授权模式需要支付一笔前期授权费。虽然前期授权费远远低于架构授权的一次性费用，但如果开发的芯片被大规模生产销售，那么每卖出一枚芯片，公司都需要按其销售价格的一定比例（例如 1%～2%）向 ARM 支付版税。换言之，芯片越畅销，ARM 的盈利就越高。ARM 公司通过这种收取版税的方式获得了巨大收益。图 1-16 展示了采用 ARM 内核授权的一款 SoC 架构。

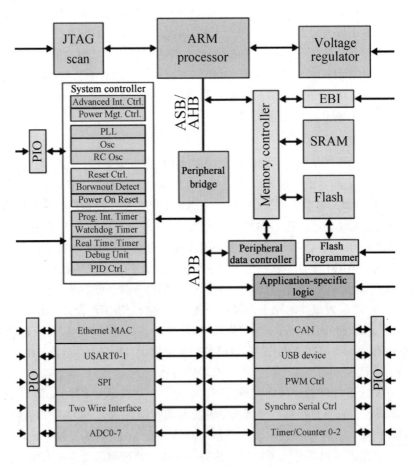

图 1-16　采用 ARM 内核授权的一款 SoC 架构

（3）使用层级授权：这种模式是最基本的一类授权模式，购买使用层级授权的公司或个人只能使用 ARM 提供的 IP 嵌入自己的设计，不能随意更改其 IP，也不能借助 ARM 的 IP 创造基于该 IP 封装得到的产品。

ARM 通过这种新颖的商业模式与众多的芯片设计公司结成了伙伴关系，并构建了强大的 ARM 阵线联盟来维护联盟成员的利益。ARM 在 2004 年摒弃了先前使用的"ARM+数字"的命名方式，转而采用"Cortex"来命名。Cortex 目前具有 3 种面向不同领域的处理器系列，即 Cortex-A、Cortex-R、Cortex-M，分别面向高性能应用端（application）、实时应用端（real-time）及嵌入式应用端（embedded）。值得玩味的是，这 3 种系列的结尾字母"A""R""M"恰好构成了"ARM"这个单词。

ARM 处理器在多年的发展中提出了许多具有创新性的技术。例如 Thumb 技术，Thumb 扩展指令可以使较新的处理器支持 16 位的指令模式，从而缩减代码的容量，这非常适合于程序存储器容量有限的嵌入式场景。在处理器安全问题越来越受到关注的今天，ARM 也提出了自己的解决方案 TrustZone，这是一种安全架构扩展。TrustZone 技术出现在 ARMv6KZ 以及较晚期的应用核心架构中。它提供了一种低成本的方案，通过在 SoC 内加入专属的安全核心，再由硬件构建的访问控制方式来支持两个虚拟的处理器。这种方式可使得应用程序核心能够在两个状态之间切换，在此架构下可以避免信息从较可信的核心区域泄露至较不安全的区域。

4. RISC-V 架构

1981 年，美国加州大学伯克利分校的大卫·帕特森（David Patterson）教授带领研究团队起草了 RISC-I，成为 RISC 架构的先驱。2010 年，加州大学伯克利分校基于 BSD 协议构想了一个开放、自由、全新的指令集，RISC-V 正式诞生。2015 年，RISC-V 基金会成立，至今该机构已经拥有了来自 50 余个国家的超过 1000 个成员机构。

RISC-V 指令集的设计致力于规避计算机体系结构发展历史中遇到的问题，并期望通过开放指令集标准的合作，实现新一代革命性的处理器架构。RISC-V 先进的设计理念为处理器设计者提供了更高层次上的软硬件架构的可扩展性和自由性。过去十年间，RISC-V 蓬勃发展并在学界和业界受到了广泛关注。

简单是 RISC-V 的核心特征。相较于以往的大部分指令集动辄数千上万页的使用手册，RISC-V 的规范化文档仅有不到 300 页。RISC-V 基本指令集只包含 40 余条指令，采用了规整的指令编码、简化的运算操作和更加便捷简单的条件转移。RISC-V 化繁为简的设计思想和开源、免费的高度自由性大大降低了处理器设计的门槛，极大地激发了全球各地研究团队的研究热情。如今，RISC-V 已经拥有完整的开源社区，具有全套开源的编译器、开发工具和软件开发环境。

模块化是 RISC-V 指令集重要的特点，通过根据需求选择相应的模块实现可以定制针对某一应用场景的 RISC-V 处理器。

RISC-V 指令集标准由一系列的子集构成，整体上可以分为基础指令集（base instruction set）和标准扩展子集（standard extension sub-set）两大部分。

基础指令集为 RV32I、RV32E、RV64I、RV128I 等不同数据位宽的整型指令集，包含整型加减、移位、逻辑、比较等运算指令；加载、存储等访存指令；分支指令和少量的涉及系统调用和状态寄存器修改的指令。I 基础指令集是任何 RISC-V 处理器必须实现的基本指令集，而 E 指令集则是针对嵌入式系统设计的简化版整型指令集，有着数量更少的通用寄存器。

标准扩展子集，例如整型乘除操作 M 指令集、单精度浮点数操作 F 指令集、双精度浮点数操作 D 指令集、原子操作 A 指令集、压缩 C 指令集、向量扩展 V 指令集等。不同的应用场景对处理器的要求截然不同，因此可以通过选择特定的指令集组合来满足定制化的要求。例如，对于追求低能耗的 IoT 处理器，只需选择 RV32IC 组合的指令集；而对于计算密集的应用场景，可能需要选择 RV64IMAFD 指令集，以提供乘除运算和浮点运算的支持。值得一提的是，由于 I、M、A、F、D 这几个指令集的组合十分常见，因此也将其简写为 G（general）。例如，RV64GC 指的是 RV64IMAFDC 这一组合。RISC-V 正是通过模块化复用等方法简化了处理器的设计流程与验证流程，极大地提高了工程师的生产力。

可扩展性是 RISC-V 的另一个重要特点。领域专用处理器是未来处理器的发展方向之一，针对不同领域定制的处理器能最大限度地发挥处理器的执行效率。RISC-V 指令集原生支持第三方的指令扩展，能够容易地实现专用领域处理器的设计。RISC-V 指令集为支持用户定制的特殊指令预留了指令编码的空间，如表 1-1 所示，用户可以自由定制 custom-0 和 custom-1 的编码空间，custom-2/rv128 和 custom-3/rv128 的编码空间既可以用于定制指令，也为未来 rv128 基本指令集的实现做了预留。

表 1-1 　　　　　　　　　　　　RISC-V 指令的 custom 编码空间

| inst[4:2] | 000 | 001 | 010 | 011 | 100 | 101 | 110 | 111(>32 b) |
inst[6:5]								
00	LOAD	LOAD-FP	custom-0	MISC-MEM	OP-IMM	AUIPC	OP-IMM-32	48 b
01	STORE	STORE-FP	custom-1	AMO	OP	LUI	OP-32	64 b
10	MADD	MSUB	NMADD	NMADD	OP-FP	reserved	custom-2/rv128	48 b
11	BRANCH	JALR	reserved	JAL	SYSTEM	reserved	custom-3/rv128	≥80 b

1.4　案例学习：平头哥玄铁 C910 处理器介绍

RISC-V 作为一个自由、开放的开源指令集，近年吸引了大量的企业和高校进行处理器开发和探索。本书后续将基于 RISC-V 指令集介绍计算机体系结构的基础知识，真实的 RISC-V 处理器案例介绍也是相当重要的一部分。平头哥半导体公司于 2019 年开发的玄铁 C910 处理器是一款面向 SoC 领域的高性能嵌入式多核 RISC-V 开源处理器，玄铁 C910 的面世首次使 RISC-V 核的 CoreMark 评分突破 7 分，是当时业界性能最强的 RISC-V 处理器之一。同时，玄铁 C910 开源了寄存器传输级（register transfer level，RTL）的源码，是一个高性能 RISC-V 处理器研究的极佳案例。

本书将基于玄铁 C910 处理器和同为平头哥半导体公司提出的开源 SoC 平台 wujian100，在介绍系统架构、流水线设计、存储系统和总线系统等相关理论知识的同时，结合真实硬件实例的讲解，使读者更立体地理解本书介绍的理论知识。

1.4.1　平头哥半导体公司介绍

2018 年 9 月 19 日，阿里巴巴合并中天微和达摩院团队，成立平头哥半导体公司（后简称"平头哥"）。平头哥自身定位于"AIoT（artificial intelligence of things）时代"的芯片基础设施，提供 CPU IP、SoC 平台、电子设计自动化（electronic design automation，EDA）上云等芯片服务。截至本书编写时，平头哥设计的 CPU IP 已经累计出货 10 亿片。经过多年的发展，平头哥具有了 800 和 900 等两个产品线，细分为 5 个产品系列。平头哥的目标是打造一个全行业高效协同的开发平台，希望开发者能基于其玄铁等 IP，在其"无剑"SoC平台上进行相关芯片开发，并迅速实现芯片量产。

1.4.2　玄铁 C910 简介

玄铁 C910 采用了 RV64GC/GCV 基本指令集和 T-Head 性能增强指令集，主要面向对性能要求严格的高端嵌入式应用，如人工智能、机器视觉、视频监控、自动驾驶、移动智能终端、高性能通信、信息安全等应用领域。

玄铁 C910 处理器架构的主要特点如下。

（1）同构多核架构，支持 1~4 个玄铁 C910 核可配置。每个玄铁 C910 核采用自主设计的微架构，并重点针对性能进行优化。

（2）引入"3 发射 8 执行"的超标量架构、深度乱序流水线和多通道的数据预取等高性能技术。

（3）集成片上功耗管理单元，支持多电压和多时钟管理的低功耗技术。玄铁 C910 核支持实时检测并关断内部空闲功能模块，从而进一步降低处理器的动态功耗。

（4）拥有两级高速缓存结构，即基于哈佛架构一级高速缓存和共享的二级高速缓存。其中一级高速缓存支持 MESI（modified, exclusive, shared, invalid）一致性协议，二级高速缓存支持 MOESI（modified, owner, exclusive, shared, invalid）一致性协议。二级高速缓存支持 8 路组相联或 16 路组相联，以及可配置的错误检查纠正机制和奇偶校验机制。

（5）支持私有中断控制器 CLINT（core-local interrupter）和公有中断控制器 PLIC。

（6）支持自定义且接口兼容 RISC-V 的多核调试框架。

1.4.3　玄铁 C910 的处理器微架构

玄铁 C910 的架构层次分为多核子系统和核内子系统。多核子系统包含数据一致性接口单元（consistent interface unit，CIU）、二级高速缓存（简称 L2 Cache）、可配置的 AXI 4.0 从设备接口、主设备接口单元、平台级中断控制器（platform-level interrupt controller，PLIC）、计时器；核内子系统主要包含指令提取单元（instruction fetch unit，IFU）、指令译码单元（instruction decode unit，IDU）、整型单元（integer unit，IU）、浮点单元（floating point unit，FPU）、加载存储单元（load-store unit，LSU）、指令退休单元（instruction retire unit，RTU）、内存管理单元（memory management unit，MMU）和物理内存保护（physical memory protection，PMP）单元。玄铁 C910 的总体架构如图 1-17 所示。

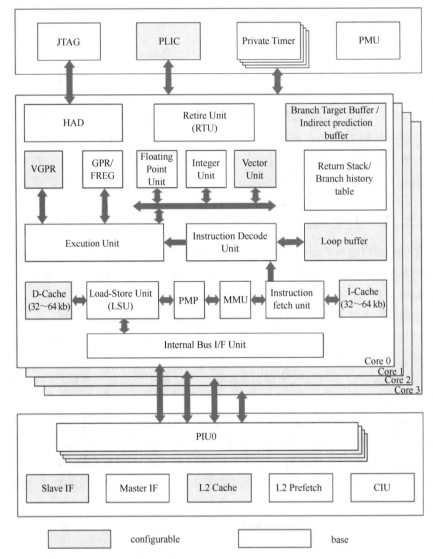

图 1-17 玄铁 C910 的总体架构

1. 多核子系统

（1）CIU：CIU 采用 MOESI 的写失效协议维护各个一级数据高速缓存（简称 L1 D-Cache）的一致性；CIU 通过一组处理器接口单元（processor interface unit，PIU）连接各个玄铁 C910 核，完成各类请求的接收和转换。该结构实现了 CIU 与各玄铁 C910 核的完全解耦，使玄铁 C910 核的数量可以被灵活配置。CIU 设置两路监听缓冲器，可并行处理多个监听请求，最大化地利用了监听带宽。并且，CIU 采用了高效的数据旁路机制，当监听请求命中被监听的 L1 D-Cache 时，直接将数据旁路传递给请求发起核。另外，CIU 支持地址转换后援缓冲器（translation lookaside buffer，TLB）和指令高速缓存（instruction cache，I Cache）无效操作请求的广播，降低了 TLB/I Cache 与 D Cache 数据一致性的软件维护成本。

（2）L2 Cache：通过将 L2 Cache 与 CIU 紧耦合，实现了 L2 Cache 和 L1 D-Cache 的同步访问。L2 Cache 采用分块的流水线架构，每条流水线拥有独立的控制逻辑和随机存取存储器（random access memory，RAM）资源，单个周期可并行处理两个访问请求，最大访问带宽可达到 1024 位。L2 Cache 采用和玄铁 C910 相同的工作频率，因此 TAG RAM 和 DATA RAM 的访问延时可以通过软件配置；另外，L2 Cache 设置 16 个回填/牺牲缓冲器，可支持回填 16 条缓存行或 16 条牺牲缓存行的内存回写。

（3）从设备接口：采用可配置的 AXI 4.0 从设备接口，实现外设对 L1 D-Cache 和 L2 Cache 的访问。接口支持 128 位的总线宽度，支持传输长度为 0 和 3 的 INCR（incrementing burst of undefined length）传输。

（4）主设备接口单元：主设备接口单元支持 AXI 4.0 协议，并支持关键字优先的地址访问，可以在不同的系统时钟与 CPU 时钟比例（1∶1 至 1∶8）下工作。

（5）PLIC：PLIC 支持最多 1023 个外部中断源采样和分发，支持电平和脉冲中断，可以设置 32 个级别的中断优先级。

（6）计时器：整个多核系统中的核心共用一个 64 位系统计时器。各个核心拥有私有的计时器比较值寄存器，并通过采集系统计时器的数值与软件设置的私有计时器比较值寄存器进行比较，产生计时器信号。

2. 核内子系统

（1）IFU：IFU 一次最多可提取 8 条指令并对其并行处理。IFU 配备高速缓存，并在高速缓存缺失时采用关键指令预取和发射，以及采用后续指令旁路技术。IFU 可以开启指令高速缓存路预测技术，只访问两路指令高速缓存中大概率命中的一路，避免同时访问两路指令的高速缓存，以降低功耗。IFU 配备指令暂存器，用于缓存预取指令。IFU 还可选配循环加速缓存器，用于加速短循环取指操作；采用双峰指令分支跳转预测，实现了极高的预测精度；可选配间接分支预测器，对间接分支目标地址进行精准预测。整个 IFU 拥有低功耗、高分支预测准确率、高指令预取效率的特点。

（2）IDU：可以同时对 3 条指令进行译码并检测数据相关性。IDU 根据后级流水线执行情况，及时更新指令的数据相关性信息，并将指令乱序发送至下级流水线执行。IDU 支持指令的乱序执行调度，并通过随机发射降低因数据相关性造成的性能损失。

（3）执行单元：包含 IU 和 FPU。整型单元包含若干算术逻辑单元（arithmetic and logic unit，ALU）、乘法单元（MULT）、除法单元（DIV）和跳转单元（BJU）。其中，ALU 执行标准的 64 位整数操作，大部分常用指令在单周期内产生运算结果，如加减、移位、逻辑运算等。ALU 通过操作数前馈改善数据冲突，单周期 ALU 指令不存在数据真相关的停顿延时。MULT 支持 16 位×16 位、32 位×32 位、64 位×64 位整数乘法。DIV 的设计采用了快速算法，占用 6～35 个执行周期位不等。BJU 可以在单周期内完成分支预测错误处理，提升处理器性能。FPU 包含若干个浮点算术逻辑单元（FALU）、一个浮点除法开方单元（FDSU）和两个浮点乘累加单元（FMAU），支持单精度、双精度运算。FALU 负责加减、比较、转换、寄存器传输、符号注入、分类等操作。浮点加减法、寄存器传输和符号注入指令可在 3 个周期完成；分类指令为跨流水线操作，需要 2 个周期完成；少部分跨流水线复杂指令被拆分成多条指令（如比较指令、转换指令等），这些指令的执行周期由拆分出的指令共同决定。FDSU 负责浮点除法、浮点开方等操作。FDSU 采用基 4 的 SRT 算法，执行周期为 5～32 不等。FMAU 负责普通乘法、融合乘累加等操作。普通乘法指令在第 4 个周期产生计算结果，融合乘累加指令在第 5 个周期产生计算结果。

（4）LSU：LSU 支持存储/加载指令的双发射及全乱序执行，支持高速缓存的非阻塞访问。LSU 具有内部前馈机制，消除了载入指令回写数据的相关性。支持字节、半字、字和双字的存储/载入指令，并支持字节和半字的载入指令的符号位扩展和零扩展。存储/加载指令可以流水执行，使得数据吞吐量达到每周期存取一个数据。LSU 还支持 8 路数据流预取技术，提高了存储/加载指令的 L1 D-Cache 命中率。

（5）RTU：RTU 包括一个重排序缓冲器与一个物理寄存器堆。其中，重排序缓冲器负责指令的乱序回收与按序退休，物理寄存器堆负责执行结果的乱序回收和传递。RTU 通过每个时钟周期并行退休 3 条指令与快速退休提高指令的退休效率。

（6）MMU：MMU 依照 RISC-V SV39 标准，将 39 位虚拟地址转换为 40 位物理地址。玄铁 C910 MMU 在 SV39 定义的硬件回填标准的基础上，扩展了软件回填方式和地址属性。

（7）PMP：PMP 遵从 RISC-V 标准，支持配置 8 个或 16 个表项，最小粒度为 4KB，不支持 NA4 模式。

1.4.4 玄铁 C910 的工作模式

玄铁 C910 实现了 RISC-V 标准文档定义的 3 种特权模式：机器模式（machine mode）、管理员模式（supervisor mode）和用户模式（user mode）。处理器复位后在机器模式下执行程序，3 种特权模式对应不同的操作权限，其区别主要体现在以下几个方面。

（1）对寄存器的访问。

（2）特权指令的使用。

（3）对内存空间的访问。

机器模式拥有最高的权限。在机器模式下运行的程序对内存、I/O 和一些对启动与配置系统必需的底层功能拥有完全的使用权。默认情况下（异常中断没有被降级处理），任何模式下发生的异常和中断都会自动切换到机器模式下进行响应。

管理员模式的权限介于用户模式和机器模式之间。管理员模式下运行的程序不可以使用指定给机器模式的控制寄存器，并且受到 PMP 的限制。管理员模式的核心功能是使用基于页面的虚拟内存。

用户模式权限最低，普通用户程序只允许访问指定给普通用户模式的寄存器，避免普通用户程序接触特权信息。操作系统通过协调普通用户程序的功能和行为来为普通用户程序提供管理和服务。

大多数指令在 3 种模式下都能执行，但是一些能够对系统产生重大影响的特权指令只能在管理员模式或机器模式下执行。处理器的工作模式在响应异常时会发生变化（响应异常的特权模式不同于异常发生时所处的特权模式）。处理器会进入更高的特权模式响应异常，响应完毕之后再回到原先的低特权模式。

1.5 本章小结

本章首先回顾了计算机的发展历程，介绍了从发明差分机到提出图灵机理论的历史进程，归纳了 RISC/CISC 架构下计算机的发展，并罗列了现今计算机的主要应用领域，包括嵌入式/物联网领域、移动端领域、个人计算机领域、服务器领域及计算机集群领域。随着摩尔定律和登纳德缩放定律的失效，研究者开始寻求新的突破方向，包括改进器件物理工艺及设计全新的计算机体系结构等。其中，计算机体系结构的创新又包括处理器架构、领域专用体系结构及类脑体系结构等方向的探索。

本章随后从 3 个抽象层次论述了计算机体系结构的定义与内涵，包括 ISA、微架构及硬件实现。ISA 作为计算机中软件区域与硬件区域进行沟通的桥梁，在本章中进行了重点讨论。

为了进一步加深读者对当今主流的计算机体系结构的了解，本章进一步对 x86、SPARC、MIPS 和 ARM 架构进行了说明，并对新兴的 RISC-V 架构进行了详细的论述。

最后，本章对平头哥自主研发的 RISC-V 处理器玄铁 C910 进行了详细介绍。具体内容包括玄铁 C910 的微架构设计及支持的特权模式，让读者对工业界处理器的设计理念有更深刻的认识。

第 2 章
指令集基本原理

　　指令集是硬件与软件之间的接口。对于软件工程师而言，只要按照特定的指令集手册要求的规范编写代码，所得程序就可以在符合该指令集规范的所有处理器上执行，而不需要过多关心这些处理器的内部细节；对于硬件工程师而言，只要按照要求设计支持指令集的各个部分的硬件，就可以使设计的处理器能够运行遵循该指令集规范的所有程序。因此，指令集解耦软件设计和硬件实现。了解指令集的基本原理对于理解计算机体系结构有着重要意义。

　　本章首先介绍指令集的发展历史与分类、指令寻址模式、指令类型及指令编码等基础知识。随后本章以 RISC-V 指令集为例，介绍特权等级及控制状态寄存器（control status register，CSR）等相关知识。然后集中介绍 ABI 的概念和作用，并介绍在使用 RISC-V 指令集的场景下，过程调用的寄存器保存规则、参数传递规则等 ABI 实例。

　　最后，本章介绍一个实际的开源 RISC-V 处理器所使用的指令集，它在实现了标准的 RISC-V 指令集的基础上，自定义了一套用于支持额外硬件操作的扩展指令，以满足一些高性能需求。指令集可扩展性已经成为当前指令集发展中的一个重要趋势。

　　本章学习目标

　　（1）掌握指令集的分类、指令类型与操作、指令编码方式、指令寻址模式及相关基础知识。

　　（2）了解特权等级、控制状态寄存器、指令集 ABI 规定的基本概念。

　　（3）了解 RISC-V 指令集的具体标准及相关规范。

2.1　指令集的发展历史与分类

　　伴随着电子计算机的发展，指令集也经历了数十年的发展和演化过程。在计算机的早期发展阶段，1950 年英国剑桥大学的电子延迟存储自动计算器（electronic delay storage automatic calculator，EDSAC）采用了最简单的单累加器型结构，而 1953 年诞生的 IBM 700 系列计算机则采用了"累加器+索引寄存器"这种改进模式。随后几十年，通用寄存器型的指令集开始出现，其中最具代表性的就是 1975 年克雷公司（Cray Inc.）的 Cray 1 架构和 1981 年 Intel 的 iAPX 432 架构。后来这二者分别发展成为知名的以 MIPS 指令集为代表的 RISC 架构和以 x86 指令集为代表的 CISC 架构。

2.1.1 CISC 和 RISC 之争

CISC 的特点是一条指令可以包含多个底层操作，例如可以使用一条指令直接完成内存读取、算术运算及写回内存的全过程。此外，CISC 指令中一般包含多种较为复杂的寻址模式。而 RISC 尽可能地简化每条指令的操作，寻址模式较少，有时可能需要多条 RISC 指令才能完成一条 CISC 指令就可以完成的操作。

从 20 世纪 80 年代开始，CISC 和 RISC 两大流派之争从未停息。CISC 的优点在于实现相同操作所需的指令数少，指令类型丰富、操作灵活，但高性能硬件设计也会变得更加复杂。RISC 架构由于指令格式统一、类型简单，硬件开发周期可以更短，但在指令灵活性上受到一些限制。RISC 架构的早期倡导者之一大卫·帕特森认为，RISC 架构只有在少数情况下才会慢于 CISC 架构，而 CISC 架构处理器的设计变得异常复杂，研发成本上升。相对地，CISC 架构的支持者道格拉斯·W. 克拉克（Douglas W. Clark）认为，RISC 架构并未通过实验证明其性能和设计优势。

在指令集发展的早期阶段，CISC 架构占据绝对优势。彼时，由于工艺制程落后，内存的容量很小，因此程序本身的大小也成为影响处理器运行速度的关键因素。而 CISC 指令集由于指令复杂、代码密度高，同样大小的程序能够完成更多的操作，使越来越多的处理器开始按照 CISC 的设计哲学进行设计。以 x86 架构为例，随着计算机的发展，不断有新的指令被添加进指令集，这使硬件控制逻辑的复杂度不断攀升，硬件研发的周期变长、成本提升。此时，CISC 架构给硬件设计带来的压力愈加明显。

大卫·帕特森正是 CISC 架构的挑战者之一。他作为加州大学伯克利分校的教师，带领学生们设计了一款基于 RISC 架构的处理器，并在 1983 年的国际固态电子电路大会（International Solid State Circuits Conference，ISSCC）上一鸣惊人。该团队设计的 RISC 架构处理器只有几十条指令，其工艺制程、面积和主频均大幅落后于当时的商业界主流 CISC 架构处理器，然而性能却高于商业界的拥有几百条指令的 CISC 架构处理器。自此，RISC 架构的优点得到业界广泛的关注。

后来，RISC 和 CISC 两大流派开始慢慢走向融合，双方都不断学习对方的技术特点，取长补短。例如 Intel 在 20 世纪 90 年代推出的 P6 微架构就借鉴了 RISC 简单的后端流水线，以微指令译码技术将复杂指令在处理器内部译码为数个简单的微操作。另外，ARM 推出的 Thumb 指令集也借鉴了 CISC 的思想来压缩代码密度。现如今，人们已经不再过分关注 CISC 与 RISC 的区别，而将注意力转移到具体的高性能微架构设计上。

2.1.2 指令集的分类

传统的指令集架构依照操作数的提供方式，可以大体分为堆栈型、累加器型和寄存器堆型。堆栈型架构的源操作数隐式为堆栈的顶部；累加器型架构的其中一个源操作数是由指令显式指定的，另一个操作数隐式指定为累加器；寄存器堆型架构的操作数均由指令显式指定。图 2-1 展示了这几种类型的指令集架构。根据具体设计的不同，显式指定的操作数有些可以直接从内存中取得，而有些则需要先加载到临时存储区。

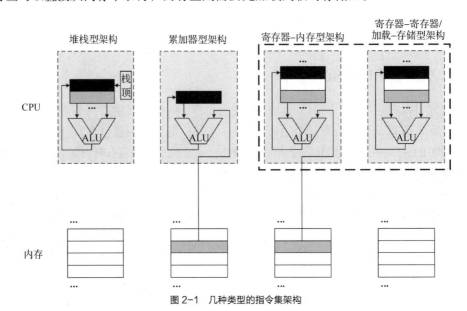

图 2-1　几种类型的指令集架构

在图 2-1 中可以观察到，寄存器堆型架构主要有两种：一种是可以由运算类指令直接访存的寄存器-内存型架构，另一种是只有通过专门的加载/存储指令才能够访问内存的寄存器-寄存器型架构。堆栈型和累加器型架构大都出现在早期的处理器设计中，经过一段时间的发展，自 20 世纪 80 年代后，主流的处理器设计都转向了寄存器堆型架构。这主要是由两个方面的原因导致的。第一个原因是寄存器访问比内存访问的速度更快，寄存器是用触发器或片上 SRAM 制成的，而内存大都使用 DRAM 制成，后者的访问速度要比前者慢许多，有关存储器架构的详细内容将在第 4 章介绍。第二个原因是使用寄存器堆型架构可以让编译器获得更多的优化空间。例如计算表达式$(a \times b) + (b \times c) - (a \times d)$时，如果使用堆栈型架构，操作数只能从栈顶获得，那么该表达式只能按照一种特定的顺序进行计算，而使用寄存器堆型架构则可以按照任意顺序计算这些乘法，进而使得编译器可以充分发掘处理器的指令级并行特性。

表 2-1 举例展示了不同指令集在计算 $A = B \times (C + D)$时需要执行的伪指令代码。

表 2-1　　　　　　不同指令集在计算 $A = B \times (C + D)$时需要执行的伪指令代码

堆栈型 指令集	累加器型 指令集	寄存器-内存型 指令集	寄存器-寄存器型 指令集
PUSH B PUSH C PUSH D ADD MUL POP A	LOAD C ADD D MUL B STORE A	LOAD R1、C ADD R1、D MUL R1、B STORE R1、A	LOAD R1、C LOAD R2、D LOAD R3、B ADD R4、R1、R2 MUL R5、R3、R4 STORE R5、A

RISC-V 指令集是目前较为流行的一种 RISC 架构指令集，同时它也是寄存器-寄存器型指令集，下面以 RISC-V 指令集为例介绍它的组成和寄存器设计。

RISC-V 指令集由整数的基本指令集和一系列扩展指令集组成。这种灵活的组织方式使 RISC-V 指令集能够适应多种应用场景，小到简易嵌入式设备、大到高端多核向量处理器，RISC-V 指令集都可以胜任。表 2-2 展示了 RISC-V 的基本指令集和扩展指令集。

表 2-2　　　　　　　　　　　**RISC-V 的基本指令集和扩展指令集**

名称	功能
RV32I	使用 32 位寄存器的基本 32 位整数指令
RV32E	只使用 16 个寄存器的基本 32 位指令，适用于低端的嵌入式应用
RV64I	使用 64 位寄存器的基本 64 位整数指令
M	扩展了整数乘法和除法指令
A	扩展了并发操作中的原子指令
F	扩展了 IEEE 标准单精度浮点数运算指令，增加了 32 个 32 位浮点寄存器
D	扩展了 IEEE 标准双精度浮点数运算指令，增加了 32 个 64 位浮点寄存器
Q	扩展了四精度浮点数运算指令
L	扩展了 IEEE 标准的 64 位或 128 位十进制浮点数运算指令
C	定义了部分指令的 16 位版本，用于小内存的嵌入式应用
V	扩展了向量操作指令
B	扩展了位操作指令
T	扩展了事务性内存指令
P	扩展了对 SIMD 指令的支持
RV128I	扩展了对 128 位地址空间访问的支持

一套完整的 64 位 RISC-V 指令集的基本配置为 RV64IMAFD。除了基本指令外，其还包括乘法、原子操作，以及单精度和双精度浮点数操作，这一组合简称为 RV64G。RV64G 搭配有 32 个 64 位通用寄存器，分别命名为 x0、x1、……、x31，此外由于带有 F 和 D 扩展，RV64G 还另配有 32 个浮点寄存器，可以存储 32 个单精度浮点数或双精度浮点数。

需要注意的是，在 RISC-V 指令集搭配的寄存器中，x0 是一个特殊的寄存器，该寄存器被架构要求硬接线到逻辑 0，因此 x0 寄存器可以被视为一个可以快速获取操作数 0 的位置。对 x0 寄存器的任何写入都是无效的，而读取 x0 寄存器将永远返回 0。

2.2　指令寻址模式

在指令执行访问内存的操作时，只要内存地址和访存长度是给定的，则所需的内容在内存中的位置就是确定的。但无论指令集属于 2.1 节中提到的哪种结构，它都必须规定如何在指令中指明需要访问的内存地址，即指令寻址模式。本节介绍几种主流的指令寻址模式。

一般情况下，指令寻址模式的定义为：指令指定欲访问的常数、寄存器和内存空间等对象的地址的方式。

2.2.1　指令的组成

从指令的编码看，指令主要由操作码和地址码两部分构成，操作码代表该指令完成哪些指令操作，而地址码指定该指令所访问的对象地址。再进一步划分，地址码又包括地址和地址附加信息两部分。其中地址包括直接地址、立即数、寄存器、变址寄存器等，而地址附加信息包括偏移量、块长度、跳距等。

以 RISC-V 指令集为例，其指令主要包括如下 5 个部分。

（1）rs1、rs2：源操作数寄存器。

（2）rd：目的寄存器。

（3）imm：立即数。

（4）funct3、funct7：扩展操作码。

（5）opcode：指令操作码。

对于特定类型的指令，这 5 个部分的位置都是固定的，该特性给硬件的译码单元带来了很大的方便。

2.2.2　常见的指令寻址模式

指令集一般会支持多种指令寻址模式，以支持各式各样的应用场景。表 2-3 罗列了现有计算机中一些常见的指令寻址模式及其用途。需要注意的是，表 2-3 中给出的指令示例均是伪指令，并不对应任何特定的指令集，它们仅用于举例和示意寻址模式。

表 2-3　　　　　　　　　　　常见的指令寻址模式及其用途

指令寻址模式	举例	含义	使用场景
寄存器寻址	add R4、R3	Regs[R4]←Regs[R4]+Regs[R3]	在操作数已经加载到寄存器中时使用
立即数寻址	add R4、3	Regs[R4]←Regs[R4]+3	当某个操作数为常数时使用
偏移量寻址	add R4、100(R1)	Regs[R4]←Regs[R4]+Mem[100+Regs[R1]]	访问局部变量时使用
寄存器间接寻址	add R4、(R1)	Regs[R4]←Regs[R4]+Mem[Regs[R1]]	访问指针内容或计算的地址时使用
索引寻址	add R3、(R1+R2)	Regs[R3]←Regs[R3]+Mem[Regs[R1]+Regs[R2]]	访问数组内容时使用
直接寻址	add R1、(1001)	Regs[R1]←Regs[R1]+Mem[1001]	可以在访问静态数据时使用
内存间接寻址	add R1、@(R3)	Regs[R1]←Regs[R1]+Mem[Mem[Regs[R3]]]	访问二级指针时使用
自动递增寻址	add R1、(R2)+	Regs[R1]←Regs[R1]+Mem[Regs[R2]]； Regs[R2]←Regs[R2]+d	在遍历数组时使用
自动递减寻址	add R1、-(R2)	Regs[R2]←Regs[R2]-d； Regs[R1]←Regs[R1]+Mem[Regs[R2]]	在遍历数组时使用
比例寻址	add R1、100(R2)[R3]	Regs[R1]← Regs[R1]+Mem[100+Regs[R2]+Regs[R3]*d]	在索引数组时使用

指令集支持的指令寻址模式越多，指令的效率就会随之增加，灵活性也更强。例如某些原本需要多条指令执行的操作，在一些特定的指令寻址模式下可以被简化为用一条指令实现。然而，指令集每增加一种指令寻址模式，都需要相应的硬件来支持该指令寻址模式，指令系统会变得更加复杂。因此在设计指令集的指令寻址模式时，需要综合权衡各种指令寻址模式可能带来的收益和代价，寻找一个较优的平衡点。

以 RISC-V 指令集为例，作为一种以简单为设计哲学的指令集，它并不直接支持表 2-3 中所列的各种复杂指令寻址模式，而仅支持少量几种通用的指令寻址模式。事实上，RISC-V 指令集支持的指令寻址模式主要为寄存器寻址、立即数寻址等 5 种，具体内容如表 2-4 所示。

表 2-4　　　　　　　　**RISC-V 指令集支持的指令寻址模式**

寻址模式	举例
寄存器寻址	add a1, a1, a2
立即数寻址	addi a1, a1, 4
偏移量寻址	lw a1, 4(a2)
寄存器间接寻址	lw a1, 0(a2)
直接寻址	lw a1, 4(x0)

2.3　数据类型与指令操作

2.3.1　RISC-V 指令集的数据类型

指令集的数据类型一般指操作数的数据类型。掌握指令集支持的各个数据类型是编写程序的前提条件。通常指令的操作码编码就暗示了该指令的操作数类型。RISC-V 指令集支持的数据类型如表 2-5 所示。

表 2-5　　　　　　　　**RISC-V 指令集支持的数据类型**

数据类型	描述	RV32 大小（B）	RV64 大小（B）
char	字节类型/字节	1	1
short	短整数	2	2
int	整数	4	4
long	长整数	4	8
long long	长长整数	8	8
void*	指针	4	8
float	单精度浮点数	4	4
double	双精度浮点数	8	8
long double	四精度浮点数	16	16

2.3.2 指令操作分类

一个指令集中的所有指令可以根据其所执行的不同操作进行分类。不同种类的指令互相协作可以实现更为强大的功能。

为了确定指令执行的操作，一般在指令的操作码部分对指令操作进行编码，操作码指定了处理器将要执行的操作。为了使读者对指令集的设计思想有更深入的理解，指令的大部分常见操作被分为8类，如表2-6所示。注意这些操作并不对应任何特定的指令集。

表 2-6 指令的常见操作

操作类型	举例
算术和逻辑指令	整数运算和逻辑运算
数据转移指令	加载/存储指令
控制指令	分支、跳转、过程调用和返回
系统指令	系统调用，虚拟内存管理
浮点运算指令	浮点操作：加、减、乘、除
十进制指令	十进制加、减、乘、除
字符串操作指令	字符串移动、比较、查找
图形处理指令	像素操作，压缩和解压缩操作

RISC-V指令集中的指令按操作类型可以分成4种：加载/存储指令、ALU操作指令、控制转移指令及浮点操作指令。就RV64G（RV64IMAFD）标准而言，它所包含的所有指令如表2-7所示。

表 2-7 RV64G 指令

操作类型	指令	指令操作
数据传输指令（用于在寄存器和内存之间的数据移动）	lb, lbu, sb	加载1个字节，加载1个字节无符号数，存储1个字节
	lh, lhu, sh	加载半个字（2个字节），加载半个字无符号数，存储半个字
	lw, lwu, sw	加载1个字（4个字节），加载1个字无符号数，存储1个字
	ld, sd	加载两个字（8个字节），存储2个字
算术逻辑指令（用于对寄存器中的值进行运算，单字操作会忽略寄存器的高32位）	add, addi, addw, addiw sub, subi, subw, subiw	加减法操作指令，包括与寄存器加或减，与立即数加或减（包含i，下同）和32位加减法（包含w，下同）
	slt, sltu, slti, sltiu	比较小于置位指令：如果满足比较条件（小于）则给目标寄存器写1，包括寄存器比较、立即数比较和无符号数比较
	and, or, xor, andi, ori, xori	逻辑运算指令：与、或、异或，包括寄存器-寄存器逻辑运算及寄存器-立即数运算

续表

操作类型	指令	指令操作
算术逻辑指令 （用于对寄存器中的值进行运算，单字操作会忽略寄存器的高 32 位）	lui	高位立即数加载指令：将 24 位立即数加载到目标寄存器的[31:12]位，高 32 位置 0
	auipc	PC 高位立即数加法指令：将 12 位立即数与 PC 的高 20 位的和放入目标寄存器，用于跳转
	sll, sllw, slli, slliw, srl, srlw, srli, srliw, sra, sraw, srai, sraiw	移位操作指令：逻辑左移（包含 ll，下同）、逻辑右移（包含 rl，下同）及算术右移（包含 ra，下同），可使用寄存器值或立即数进行移位，还可指定寄存器低 32 位进行移位
	mul, mulw, mulh, mulhs, mulhu, div, divw, divu, divuw, rem, remu, remw, remuw	整数乘法、除法、求余操作指令：包括有符号数-有符号数运算（默认）、有符号数-无符号数运算（包括 s）和无符号数-无符号数运算（包括 u），可实现低 32 位运算和对输出结果进行高位截取（包括 h）
控制转移指令 （用于实现条件分支和跳转）	beq, bne, blt, bge, bltu, bgeu	分支指令：根据源寄存器的比较结果决定是否进行跳转，比较包括相等、不相等、小于、大于或等于，可对无符号数进行比较
	jal, jalr	根据某个寄存器或者 PC 的值进行跳转并保留返回地址，以在调用结束执行 ret 时返回
浮点运算指令 （用于对浮点数寄存器（单精度）进行操作）	flw, fld, fsw, fsd	加载存储单精度浮点数和双精度浮点数
	fadd, fsub, fmult, fdiv fsqrt, fmadd, fmsub, fnmadd, fnmsub	浮点运算指令：包括浮点类型的加、减、乘、除、平方根、乘加、乘减、乘加取反、乘减取反等运算
	fsgnj, fsgnjn, fsgnjx	浮点符号注入指令：将一个源寄存器的除符号位的值赋给目标寄存器，另一个源寄存器的符号位进行一些操作后作为目标寄存器的符号位
	feq, flt, fle, fmin, fmax	浮点寄存器的比较指令，可用于比较两个浮点寄存器的值，可比较得到最大值或最小值
	fmv.x.w, fmv.w.x	单精度浮点寄存器数据传输指令：将数据在通用寄存器和浮点寄存器之间移动，前者为浮点寄存器读操作、后者为写操作
	fcvt.w.s, fcvt.wu.s fcvt.s.w, fcvt.s.wu fcvt.l.s, fcvt.lu.s fcvt.s.l, fcvt.s.lu	单精度浮点数据类型转换指令：将单精度浮点数和整数数据进行转换，其中 s 在前表示整型转换成浮点数，s 在后表示浮点数转换成整型，可转换的整型包括有符号（长）整型、无符号（长）整型

2.3.3 控制流指令

一直以来，改变程序执行流程的指令名称不断变化，20 世纪 50 年代通常将其叫作"转移"（transfer）指令，20 世纪 60 年代起出现"分支"（branch）这个词。在前文中，"控制指令""分支跳转指令""控制转移指令""控制流指令"等多种说法也均曾出现。本节为了避免混淆，对后文的用法进行统一规定：对无条件改变控制流的指令，称为"跳转指令"；而对有条件地改变控制流的指令，称为"分支指令"。对于 RISC-V 指令集，分支指令包括表 2-7 中 beq、bne 等以 b 开头的指令，而跳转指令主要为 jal 和 jalr 两个指令。

为帮助读者理解控制流指令的功能和实际操作，表 2-8 列举了 4 条 RISC-V 指令集的控制流指令的详细信息，其中前两条是跳转指令，后两条是分支指令。

表 2-8   RISC-V 指令集的控制流指令

指令举例	指令名称	含义
jal x1, offset	jump and link	Regs[x1]←PC+4；PC←PC+ (offset<<1)
jalr x1, x2, offset	jump and link register	Regs[x1]←PC+4；PC←Regs[x2]+offset
beq x3, x4, offset	branch equal	if(Regs[x3]==Regs[x4]) PC←PC+ (offset<<1)
bgt x3, x4, offset	branch greater than	if(Regs[x3] > Regs[x4]) PC←PC+ (offset<<1)

jal 和 jalr 这两条跳转指令会直接将欲跳转的地址赋值给程序计数器（program counter，PC），同时将跳转指令的下一条指令的地址保存到目标寄存器中。若不需要保存下一条指令的地址，只需将目标寄存器设置为 x0 即可（2.1.2 小节的介绍中已指出，对 x0 寄存器的写入是无效的）。jal 和 jalr 的区别在于：前者的新 PC 为旧 PC 与偏移量（立即数）的和，而后者的新 PC 为指定寄存器的值与偏移量的和。

分支指令方面，表 2-8 中给出的 RISC-V 指令集的两条分支指令可以支持任何算术比较，分支指令的新 PC 是当前 PC 与偏移量左移一位后的值之和，设置左移偏移量的目的是满足对齐要求。需要注意的是，当分支指令进行浮点数的比较时，首先会执行浮点比较指令（例如 feq 或 fle 等），将比较结果写入通用寄存器，然后执行相应的分支指令。

2.4 指令集编码

本节介绍指令集编码的原理，即指令的各个组成部分编码成二进制的方式。编码方式不仅会影响程序的"体积"，而且会影响处理器对指令进行译码并获取操作数的速度，因此编码的效率与处理器的性能高度相关。2.3.2 小节介绍的指令操作的编码难度较低，大多数的指令集都将这部分放入一个称作操作码的固定区域，以便处理器快速解析当前指令的操作类型。而 2.2 节介绍的与地址相关的编码由于涉及不同的寻址方式，需要精心设计编码方式才能保证高效译码。

寻址模式部分编码设计的难度大小取决于指令集支持的寻址模式种类的多少，以及操作和寻址模式之间的关联度高低。有些指令集设计得比较完备，一条指令可能有 5 个操作数，一个操作数可能支持近 10 种寻址模式，这种设计通常会为每个操作数安排独立的寻址标识符来指定寻址模式；而有些简单的设计将寻址模式和操作码绑定在一起，采用这种方式的指令集一条指令一般只含有一至两个操作数，且大都使用专门的加载/存储指令进行内存访问。

2.4.1 可变长度编码与固定长度编码

在进行指令编码时，寄存器的数量和寻址模式都会影响编码的长度。实际上，指令中的绝大部分编码空间用于指定寻址模式及寄存器，剩余较少的空间才用于指定操作码。对于一套指令集而言，可以在两种编码方式中进行选择。一种是可变长度编码，在这种编码方式下，每条指令的长度不等，指令长度取决于操作数及寻址模式的多少；另一种是固定长度编码，对于这种编码方式，所有指令拥有固定的长度，固定长度编码一般将寻址模式和操作码绑定在一起，适用于寻址模式较少的情况。

除可变长度编码和固定长度编码外，还有一种在这两者之间折中的编码方式，一般称为混合编码。相较于可变长度编码和固定长度编码，混合编码一方面降低了可变长度编码中指令长度的变化程度，即大多数的指令都拥有相同的长度，因此译码较为简单。另一方面混合编码提供了多种长度的指令，例如 RISC-V 的压缩指令集允许 16 位编码自由穿插在传统的 32 位编码中，从而尽可能减小程序"体积"。混合编码的另一个优点是为未来的指令集扩展预留了空间，为所需指令数量超出固定长度编码允许的最大指令数量的情况提供了解决方案。

3 种指令编码方式如图 2-2 所示。

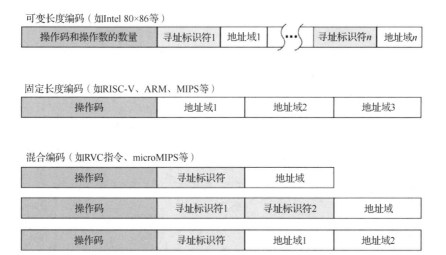

图 2-2　3 种指令编码方式

2.4.2 操作码的编码

操作码的编码方式一般采用前缀码编码。常见的编码方式有霍夫曼（Huffman）编码法、混合编码法等。

操作码的编码

1. 前缀码原理

如果一组编码具有前缀码特性，即其中任何字符的编码都不是其他字符编码的前缀，则称该组编码为前缀码。例如编码{9，55}为前缀码，而编码{9，5，59，55}为非前缀码，因

为 "5" 是 "59" 和 "55" 的前缀。

使用前缀码进行编码的好处是变长指令的连续排列在译码时不会存在歧义，或者说即使不同长度的指令无间隔地在内存中连续存放，译码的唯一性也能够得到保证。

2. 霍夫曼编码

霍夫曼编码是一种经典的前缀码编码方法，其特点是，对于出现频率高的字符，用尽可能少的位来编码；而对于出现频率低的字符，用较多的位来编码。经过霍夫曼编码得到的霍夫曼树，其平均带权重路径长度（即树中所有的叶节点的权值乘上其到根节点的路径长度）是最短的，因此霍夫曼树又被称为最优二叉树。

例如对于字符集合 $A_x = \{a, b, c, d, e, f, g\}$，其中每个字符的出现概率分别为

$$P_x = \{0.30, 0.20, 0.15, 0.10, 0.10, 0.08, 0.07\}$$

依据每个字符的出现概率，构造霍夫曼树的步骤如下。

（1）构造一棵共有 7 片树叶的树，分别以上述给出的字符的出现概率为权重；

（2）在所有没有父节点的顶点（不一定是树叶）中选出两个权重最小的顶点，添加一个新分支点，这个新分支点以这两个顶点为子节点，其权重等于这两个子节点的权重之和；

（3）重复步骤（2）的操作，直到整棵树只有一个没有父节点的顶点为止。

按照上述步骤，第 1 次取出的是概率为 0.08、0.07 对应的顶点，第 2 次取出的是 0.10、0.10 对应的顶点，第 3 次取出的是 0.15、0.15（0.08+0.07）对应的顶点，以此类推，最终构造出的霍夫曼树如图 2-3 所示。霍夫曼树中每一片树叶到根节点的距离（即 l）就是该节点对应符号的编码长度，因此其操作码平均长度为 $\sum_{i=1}^{7} P_i l_i = 2.65$。

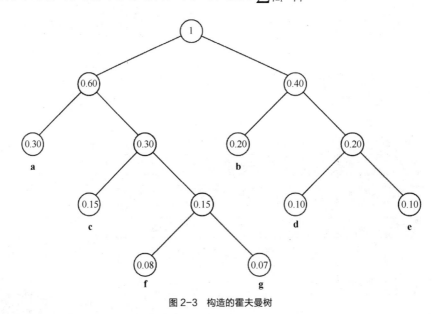

图 2-3　构造的霍夫曼树

2.4.3　RISC-V 的指令编码

图 2-4 展示了 RISC-V 指令集关于指令长度的规定。RISC-V 指令集为可变指令长度的混合编码，指令长度由操作码的最低几位指定。指令长度最小为 16 位，理论上可以以 16 位为单位无限向上扩展。

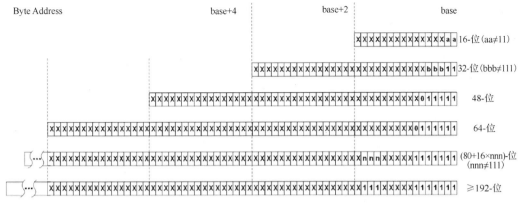

图 2-4　RISC-V 指令集关于指令长度的规定

就 RISC-V 指令集而言，它需要支持的寻址模式的数量较少，因此寻址模式可以和操作码进行绑定。另外，RISC-V 指令集为了让指令编码更加精简、统一，它将所有的操作码安排在 32 位指令中的最低 7 位。

如图 2-5 所示，RISC-V 指令集的指令格式主要有 4 种，所有的元素（如 opcode、rd、funct3、rs1、rs2、imm、funct7 等）在每种类型中仅可能出现在指令的固定位置。该设计使处理器的译码逻辑变得非常简单。4 种格式足以满足不同指令的需求。上述指令格式的用途如表 2-9 所示。当指令中操作码与 funct3 或 funct7 字段共存时，操作码只指定大致的指令类别（如 ALU 寄存器-寄存器指令、ALU 立即数指令、加载/存储指令等），而 funct3 或 funct7 字段则指定具体的操作。例如，操作码字段可能只说明某条指令为 ALU 立即数指令（确定为 I 类型指令），而 funct3 字段具体指定该指令为 addi、slti 等指令中的哪一种。

31	25 24	20 19	15 14	12 11	7 6	0	
funct7	rs2	rs1	funct3	rd	opcode		R类型

imm[11:0]		rs1	funct3	rd	opcode		I类型

imm[11:5]	rs2	rs1	funct3	imm[4:0]	opcode		S类型

Imm[31:12]				rd	opcode		U类型

图 2-5　RISC-V 指令集的 4 种主要指令格式

表 2-9　　　　　　　　　　**RISC-V 指令集主要指令格式的用途**

指令格式	主要用途	rd	rs1	rs2	立即数
R 类型	寄存器-寄存器的 ALU 操作	目标寄存器	第一个源操作数	第二个源操作数	—
I 类型	立即数的 ALU 操作/加载指令	目标寄存器	第一个源操作数/基址寄存器	—	常数/偏移值
S 类型	存储指令/比较分支指令	—	基址寄存器/第一个操作数	待存储的数据/第二个操作数	偏移值
U 类型	跳转指令	返回值目标寄存器	—	—	跳转目的地址

2.5　特权等级与 CSR

　　处理器执行的指令根据所需权限的高低大致分为用户指令和特权指令。表 2-7 中列出的指令均属于用户指令，即处理器的普通用户拥有权限执行的指令。用户指令一般完成具体的计算和处理任务。指令集中还存在另外一部分指令，主要用于系统资源的分配和管理，包括配置处理器、修改访问权限等，这部分指令需要特定权限才能够执行，称为特权指令。特权指令一般只用于操作系统和一些系统软件中，而不提供给普通的用户程序使用。在处理器中，为维护指令的执行权限，同时也是对处理器本身加以保护，建立了特权等级的机制，程序只有处于较高的特权等级、拥有较高的执行权限时，才能执行特权指令。

2.5.1　特权等级

　　特权等级控制着当前运行的程序可以访问的资源，如内存区域、I/O 端口等，也决定了执行特权指令的权限。在任意时刻，处理器都会运行在某一特权等级中，并执行该特权等级下的软件代码。与此同时，处理器也可以通过一套特权等级转换机制在各个特权等级之间进行合理的切换。设置特权等级的目的是保护软件栈的合法运行，当出现违反特权等级要求的访问，例如当处于用户等级的程序执行了需要更高权限才能执行的指令时，处理器会阻止该指令的执行并抛出异常。

　　如表 2-10 所示，RISC-V 指令集的架构已经定义了 3 种特权等级，按照权限由高到低的顺序分别为机器模式、管理员模式和用户模式。其中，在机器模式和管理员模式之间还预留了一个虚拟机模式，用于日后的扩展。机器模式是任何处理器都要求必须实现的模式，在 RISC-V 指令集中为特权等级最高的模式。运行在机器模式中的代码都被认为是非常可靠的，被允许访问处理器的一切资源、执行所有的指令，机器模式指令对处理器的配置项拥有更改和查询的权限。对于处理器而言，是否具体实现管理员模式和用户模式这两种模式是可选的。通常情况下，管理员模式用于运行操作系统内核、设备驱动程序等，而用户模式用于运行用户程序。

表 2-10　　　　　　　　　　　　RISC-V 指令集的特权等级

等级	编码	名称	缩写
0	00	用户模式	U
1	01	管理员模式	S
2	10	虚拟机模式	N/A
3	11	机器模式	M

　　一般对于小型嵌入式设备而言，出于成本考虑，实现机器模式即可满足绝大多数功能需求，而对于需要运行 Linux 等大型操作系统的设备，则必须进一步实现管理员模式和用户模式。

　　RISC-V 指令集中的部分指令只能在指定的特权等级下执行，其余特权指令虽然能在各个特权等级下执行，但在不同的等权等级下执行的效果是不同的。下面将通过两个特权指令的实例，让读者更好地理解特权指令在 RISC-V 指令集中的作用。

RISC-V 的 xret 指令包含 3 种不同的执行环境（x=m|s|u），即在机器模式、管理员模式和用户模式下会分别执行 mret、sret 和 uret 指令，同时也允许执行比当前特权等级级别低的任意 xret 指令。该指令一般用于处理从中断、异常处理函数的返回，也可以用于特权等级的切换。

RISC-V 的 ecall 指令用于向执行环境发起请求，如应用程序请求系统调用等。如表 2-11 所示，在不同的特权等级下，执行该指令会产生不同的异常，从而转移到相应的异常处理函数中进行处理。

表 2-11　　　　　RISC-V 指令集在不同特权等级下执行 ecall 指令产生的异常

特权等级	产生异常
U	用户模式环境调用异常
S	管理员模式环境调用异常
M	机器模式环境调用异常

2.5.2　RISC-V 指令集的 CSR

RISC-V 指令集规定了一系列 CSR 用于控制并记录处理器的运行状态。按照允许访问的特权等级，RISC-V 指令集的 CSR 可分为机器模式 CSR、管理员模式 CSR 和用户模式 CSR 这 3 种，处于高特权等级的程序可以访问和修改处于相同或更低特权等级的 CSR。RISC-V 指令集的 CSR 主要负责中断的开启/关闭及中断向量表的设置、物理内存保护（PMP）、物理内存属性（physical memory attributes，PMA）与配置性能监测模块等功能。

RISC-V 指令集的部分 CSR 与特权等级的切换存在关联。RISC-V 指令集中的特权等级切换分为两种情况：一种是从较高的特权等级切换到较低的特权等级，另一种是从较低的特权等级切换到较高的特权等级。从较高的特权等级切换到较低的特权等级时，一般使用 xret 指令。虽然 xret 指令常用于异常和中断处理函数的返回，但本质上执行 xret 指令时会经历以下过程：

（1）将程序计数器设置为 xepc CSR 中的值；

（2）将当前特权等级修改为 xpp CSR 中设置的特权等级。

通常情况下，进入中断或异常时，xepc 和 xpp 会被设置成进入中断或异常前处理器的程序计数器值和特权等级，当处理函数最后执行 xret 指令之后，程序会自动返回到之前的程序计数器值和特权等级。而当程序需要自主控制进入的特权等级时（通常用于启动时 BootLoader 将控制权交给操作系统，或操作系统调用普通程序），则需要程序自行设置 xepc 和 xpp，随后再执行 xret 指令，这样即可进入程序指定的特权等级（只能进入与该程序平级或更低的特权等级），并执行指定的程序。

相反地，若需要从较低的特权等级切换到较高的特权等级时，一般使用 ecall 指令进行切换，例如在操作系统内核启动前，会通过设置 medeleg CSR 将用户模式环境调用异常代理给管理员模式。之后当在操作系统上执行用户程序中的 ecall 指令，请求对运行在管理员模式的操作系统内核进行系统调用时，处理器会跳转到操作系统内核设置的异常处理函数入口，并将当前特权等级切换到管理员模式。异常处理完毕后，异常处理函数执行 sret 指令即可使处理器返回用户程序并继续执行该程序。

2.6　指令集的 ABI 规定

RISC-V 的函数
调用

处理器执行程序时，往往需要进行大量的函数调用和返回。在函数调用和返回的过程中，除了需要进行控制转移，还需要保存一些上下文状态和信息。在进行函数调用时，返回地址作为最基本的一项信息必须得到妥善保存，以用于之后的函数返回。在现有的指令集架构中，有些指令集架构将返回地址存放在一个专用的寄存器中，而有些指令集架构则将其存放在通用寄存器中。

除了返回地址，寄存器中可能会保存一些程序要用到的临时数据。为了避免函数调用时可能发生的寄存器值覆盖，造成程序功能错误，在进行函数调用时还需要对当前的寄存器状态进行保存。早期的一些架构在函数调用时会自动保存所有的寄存器，而为了避免冗余，现代的架构普遍要求编译器按需实现部分寄存器的保存和恢复。

寄存器的保存分为两种情况：一种是调用者保存（caller-saved），另一种是被调用者保存（callee-saved）。调用者保存指的是在函数调用前就将函数结束并返回后仍需使用的寄存器值保存起来（通常是压在栈中），这样被调用者就无须关心调用者的寄存器使用情况。而被调用者保存则恰恰相反，在被调用者使用这些寄存器之前，由被调用者先将寄存器中的值保存起来，执行完毕后再由被调用者恢复这些寄存器，最后再进行返回。实际应用中，采用调用者保存还是被调用者保存取决于具体情况。在有些情况下必须使用调用者保存，例如函数 P1 及其子函数 P2 都需要访问全局变量 x，而 P1 已经将 x 赋给某个寄存器，则在调用 P2 前就必须将该寄存器保存到一个 P2 已知并可访问的位置。而实际的应用情况可能更加复杂，这大大增加了编译器选择保存寄存器的难度。为此，现代编译器为了保守起见，通常会对所有可能被子函数调用的变量都进行保存。

为了结合两者的优势，当今的系统大都采用了二者混合的方式，即部分寄存器由调用者保存，而另一部分寄存器由被调用者保存。另外，为了使汇编程序的可读性更高且便于记忆，指令集中所描述的寄存器一般会有一个等效的别名，寄存器别名与实际的寄存器名称在编译器看来是等价的。在 ABI 中规定了各个寄存器的别名，并指定每个寄存器在函数调用时的保存规则。以 RISC-V 指令集的 ABI 规定为例，表 2-12 给出了各个寄存器的别名、功能描述和函数调用保存规则。

表 2-12　　　　　　　　各个寄存器的别名、功能描述和函数调用保存规则

寄存器	别名	功能描述	保存规则
x0	zero	硬件上恒为 0	N/A
x1	ra	返回地址	调用者
x2	sp	栈指针	被调用者
x3	gp	全局指针	N/A
x4	tp	线程指针	N/A
x5	t0	临时连接寄存器	调用者
x6-7	t1-2	临时寄存器	调用者

寄存器	别名	功能描述	保存规则
x8	s0/fp	保留寄存器/帧指针	被调用者
x9	s1	保留寄存器	被调用者
x10-11	a0-1	函数参数/返回值	调用者
x12-17	a2-7	函数参数	调用者
x18-27	s2-11	保留寄存器	被调用者
x28-31	t3-6	临时寄存器	调用者
f0-7	ft0-7	浮点临时寄存器	调用者
f8-9	fs0-1	浮点保留寄存器	被调用者
f10-11	fa0-1	浮点函数参数/返回值	调用者
f12-17	fa2-7	浮点函数参数	调用者
f18-27	fs2-11	浮点保留寄存器	被调用者
f28-31	ft8-11	浮点临时寄存器	调用者

2.7 案例学习：平头哥玄铁 C910 处理器的自定义指令

RISC-V 指令集中为用户自定义指令扩展预留了一定的编码空间,表 1-1 给出了 RISC-V 标准指令的操作码编码规范。目前, 表 1-1 中 custom-0 和 custom-1 对应的操作码可以用于用户自定义的指令扩展。对于 custom-2/rv128 和 custom-3/rv128, RISC-V 官方则额外说明这一部分操作码可能用于未来的 rv128 标准指令扩展。

标准的 RISC-V 指令集虽然足够简洁通用,但其对于一些特定应用场景同样缺乏足够的优化,对于商用的 RISC-V 处理器而言, 可能难以满足部分特定的高性能需求。平头哥玄铁 C910 作为一款面世不久的高性能 RISC-V 处理器, 在其开发过程中也对这一点有所权衡。对于玄铁 C910 而言, 其除了支持 RISC-V 定义的基本指令集外, 工程师还结合以往的处理器设计经验及客户需求, 设计了一套自定义指令集, 作为对 RISC-V 标准指令集的补充。

平头哥玄铁 C910 自定义的扩展指令集可以分成 6 个类别,包括 Cache 指令子集、多核同步指令子集、算术运算指令子集、位操作指令子集、存储指令子集及半精度浮点指令子集。以上自定义指令的操作码均为 0b0001011, 对照编码规范可知, 该自定义指令使用的操作码对应位置为 custom-0, 其中所有指令的位宽均为 32 位。

平头哥也为玄铁 C910 中扩展的自定义指令配备了相应的工具链,用户可以使用平头哥定制的工具链方便、高效地编译生成相关的高性能指令。另外, 通过设置编译器的编译选项及处理器的执行模式, 用户也可以选择是否开启平头哥玄铁 C910 的自定义指令集。

下面以平头哥玄铁 C910 的自定义指令集中的一部分指令作为实例,介绍这些 RISC-V 指令的功能,说明扩展指令对 RISC-V 标准指令的功能拓展。

2.7.1　Cache 指令子集

标准 RISC-V 指令集中针对 Cache 部分优化的指令相对较少，且少数相关指令的控制粒度较粗。为此，平头哥玄铁 C910 特别设计了 Cache 指令子集。该 Cache 指令子集拥有近 20 条指令，提供了完整的 Cache 操作指令，能够有效提升 Cache 的同步效率。下面举例介绍部分 Cache 指令的具体功能。

1. dcache.call——清全部脏表项指令

语法：dcache.call。

操作：清除所有 L1 D-Cache 表项，将所有脏表项写回下一级存储，仅操作当前核。

执行权限：机器模式/管理员模式。

2. dcache.cpa——按物理地址清脏表项

语法：dcache.cpa rs1。

操作：将 rs1 中的物理地址所对应的 D-Cache/L2 Cache 表项写回下一级存储，操作所有核和 L2 Cache。

执行权限：机器模式/管理员模式。

2.7.2　多核同步指令子集

同步指令子集实现了多核同步指令的扩展，在多核同步工作时，有助于实现核间同步。

sync.s——同步广播指令

语法：sync.s。

操作：该指令保证前序所有指令比该指令早退休，后续所有指令比该指令晚退休，并将该请求广播给其他核。

执行权限：机器模式/管理员模式/用户模式。

2.7.3　算术运算指令子集

该子集中包含的算术运算指令相较于 RISC-V 指令集规定的基本计算指令，增加了一些更复杂的计算及数据转移处理步骤，部分指令的语法和功能如下。

1. addsl——寄存器移位相加指令

语法：addsl rd rs1, rs2, imm2。

操作：rd←rs1 + (rs2<<imm2)。

执行权限：机器模式/管理员模式/用户模式。

2. mula——乘累加指令

语法：mula rd rs1, rs2。

操作：rd←rd + (rs1×rs2)[63:0]。

执行权限：机器模式/管理员模式/用户模式。

3. srri——循环右移指令

语法：srri rd, rs1, imm6。

操作：rd←rs1>>>>imm6（rs1 值右移，左侧移入右侧移出位）。

执行权限：机器模式/管理员模式/用户模式。

2.7.4　位操作指令子集

位操作是在嵌入式应用领域频繁使用的一种操作，在开发嵌入式应用时，使用位操作指令代替 RISC-V 的通用计算指令有助于提升代码密度。虽然表 2-2 中提到了 RISC-V 指令集的"B"扩展规定了位操作指令，但是在平头哥玄铁 C910 的开发过程中，RISC-V 标准指令集还没有包含"B"扩展的具体内容。因此平头哥玄铁 C910 为了提供完整的位操作指令，加速位提取、运算和封装等操作，自行设计了位操作指令子集，其中部分指令如下。

1．ext——寄存器连续位提取符号位扩展指令

语法：ext rd, rs1, imm1, imm2。

操作：rd←sign_extend(rs1[imm1:imm2])。

执行权限：机器模式/管理员模式/用户模式。

2．ff0——快速找 0 指令

语法：ff0 rd, rs1。

操作：从 rs1 最高位开始查找第一个为 0 的位，结果写回 rd。如果 rs1 的最高位为 0，则结果为 0，如果 rs1 中没有 0，则结果为 64。

执行权限：机器模式/管理员模式/用户模式。

3．tst——位为 0 测试指令

语法：tst rd, rs1, imm6。

操作：if (rs1[imm6] == 1) rd←1；else rd←0。

执行权限：机器模式/管理员模式/用户模式。

2.7.5　存储指令子集

RISC-V 指令集的标准访存指令为了考虑通用性和简洁性而缺乏一定的灵活性。因此，平头哥玄铁 C910 设计了存储指令子集，以增强访存指令的索引和偏移能力，简化数组等数据结构的访问。本小节挑选两个有代表性的指令作为示例。

1．lrd——寄存器移位双字加载指令

语法：lrd rd, rs1, rs2, imm2。

操作：rd←mem[(rs1 + rs2<<imm2) + 7 : (rs1 + rs2<<imm2)]。

执行权限：机器模式/管理员模式/用户模式。

2．ldia——符号位扩展双字加载基地址自增指令

语法：ldia rd, (rs1), imm5, imm2。

操作：rd←sign_extend(mem[rs1 + 7 : rs1]); rs1←rs1 + sign_extend(imm5<<imm2)。

执行权限：机器模式/管理员模式/用户模式。

2.8　本章小结

指令集作为沟通软硬件的桥梁，无论是从硬件角度还是从软件角度而言，都具有重要意义。一款优秀的指令集需要兼顾硬件的可实现性和软件的便利性。在计算机体系结构发展早期，半导体技术同样处于发展初期，指令集的设计受到硬件技术较大的限制，因此指令集架构也较为简单。随后，硬件工艺的蓬勃发展促使指令集的设计朝着降低软件开发成本的方向发展，大量的数据类型和寻址模式被加入指令集。到 20 世纪末，编译器技术已有了长足的进步，指令集的设计便开始更多地考虑如何提升处理器性能，简单的指令集架构再次被推上舞台。

本章首先介绍了指令集的分类，主要包括 RISC 指令集和 CISC 指令集两者的区别及发展概况。实际上，指令集架构发展到如今，RISC 和 CISC 相互融合，人们已不再过分区分 RISC 架构和 CISC 架构。随后，本章分别介绍了一些组成指令的重要部分，包括指令的寻址模式、数据类型及指令操作等。接着，本章介绍了指令的编码原理，指令的编码可分为固定长度编码和可变长度编码两种，前缀码编码是指令编码常用的编码方式。本章还对特权等级和 CSR 及指令集的 ABI 规定进行了介绍，设立特权等级的主要目的是保护软件栈的合法运行，而 ABI 规定主要描述了函数调用、返回时的寄存器保护规则。

本章在进行原理介绍时，基本上以 RISC-V 指令集作为实例，使读者在学习指令集原理的同时，对 RISC-V 指令集也能有初步的了解。另外，为介绍指令集原理的拓展内容，本章以 RISC-V 指令集为例介绍了如何对其进行指令扩展。RISC-V 指令集作为一款优秀的开源指令集，目前仍在不断完善中。为更好地满足某些高性能应用需求，用户也可以使用 RISC-V 指令集中预留的扩展操作码自行定义新指令，对标准指令集进行扩展。在本章的最后，作为拓展内容，本章进一步分析了平头哥玄铁 C910 处理器对 RISC-V 标准指令集所做的指令集扩展。

第 3 章
处理器流水线结构

指令级并行技术在现代处理器中得到了普遍采用，它对处理器的微架构设计方法产生了重要的影响。本章重点介绍实现指令级并行的关键方法，这些方法已经成为当今高性能处理器的设计基石。

流水线是提高处理器吞吐率的关键技术，如今已经成了处理器乃至数字电路设计中最基本的方法。如何处理指令间的依赖和冲突（hazard）是高性能流水线要解决的关键问题，本章将分别对 3 类流水线冲突及其解决方案进行详细介绍。案例学习部分将以玄铁 C910 为例介绍指令级并行技术在真实工业处理器中的应用示例。

自 2005 年后，处理器进入多核时代。随着单处理器上的指令级并行趋于极限，工业界和学术界不约而同地对数据级并行和线程级并行产生了广泛的兴趣，例如由 Google 公司开发的张量处理单元（tensor processing unit，TPU）就是面向矩阵运算加速的新型架构。本章最后也将对一些新的技术发展趋势进行展望。

本章学习目标

（1）了解 RISC 指令集的经典硬件结构。

（2）掌握流水线的基本概念、实现流水化所需要的基础硬件结构，以及指令在流水线中的执行过程。

（3）掌握各种流水线冲突及其产生的原因，以及利用前馈缓解冲突的方法。

（4）了解多发射和超标量技术的基本概念，掌握乱序执行和相关调度算法缓解数据冲突与结构冲突的原理。

（5）掌握分支预测的基本概念及几种经典分支预测器的基本结构，掌握预测技术缓解控制冲突的原理。

（6）了解当前处理器的指令级并行技术的发展趋势。

3.1　实现 RISC 指令集的典型硬件结构

在讲解流水线的概念之前，本节首先对处理器内部的架构进行简单介绍，这有助于读者更好地了解流水线的设计思想。

3.1.1　微架构与指令集的关系

第 1 章已经介绍过指令集和处理器的微架构的概念。为了便于读者理解流水线的概念，此处再次对两者间的关系和区别进行辨析。通常微架构是体系结构的具体设计，它指导了指令集的某种具体硬件实现方法。微架构与指令集之间并不是一一对应的关系。比如主流芯片制造商 Intel 和 AMD 均采用 x86 指令集，但二者采用的微架构是截然不同的。另外，同一种微架构也不一定仅支持单一指令集，而是可以同时支持多个指令集。例如现代 Intel 处理器不仅支持 x86 指令集，还支持浮点向量指令集 AVX、多媒体扩展指令集等。

一般而言，处理器架构师通常根据处理器需要支持的指令集来设计微架构，但微架构同时又可以对指令集产生影响。例如，著名的 MIPS 指令集中存在指令延迟槽的概念。指令延迟槽（delay slot），又称为延迟转移，是 MIPS 处理器为了避免由于分支预测器的正确率过低导致的流水线气泡而设计出来的方案，即通过编译器在每一条分支跳转指令后插入一条一定会进入流水线执行的正确指令。指令延迟槽是一种早期较浅流水线中为了掩盖分支代价而在指令集中加入的一种额外约束，但是现代处理器微架构设计中的分支预测器的精度越来越高、流水线的深度越来越深，单条延迟槽指令已经无法掩盖分支代价。因此，指令延迟槽逐渐成了一种过时的设计，被新的精简指令集替代。

3.1.2　RV32I 指令集的数据通路

RV32I 是 32 位 RISC-V 整数指令集的缩写，是所有 RISC-V 处理器必须实现的指令集之一。其中包括的指令类型如下。

（1）整数运算和位运算：32 位无符号/有符号数的加减法及大小比较、按位进行布尔逻辑运算、移位运算等。注意，整数乘除法属于 M 指令集，而非 I 指令集。

（2）分支与跳转：能够根据寄存器取值改变程序计数器的取值。RISC-V 指令集的条件转移没有指令延迟槽，也没有断言指令。

（3）存储器读写：根据寄存器中的地址访问存储器，并在寄存器堆和存储器之间传送数据。作为一个寄存器-寄存器型指令集，RISC-V 指令集中只有这类存储器读写指令可以访问内存。

本小节以 RV32I 指令集为例介绍实现该指令集所需要的基本硬件结构，该结构对于其他寄存器-寄存器型的 RISC 指令集也是成立的。下面以 3 条指令为例分析需要哪些基本硬件，代码如下。

```
lw a0, 4(a1)
and a0, a0, s0
beq a0, a2, jump_position
```

处理器执行程序的过程就是顺序执行一系列指令的过程。同数据一样，程序指令通常也被连续存放在内存中的某个位置。要执行一条指令，处理器首先需要知道该条指令被存放在内存中的位置。在 RISC-V 指令集的 ISA 规定中，当前指令的内存地址被存储在程序计数器（PC）中。处理器工作时，首先通过当前 PC 的值从程序存储器取出一条需要执行的指令。然后，处理器对这条指令进行解析，包括判断指令的类型、操作数要从哪个寄存器或者内存地址中取出、地址的偏移量是多少，等等。在上例中，处理器解析出它要执行的首条指令是内存字加载指令，程序还需计算出要访问数据存储器的地址，即执行寄存器 a1 和偏移量 4 的加法运算，并且利用加法的结果作为地址，以访问数据存储器。最后，处理器把读取到的数据写入寄存器堆，在本例中，数据写入 a0 寄存器。完成以上流程后，处理器还需要为执行下一条指令做准备，即把 PC 更新为下一条待执行指令在程序存储器中的存放地址。由于 RV32I 指令集中的每条指令长度为 32 位（4 个字节），且当前执行的指令不为分支指令，因此 PC 的值更新为 PC+4。

由上述分析可知，为了执行该指令，除了必要的寄存器和存储器外，还需要一个解析指令类型并产生相应控制信号的部件，这在流水线术语中一般称为译码器（decoder）。此外，为了计算出目标地址，需要一个可以执行加减运算的运算单元。这通常由一个 ALU 来完成。根据处理器功能的需要，它一般可以执行整型加减法、逻辑运算，以及移位、比较等操作。整个流程如图 3-1 所示，为了示意得简洁一些，其中省略了部分控制信号和控制部件。需要说明的是，该例中假定首条指令的 PC 为 0x2FF0。

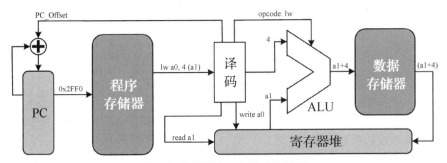

图 3-1　执行指令 lw a0, 4(a1) 时的流程

接着，处理器执行第 2 条指令，即与（and）操作指令。整个流程在取指和译码的部分与前一条指令类似，但该指令的两个源操作数均存放在寄存器中，不需要访问数据存储器。因此，ALU 的两个输入都来自寄存器堆。最终 ALU 进行与运算的结果被写回寄存器堆的 a0 寄存器中。整个流程如图 3-2 所示。该例表明，ALU 的输入数据既可能来自寄存器堆，也可能来自数据存储器。这意味着一个完整电路需要一个数据选择器以及来自译码电路的额外控制信号进行选择。

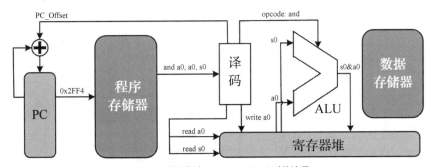

图 3-2　执行指令 and a0, a0, s0 时的流程

最后，当加入分支指令和跳转指令后，硬件需要做出进一步改动。通常情况下，指令按照其存储顺序依次执行，因此 PC 总是更新为 PC+4，这通过一个加法器就可以实现。但

分支指令需要根据分支条件来确定 PC 的新值：当发生跳转时，PC 由指令中的偏移量和当前 PC 共同决定；当不发生跳转时，则更新为 PC+4。为此，电路中需要额外加入一个数据选择器，由 ALU 对指令中指定的寄存器值进行比较，ALU 的输出作为数据选择器的控制信号。该过程不需要对寄存器进行写入。整个流程如图 3-3 所示。

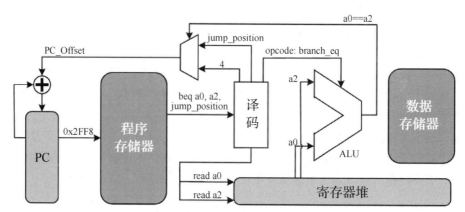

图 3-3　执行指令 beq a0, a2, jump_position 时的流程

上述 3 个例子包含典型的 ALU 指令、载入指令和条件跳转指令的执行流程。RV32I 指令集中的其他指令也可以按照这个流程执行，这些指令如下。

（1）存储指令 sw：其执行过程基本和载入指令 lw 相同。区别在于，lw 指令将从数据存储器读到的值写入目标寄存器，而 sw 指令在 ALU 计算出数据存储器的目标地址后，将寄存器中的值写入数据存储器。

（2）高位立即数操作指令 lui 和 auipc。RISC-V 指令编码中仅有 20 位可以放置立即数，这限制了指令可以偏移的寻址范围。为了提供更大的寻址范围，高位立即数操作指令可以将立即数左移后参与运算。其中，高位立即数装载指令 lui 将立即数左移 12 位后载入目标寄存器；而 PC 高位立即数加法指令 auipc 则将立即数左移 12 位后与当前的 PC 相加，计算结果载入目标寄存器。

基于以上讨论，前文提出的硬件结构可以归纳为一个更加通用的形式，如图 3-4 所示。

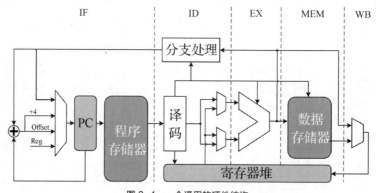

图 3-4　一个通用的硬件结构

该结构假设一条指令在单个长周期内完成，除了计算 PC 单独使用一个加法器外，整型运算指令的算术运算、分支指令的条件判断和存储器访问指令的地址计算复用了同一个

ALU。在引入流水线技术后，为了减少由分支指令引入的停顿开销，跳转地址的计算时机可能被提前，从而引入额外的硬件。具体内容在 3.2 节会进行详细说明。

通过图 3-4 可以观察到，RISC 指令集可以通过一个非常经典的 5 级硬件结构来实现。

（1）取指（instruction fetch，IF）：处理器根据当前 PC 从程序存储器中取出将要执行的指令。该 PC 可能由上一个 PC 递增得到，也可能由分支跳转指令中指定的跳转地址得到。

（2）译码（instruction decode，ID）：处理器根据取出的指令提取其操作码（包括 ALU 的操作码）和操作数的位置，并确定寄存器堆和数据存储器的读写控制信号。对于 RISC-V 指令集而言，操作码一般由指令编码中的最低 7 位构成。由于 RISC 架构的指令编码非常规整，寄存器说明符和操作码通常被编码在指令的固定位置，因此指令译码和寄存器的读取可以同时进行，该技术称为固定字段译码。

（3）执行（execution，EX）：ALU 根据译码阶段得到的操作数和操作码，对操作数进行运算，得到结果。对于载入和存储指令，待访问的数据存储器的有效地址也在这一步中计算得到。

（4）访存（memory，MEM）：需要访问数据存储器的指令在这一步访问读写数据存储器。

（5）写回（write back，WB）：处理器在这一步将运算结果写回寄存器堆中相应的寄存器。由于载入指令的数据需要首先从存储器中读出才能写入寄存器堆，所以这一步需要在访存阶段后执行。

现代高性能处理器引入了各类更加精密的机制来提高性能，处理器的硬件结构也因此变得更加复杂，上述 5 个阶段远不能概括当今的复杂流水线设计。然而，以经典的 5 级硬件结构作为出发点，可以有效地引出处理器微架构设计中的关键问题和解决思路。

3.2 基础流水线

3.2.1 流水线的基本概念

流水线是由美国企业家亨利·福特（Henry Ford）于 1908 年第一次投入大批量工业生产中的技术，如今已经成为日常生产、生活中的重要概念。流水线能够有效地避免因为资源空闲而带来的生产力浪费。以一个小型餐厅为例进行类比：在餐厅中，从客人完成点餐到上餐完毕，餐厅员工需要进行 4 个步骤，每个步骤分别由一个员工独立完成，如图 3-5 所示。

图 3-5　无流水线的餐厅示例

由于食材必须按照图 3-5 中的次序顺次加工，因此每个员工都必须等待上一个员工完成相应的工作，才可以开始进行自己的步骤。如果同一时间只允许执行一位客人的订单，某个员工在工作时，其余员工均会因为没有工作可做而处于空闲状态。但如果允许多位客人的订单同时执行，就可以形成图 3-6 所示的流水线。

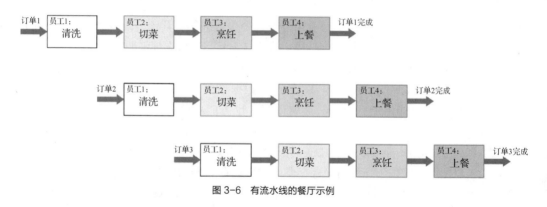

图 3-6　有流水线的餐厅示例

　　形成流水线后，每当一个员工完成了当前订单所要求的工作，他就可以立即开始处理新的订单。从任意时刻观察，通常 4 个员工均处于忙碌状态，从而大大提高了效率。尽管从顾客的视角看，单个订单从下达到上餐的等待时间没有发生变化，即单个任务的完成延时没有变化，但是从餐厅经营者的视角看，相同时间内能够完成的订单总数增加了，即吞吐率提高了。

　　指令的执行过程也可以借鉴上述流水化思想实现。对于数字电路，基本的执行单位是时钟周期，即每个周期执行一个流水线阶段。需要注意的是，流水化的前提是各个阶段间没有资源复用，例如在餐厅的例子里，4 个步骤由 4 个不同的员工完成，因此将流水线切分为 4 级不存在障碍。但如果这些工作原本便是由同一个员工进行的，即各个步骤"复用"了该员工，由于这名员工分身乏术，不能在同一时刻同时进行 4 项工作，流水化便无法有效实现。对于图 3-4 所示的硬件结构而言，存在"分身乏术"风险的结构便是寄存器堆，因为从图中可见它既在 ID 阶段工作，又在 WB 阶段工作。然而仔细分析可知，在 ID 阶段中，对寄存器堆发起的是读取各个指令中源操作数的读操作，不存在写操作；而在 WB 阶段中发起的是写回指令执行结果的写操作，不存在读操作。因此，只要寄存器堆可以在单个周期内同时完成读、写操作，它便可以顺利地在流水化后的电路中正常工作。试想，若同一个周期内读和写的是寄存器堆的相同位置，则读、写的顺序和时序应当如何？本问题将会在 3.4 节进行详细分析。

　　综合上述分析，图 3-4 所示的硬件结构可以很容易地流水化：对于任意一条指令，由于原设计中没有不同阶段间复用硬件的问题，因而只需要在图 3-4 描述的各个阶段对应的硬件之间加入寄存器即可，如图 3-7 所示。该图中 ID 级和 WB 级的寄存器堆，为了方便作图，在图中画为两个寄存器堆，但务必注意它们其实是同一硬件。该模型采用了哈佛架构，即存在独立的程序存储器和数据存储器。若指令和数据存放在同一个存储器内，则要求该存储器有多个读端口，否则会在 IF 级和 MEM 级引入冲突而导致无法完全流水化。

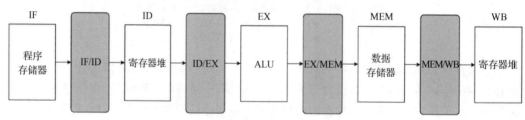

图 3-7　插入流水线寄存器后的 5 级硬件结构

此处以一个实例展示基础 5 级流水线中指令的具体执行过程。假设一个程序中存在几条指令，代码如下。

```
lw a0, 4(sp)
addi a1, a2, -4
slti a2, a3, 3
sw a4, -4(a5)
sw t0, 0(sp)
```

按照流水线规则，第 1 个周期开始时，指令 lw 进入 IF 阶段，而后续的指令还暂未进入流水线，因此流水线只有 IF 级处于忙碌状态。指令的执行情况如图 3-8 所示。

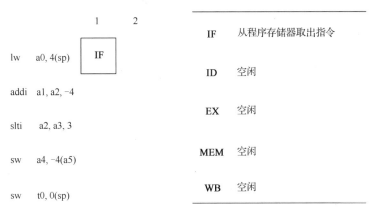

图 3-8　处理器第 1 个周期的指令执行情况

当处理器进入第 2 个周期时，第 2 条指令 addi 进入流水线，而 IF 阶段已经执行完毕的 lw 指令进入 ID 阶段，译码电路得到当前指令类型为字加载指令，指令编码的待访问寄存器为 a0 和 sp。由于同步译码技术，sp 寄存器的值在该周期内就会被读出。流水线其余级处于空闲状态，如图 3-9 所示。

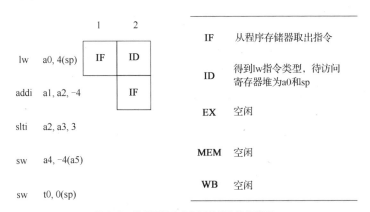

图 3-9　处理器第 2 个周期的指令执行情况

当处理器进入第 3 个周期时，lw 指令进入 EX 阶段，ALU 计算出 Reg[sp]+4 作为后续访问数据存储器的目标地址，同时 addi 指令进入 ID 阶段，译码电路得到指令类型为立即数加法，待访问寄存器为 a1 和 a2，其中 a2 寄存器的值在该周期内会被读出。指令执行情况如图 3-10 所示。

1
2
3
lw a0, 4(sp)
IF ID EX
addi a1, a2, −4
IF ID
slti a2, a3, 3
IF
sw a4, −4(a5)
sw t0, 0(sp)
IF 从程序存储器取出指令
ID 得到addi指令类型，待访问寄存器堆为a1和a2
EX ALU计算Reg[sp]+4
MEM 空闲
WB 空闲

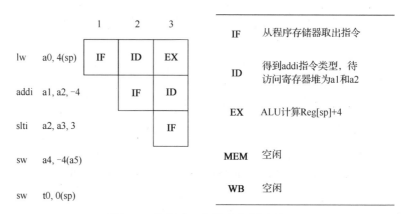

图 3-10　处理器第 3 个周期的指令执行情况

当处理器进入第 4 个周期时，lw 指令进入 MEM 阶段，存储控制器根据 ALU 计算的结果从数据存储器 Mem[Reg[sp]+4]的位置取出数据。addi 指令进入 EX 阶段，ALU 计算出 Reg[a2]+(−4)作为运算结果。slti 指令进入 ID 阶段，译码电路得到待访存寄存器堆为 a2 和 a3，其中 a3 寄存器的值在该周期内被读出。指令执行情况如图 3-11 所示。

1
2
3
4
lw a0, 4(sp)
IF ID EX MEM
addi a1, a2, −4
IF ID EX
slti a2, a3, 3
IF ID
sw a4, −4(a5)
IF
sw t0, 0(sp)
IF 从程序存储器取出指令
ID 得到slti指令类型，待访问寄存器堆为a2和a3
EX ALU计算Reg[a2]−4
MEM 控制器从数据存储器Mem[sp+4]处取出数据
WB 空闲

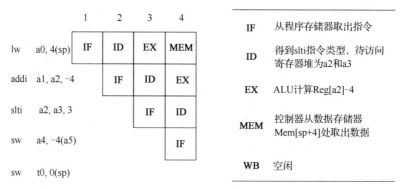

图 3-11　处理器第 4 个周期的指令执行情况

当处理器进入第 5 个周期时，lw 指令进入 WB 阶段，从 Mem[Reg[sp]+4]中取出的值将写入寄存器 a0，至此，lw 指令执行完毕。值得注意的是，这里给出的例子中所有的指令之间不存在数据依赖关系，所以在每个周期的开始，都会有一条新的指令进入流水线。当最后一条指令正式执行完毕时，所有指令的执行情况如图 3-12 所示。

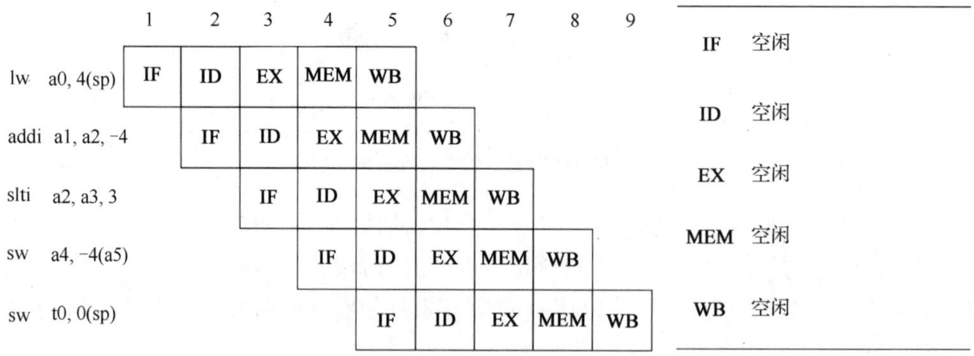

1
2
3
4
5
6
7
8
9
lw a0, 4(sp)
IF ID EX MEM WB
addi a1, a2, −4
IF ID EX MEM WB
slti a2, a3, 3
IF ID EX MEM WB
sw a4, −4(a5)
IF ID EX MEM WB
sw t0, 0(sp)
IF ID EX MEM WB
IF 空闲
ID 空闲
EX 空闲
MEM 空闲
WB 空闲

图 3-12　5 条指令在处理器中的执行情况，总共需要 9 个周期

对于一般的流水线结构，可将其划分为前端和后端两个部分。前端（front-end）一般指流水线中的 IF 和 ID 阶段；后端（back-end）一般指流水线从派发（dispatch and issue）到执行，再从执行一直到写回的部分，也就是指令具体执行的阶段。对于上述 5 级流水线而言，后端包含 EX、MEM 和 WB 阶段。

此外，在处理器架构中，常常使用"指令发射"和"指令退休"这两个概念：指令发射（issue）通常代表指令经过译码后，派发到对应的硬件计算单元进行执行的过程；指令退休（retire）通常代表一条指令经过提交，已经执行完毕。

3.2.2 基础流水线的性能分析

3.2.1 小节讨论了流水线的基本概念，以及实际指令在处理器流水线中的执行顺序。在实际设计流水线的过程中，还存在诸多因素需要考虑。本小节定量讨论流水线的性能和流水线深度的关系。

在开始讨论流水线的性能之前，首先给出衡量处理器性能的定量方法。一个直接的衡量方法是比较执行相同的算法需要的时间

$$T_{\text{total}} = T_{\text{cycle}} \times N_{\text{cycle}} \tag{3-1}$$

即总时间（T_{total}）等于时钟周期的长度（T_{cycle}）乘以执行算法所需的时钟周期数量（N_{cycle}）。进一步，式（3-1）可以转换为

$$T_{\text{total}} = T_{\text{cycle}} \times \frac{N_{\text{cycle}}}{N_{\text{instruction}}} \times N_{\text{instruction}} = T_{\text{cycle}} \times \text{CPI} \times N_{\text{instruction}} \tag{3-2}$$

式（3-2）中各项的含义如下。

（1）时钟周期（T_{cycle}）。对于同一个数字电路，时钟频率越高，一般而言其性能也就越高。因此在处理器设计中，提高时钟频率以提升性能是一种常见的方法。但从表达式中可以发现，并非时钟频率越高，处理器的性能就一定越高。在实际的处理器设计中，时钟周期和下面介绍的 CPI 并非相互独立、互不影响的参数。

（2）每指令周期数（cycle per instruction，CPI）。CPI 是衡量处理器微架构的重要参数，即执行单位指令所需要的时钟周期数。对于基于同一指令集的处理器而言，在排除时钟周期的影响后，性能评估的标准为 CPI，相同频率下处理器的 CPI 越低，则性能越高。CPI 的倒数反映了处理器执行指令的吞吐率。

（3）指令数目（$N_{\text{instruction}}$）。对于不同的指令集，实现同一个算法需要的指令数目不尽相同。通常而言，CISC 指令集实现相同功能需要的指令数目比 RISC 指令集的要少，一条 CISC 指令可以完成的工作可能要多条 RISC 指令的组合才能完成。编译器本身的作用也非常明显，对于相同的 C 语言代码，编译器在指令数目的优化和指令顺序的调整上可以非常显著地缩小代码"体积"。而在固定指令集中，指令数目是与硬件结构无关的项，设计微架构时可以不考虑这一项对性能的影响。

同步时序电路要求整个处理器工作在同一个时钟下，因此尽管图 3-7 中每个流水级的路径长度不同，整个流水线的时钟周期应当是由延时最长的那一级决定的。

基于式（3-2），进一步讨论引入流水线可以带来的性能提升。图 3-4 介绍的硬件结构假设一条指令在一个长周期内完成执行，设其时钟周期长度为 T_{cycle}。而在一个基础流水线中，假设指令的执行过程被划分为 K 级流水，其中延时最长的流水级需要的执行时间为

T_{pipe}。对于同一程序而言，有流水线和无流水线的执行时间之比为

$$S = \frac{T_{pipe} \times CPI_{pipe} \times N_{instruction}}{T_{cycle} \times CPI_{cycle} \times N_{instruction}} = \frac{T_{pipe}}{T_{cycle}} \times \frac{CPI_{pipe}}{CPI_{cycle}} \quad （3-3）$$

即执行时间之比等于时钟周期长度之比乘以 CPI 之比，加速比应当是执行时间之比的倒数。接下来，分别讨论时钟周期长度之比和 CPI 之比。

由于基础流水线在原有的硬件资源间插入了寄存器，影响了电路延时。为了便于讨论，引入两个理想的流水线假设。

（1）流水线寄存器将原有的组合电路延时均匀分割。

（2）流水线寄存器自身引入的延时相较原有电路可以忽略不计。

在该假设下，引入 K 级流水线将近似地使电路的时钟频率提高到原来的 K 倍，即

$$\frac{T_{pipe}}{T_{cycle}} \approx \frac{1}{K} \quad （3-4）$$

接着考虑 CPI 之比。基础流水线每个周期均发射一条指令，第 1 条指令在第 K 个周期执行完毕，此后每个周期都会退休一条指令。因此完成全部 N 条指令一共需要 $N+K-1$ 个周期。图 3-4 所示的无流水线硬件每个周期均完整执行一条指令，因此它完成 N 条指令需要 N 个周期。两者的 CPI 之比为

$$\frac{CPI_{pipe}}{CPI_{cycle}} = \frac{N+K-1}{N} \approx 1 \quad （3-5）$$

一般而言，由于流水线级数 K 相较于程序的指令规模 N 是一个极小的值，即 $N >> (K-1)$，从而可认为引入流水线后，处理器的 CPI 和无流水线版本基本相同。由此，综合式（3-3）、式（3-4）和式（3-5），得到有、无流水线的执行时间之比为

$$S \approx \frac{N+K-1}{N} \times \frac{1}{K} \approx \frac{1}{K} \quad （3-6）$$

该结果表明，理想的单发射顺序流水线使硬件执行相同程序所需要的总时间缩短到原有的 $1/K$，换言之处理器获得了 K 倍的性能提升。流水线在保证硬件有足够利用率的同时缩短了关键路径，因此性能提升主要反映在对时钟频率的提高上。需要注意的是，该结论的前提是原本的无流水线硬件使用单个长周期执行一条指令。此外，并非无限提高流水线级数 K 就可以使处理器性能无限地增长。因为随着 K 的增加，流水线寄存器自身引入的延时将变得不可忽略，且流水线的反压问题变得严重，这限制了处理器频率的继续提高。此外，过深的流水线还会使错误的分支预测造成更加严重的代价。上述因素限制了现代处理器中流水线级数的增长。

3.3 流水线冲突

式（3-5）表明，一个 K 级单发射理想流水线的 CPI 在指令数量足够大的情况下近似为 1。该计算成立的前提是：流水线处理器总是在每个周期发射一条新的指令开始执行，同时也在每个周期退休一条指令。但实际上，这一假设并不总是成立的。由于指令之间存在的某些相关性，流水线可能发生冲突，造成处理器的 CPI 变高。流水线冲突是阻碍现代处理器开发指令级并行的瓶颈问题。当冲突发生时，流水线一般需要停顿

（stall），即在当前周期进行空操作（no operation，NOP），等待冲突结束再继续执行。依照类型可以将流水线冲突分为 3 类：结构冲突、控制冲突和数据冲突。

3.3.1 结构冲突

结构冲突（structural hazard）是由于硬件资源不足而导致的流水线暂停的现象。例如，沿用图 3-7 所示的经典的 5 级流水线结构，在 ID 阶段发生寄存器的读操作，而 WB 阶段发生寄存器的写操作，如果寄存器硬件读写端口无法支持在同一个周期内的既读又写，就可能发生结构冲突。再者，对于冯·诺依曼架构的处理器，指令和数据存放在相同的存储器上，则同一周期内，处于 IF 阶段的流水级和处于 MEM 阶段的流水级可能对同一存储器发起读请求。若存储器只有一个读端口，也会发生结构冲突。

当指令的 EX 阶段需要多个周期时，流水线也可能发生结构冲突。实际应用中，处理器一般支持复杂的乘除法指令，为了保证处理器的整体频率，这些乘除运算可能需要多个周期才能完成。如果运算单元自身没有实现完全流水化，即在该运算单元中前一个运算执行完成前，后一个相同的运算不能开始执行，则连续的相同类型指令会争用同一个运算单元，造成结构冲突。解决该问题通常要求多周期运算单元自身实现完全流水化。

3.3.2 控制冲突

控制冲突（control hazard）是由于跳转指令不能立刻确定跳转的方向和目的地址而导致流水线暂停的现象。对于条件分支指令，流水线必须停顿的周期数取决于硬件何时能够计算出最终的跳转地址。这与处理器的具体实现有关，一般而言，为了减少因分支带来的停顿开销，电路中应当尽早地完成分支地址的计算。在 3.2 节所述的基础流水线中，分支地址通过一个单独的加法器计算，在译码完成后即可开始计算；而跳转条件的判断复用了 ALU，因此分支的控制信息最早在 EX 阶段生成。所以，在该基础流水线中不引入分支预测的情况下，分支目标处的指令最早可以在条件分支指令的 MEM 阶段时进入流水线。

对于寄存器跳转指令，例如 jalr 指令，其跳转地址需要在译码结束后计算得到，为此流水线至少停顿一个周期，如图 3-13 所示。

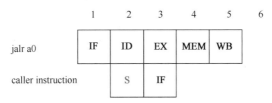

图 3-13 控制冲突示例

现代处理器的流水线级数越多，分支指令计算出目标地址的时间在流水线层级中越靠后，控制冲突带来的性能损失就越大。分支预测作为一种能够显著降低分支开销的手段，已经成为现代处理器流水线性能优化的核心技术之一。将在 3.6 节中介绍分支预测。

3.3.3 数据冲突

数据冲突（data hazard）又称为寄存器命名冲突。由于不同指令的操作数之间存在依赖关系或者使用同一个寄存器位置，流水线必须等待相应的依赖关系得到解决以后才能正确运行。在图 3-12 所示的例子中，各条指令使用的数据并不互相影响，流水线可以没有停顿地顺次执行。然而，如果考虑这样一段指令序列，代码如下。

```
add a1, a2, a3
sub a4, a1, a5
and a4, a6, a7
```

在这段指令序列中，add 指令的结果写入 a1 寄存器，而 sub 指令将 a1 寄存器的值作为源操作数；sub 和 and 指令又同时指定 a4 寄存器作为写回结果的目的寄存器。

结合该指令序列，下面介绍 3 种不同类型的数据冲突。

1. 写后读冲突

当前指令的源操作数依赖于前面指令的写回结果时，就会发生写后读（read after write，RAW）冲突。对于 sub a4, a1, a5 指令，它在图 3-14 所示的流水线周期的第 3 个周期开始译码，并希望从寄存器 a1 和 a5 中取得操作数供 ALU 使用。然而，add 指令对 a1 寄存器的写入操作直到第 5 个周期的 WB 阶段结束才完成。若 sub 指令在第 3 个周期就完成译码，它将会获得错误的 a1 值，导致程序出错。这便是写后读冲突。为此，sub 指令的 ID 阶段需要等待两个周期，直到第 6 个周期才能进入 EX 阶段，以保证程序正常运行。

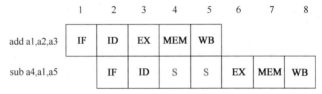

图 3-14 写后读冲突示例

2. 写后写冲突

后续指令想要先于前面的指令对同一个位置写入数据时，便会发生写后写（write after write，WAW）冲突。对于前文中讨论的基础流水线，每条指令的执行阶段都仅消耗一个周期，而且它是严格按顺序执行的，那么前序指令的停顿便会在流水线上传播。这种情况下不会发生写后写冲突，因为所有指令的 WB 阶段完成顺序都一定遵照程序指令的顺序，如图 3-15 所示。

	1	2	3	4	5	6	7	8	9	10
add a1, a2, a3	IF	ID	EX	MEM	WB					
sub a4, a1, a5		IF	ID	S	S	EX	MEM	WB		
and a4, a6, a7			IF	S	S	ID	EX	MEM	WB	

图 3-15 顺序流水线中停顿的传播

图 3-15 中，虽然 sub 指令和 and 指令都指定 a4 寄存器作为写回结果的寄存器，但 and 指令的 WB 阶段由于停顿的传播，一定发生在 sub 指令之后，所以写后写冲突不会发生。但在实际应用中的情况往往要复杂得多。一方面，实际处理器可能有多个执行单元进行不同类型的运算，且这些运算所需要的周期数不同。例如，除法单元可能需要数十个周期才

能完成一次计算，而加法单元只需要几个周期。这种情况下，次序靠后的指令很可能比次序靠前的指令先完成运算并期望写回，导致写后写冲突。另一方面，现代处理器一般都引入乱序执行、多发射等架构来提高性能，这都要求处理器具有处理写后写冲突，以维持程序正确功能的能力。图 3-15 所示的代码序列中，sub 指令的运算结果立即被 and 指令覆盖，相当于删除 sub 指令也不会对程序功能造成影响，故实际编译器一般不会生成这样的代码。在实际场景中，距离相近但不相邻的两条指令可能会指定相同的目标寄存器，并造成潜在的写后写冲突。

3. 读后写冲突

读后写（write after read，WAR）冲突是指前面指令要读取的操作数被其后续指令提前改写而导致错误的覆盖。由于在基础的 5 级顺序流水线的模型中，读取源操作数总是发生在较早的 ID 阶段，而写入寄存器总是发生在最后的 WB 阶段，所以前序指令读取操作数的时间总是比后续指令写回结果的时间更早。因此与写后写冲突类似，读后写冲突不会发生在严格的顺序流水线里，但会出现在乱序执行、多发射与超标量流水线中。

读后读（read after read，RAR）不会引入程序风险，并不构成冲突。

值得注意的是，上述 3 种类型的数据冲突中，只有写后读冲突是"真冲突"，因为后续指令的源操作数真实地依赖于前序指令的写回结果，它必须要等待前序指令计算完成才可以保证得出正确的程序结果。而写后写冲突和读后写冲突本质上都是由于不相关的指令指定了同名寄存器引起的，只是一种名称相关而非数据相关引起的冲突，它们都可以通过寄存器重命名技术得到解决。将在 3.5.5 小节介绍寄存器重命名。

3.4　前馈

为了减少控制冲突产生的损失，新指令的取指应当尽可能提前。即发现跳转目标的 PC 一旦被解出，下一个周期处理器就可根据得到的 PC 取新指令。受此启发，对于处理寄存器数据冲突来说，如果在数据被计算完成后立刻转发给需要的指令，这样就可以减少流水线停顿。例如，考虑这样的指令序列，代码如下。

```
add a1, a2, a3
sub a4, a1, a5
```

由于写后读冲突，sub 指令本来应当停顿两个周期。等待 add 指令在第 5 个周期完成 WB 阶段后，sub 指令才能进入 EX 阶段，如图 3-16 所示。

图 3-16　无前馈时写后读冲突引起的停顿

但 add 指令要写回 a1 寄存器的值是由 ALU 计算得到的，因此在第 3 个周期的 EX 阶段结束时，期望写回 a1 寄存器的正确结果已经产生。第 4 个周期时，ALU 便可以直接利用第 3 个周期的计算结果来执行 sub 指令的运算，即第 4 个周期时 sub 指令就可以进入 EX 阶段，如图 3-17 所示。在该例中，读后写冲突引发的停顿被消除了。这种改善流水线数据冲突的方法叫作前馈（forwarding），又称为转发。

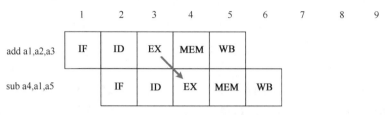

图 3-17　前馈消除写后读冲突引起的停顿

引入前馈对硬件主要的影响在于 ALU 的输入不再仅仅来自寄存器堆，也可以来自不同的流水线寄存器。对于图 3-17 所示的程序片段，电路需要增加一条从 ALU 的输出端前馈到 ALU 输入端的数据通路。更准确地说，是从 EX/MEM 流水线寄存器前馈到 ALU 的输入端。进一步而言，前馈可以发生在 5 级流水线中的不同位置。例如，考虑图 3-18 所示的 RISC-V 指令序列。

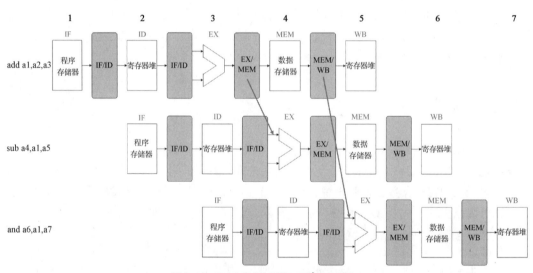

图 3-18　RISC 指令序列的不同位置的前馈

在第 3 个周期结束后，add 指令通过 ALU 计算得到的 a1 值进入 EX/MEM 寄存器。在第 4 个周期开始时，它作为 ALU 的输入，参与 sub 指令的 EX 阶段。在第 4 个周期结束后，add 指令计算得到的 a1 值通过流水线传递进入 MEM/WB 寄存器。在第 5 个周期开始时，它作为 ALU 的输入，参与到 and 指令的 EX 阶段。

前馈甚至可能导致 ALU 同时接收两个不同流水线寄存器的转发作为输入。如果把图 3-18 中最后一条指令修改为 and a6, a1, a4，那么第 5 个周期开始时，ALU 就既要接收 MEM/WB 寄存器的转发以获得正确的 a1 值，又要接收 EX/MEM 寄存器的转发以获得正确的 a4 值。前馈引起的新数据通路如图 3-19 所示。需要注意的是，除了增加新的多路选择器外，实现前馈还需要额外的电路来生成实现转发逻辑的控制信号，图 3-19 中省略了这部分电路。

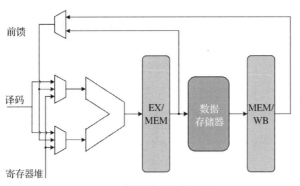

图 3-19　前馈引起的新数据通路

另外，某些特定的与数据相关的情景中并不需要专门实现前馈硬件就可以避免发生冲突，如图 3-20 所示。add 指令在第 5 个周期进入 WB 阶段并向寄存器堆写回 a1 的值。同时，or 指令也在第 5 个周期进入 ID 阶段并从寄存器堆读取 a1 的值。此时只要保证寄存器堆的时序，在同一周期内对寄存器的写入操作先于读取操作生效，使得最终驱动到 ID/EX 寄存器的是 a1 的新值，就可以保证数据的相关性不被破坏。此时，or 指令不需要停顿即可完成流水线的各个阶段。这实际上是由寄存器堆的硬件属性决定的，并不需要向流水线添加任何额外的前馈数据通路，因此不需要增加专门的硬件。

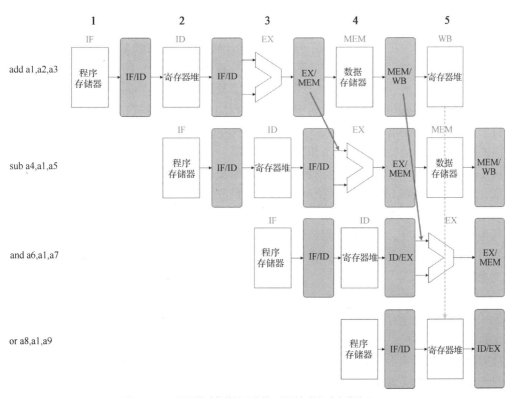

图 3-20　不需要特殊的前馈硬件就可以避免数据冲突的情况

前馈的引入使得某些原本需要停顿的指令序列不需要发生停顿即可完成执行，在较小的硬件开销下实现了性能的显著提升，这使得前馈成为一种非常基础且实用的流水线优化方法。现代高性能处理器基本都采用了前馈或者类似前馈的技术。

遗憾的是，前馈并不能解决所有的数据冲突，因为在一个数据真实产生前是必定无法获得它的。如图 3-21 所示，由于 a1 值要通过访问数据存储器得到，直到第 4 个周期的 MEM 阶段结束，sub 指令都无法获得正确的 a1 值。这无法通过前馈来解决，因此 sub 指令不得不停顿一个周期。

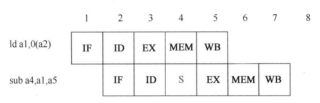

图 3-21　前馈无法解决的数据冲突

正是由于前馈并不能完美地解决所有的数据冲突，其他更加高级的流水线技术才不断得到开发和应用，以弥补数据冲突引起的性能损失。这些相关技术将在后文介绍。

3.5　乱序执行和超标量流水线

3.5.1　基础流水线的性能瓶颈

除了系统频率的影响外，现代处理器的性能优化聚焦于降低处理器的 CPI。一个严格的顺序流水线如果在第 k 级发生了停顿，则其前面所有的流水级（第 $1,2,\cdots,k-1$ 级）上的指令也将全部停顿，以保持程序的顺序正确。这种停顿的传播特性会导致与被停顿的指令不存在数据相关的后续指令也被迫等待，从而显著地影响处理器的 CPI。

现代高性能处理器的执行单元不止一个 ALU。例如平头哥玄铁 C910 的流水线中，执行单元不仅包括整型单元（IU），还包括浮点单元（FPU）及加载存储单元（LSU）等。不同的执行单元所消耗的周期数不相同，比如整数的加减运算只需要一个周期，而整数的除法运算可能需要 35 个周期甚至更多。这就意味着更晚进入执行阶段的指令反而或许会先完成计算，即指令在 EX 阶段完成的顺序可能不是按照指令发射出去的顺序完成的。

乱序执行是一种极为重要的流水线优化手段。在保证程序功能不变的前提下，可以微调指令的执行顺序，让没有数据依赖的指令优先执行，以掩盖数据冲突造成的性能损失。即当一条指令因冲突而停顿时，允许后面的不具有相关性的指令越过前面的阻塞指令提前完成执行过程。

尽管乱序执行的处理器内部完成指令的顺序不再严格依赖于原始程序中的指令顺序，但从用户的角度来看，仍然预期程序的执行结果与顺序执行无异。调度算法用来安排指令的执行顺序和时机，并最大限度地提高硬件资源的利用效率。同一个源程序，编译器的优化等级会显著影响生成的二进制代码的"体积"和性能，这种编译时的调度是静态的，并且与硬件的具体实现无关。而硬件在执行过程中对指令流的实时调度是动态的，受硬件的具体设计的制约。乱序执行中使用的动态调度技术将在 3.5.3 小节介绍。

乱序执行面临的挑战是它使异常处理变得更加复杂。处理器的精确的异常处理要求在程序顺序上位于异常指令之后的指令不能对体系结构造成任何可见的影响。因此，异常指令之后的所有指令都应当在异常处理结束后被重新执行，这就要求乱序情况下异常指令后面被提前执行的那部分指令对处理器状态造成的改变能够被抹除。重排序缓冲区技术被广泛用于解决这一问题，该技术将在 3.5.4 节介绍。

3.5.2 多发射技术与超标量技术

乱序执行可以非常有效地减少处理器停顿。然而式（3-5）表明，只要处理器每个周期最多仅能发射一条指令，则单发射流水线 CPI 的理论极限是 1。若想要进一步降低 CPI，需要转而探索其他开发指令级并行的方法。

多发射（multiple issue）技术旨在允许处理器在一个时钟周期内译码并发射多条指令到待执行单元中，使得每个周期可以产生多条准备好进入执行阶段的指令。多发射处理器大致包括以下几种。

（1）超长指令字（very long instruction word，VLIW）处理器：每个周期发射固定数目的指令，静态调度。

（2）静态调度超标量处理器：每个周期发射一条至多条指令，静态调度，顺序执行。

（3）动态调度超标量处理器：每个周期发射一条至多条指令，动态调度，乱序执行。

所谓超标量（superscalar）技术，是指处理器拥有多个并行的流水线执行单元，从而使得处理器每个周期可以完成多条指令的执行阶段。图 3-22 简单地示意了一种超标量处理器结构。

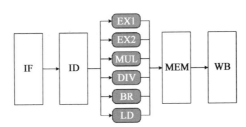

图 3-22 一种超标量处理器结构的简单示意

多发射技术与超标量技术通常具有一些耦合关系。超标量处理器采用动态发射的结构，根据数据相关性的不同，每个周期可以发射不同数量的指令，并要求硬件进行流水线冲突的检测，同时多个不同功能的硬件执行单元可以有效地容纳多发射结构发出的指令，完成多条指令的执行。引入多发射和超标量架构后，假设一个 K 级流水线处理器每个周期最多可以退休 W 条指令，则执行 N 条指令所需要的总周期数由原本单发射情况下的 $N+K-1$ 降低为

$$N_{\text{superscala}} = \frac{N+K-1}{W} \tag{3-7}$$

从而，处理器 CPI 降低为

$$\text{CPI}_{\text{superscala}} = \frac{N+K-1}{N \times W} \approx \frac{1}{W} \tag{3-8}$$

可见，在 N 足够大时，超标量处理器的 CPI 的理论极限可以降低到 $\frac{1}{W}$。

乱序执行、多发射和超标量是拓展指令级并行的核心技术，也是当今所有高性能处理器的设计基础。

在原有的单发射 5 级流水线的基础上，这里调整了流水线执行单元的结构，如图 3-23 所示，以一个单发射超标量处理器作为本小节后文部分讨论的基础。为简化模型，该流水

线不考虑浮点运算，同时假定乘法的执行阶段为 2 个周期，除法的执行阶段为 4 个周期，访存指令的执行消耗 2 个周期，其余的操作均可以在 1 个周期内完成。

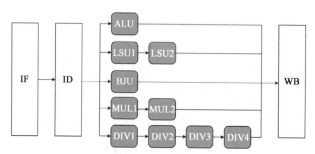

图 3-23　顺序发射、乱序执行的单发射超标量处理器

图 3-23 与之前介绍的流水线的主要不同之处如下。

（1）MEM 阶段被取消，被执行流水线中的 LSU 代替。除了存取指令外，其他的指令都不需要经过 MEM 阶段，因此可以给存取指令分配单独的执行流水线。

（2）由于存在多条不同功能的执行流水线，因此 ID 阶段需要负责发射指令，把对应的指令运送到实际负责的执行流水线上。

（3）不同的指令完全共享 IF 和 ID 阶段，但其 EX 阶段是乱序的，指令在结束后立刻进行写回。

后几小节将会介绍在设计中引入这些技术带来的基本问题及相关的解决方案。

3.5.3　乱序执行与动态调度

读者在日常生活中或许会有这样的经历：在地铁检票口排队，当前面的某个乘客检票出现问题时（比如交通卡欠费），为了避免影响整个队列，该乘客可能会站到一旁让其余乘客先检票。当解决问题后，出现问题的乘客再立刻进行检票。这对处理器执行指令具有指导意义：处理器中执行的指令就好比检票口排队的乘客，而指令从译码到进入执行单元的过程就好比检票。如果某个乘客因为某个问题无法检票，而排在后面的乘客与该问题无关，应该让后面的乘客先通过以提高效率。对于处理器而言，如果当前的指令由于冲突无法继续执行，应当让后面没有冲突的指令优先进入执行单元。

乱序的第 1 个问题在于，为了存储被阻塞而尚未发射的指令，需要引入一个队列来存储译码后的指令，这一结构称为指令队列（instruction queue，IQ）。引入了指令队列的单发射超标量处理器如图 3-24 所示。

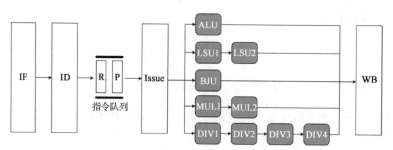

图 3-24　引入了指令队列的单发射超标量处理器

一般而言，在引入乱序执行后，译码和读取操作数要分为两个阶段，因为按照程序顺序进行译码的指令不一定会立刻发射。为此，译码完成后，处于冲突状态中的指令需要在队列中等待，直到冲突消失后，才能进行读取操作数的步骤，并进入执行单元。这种拆分方式可以避免译码单元因等待操作数造成后续指令的停顿。通常，指令队列包含等待发射指令的状态信息，例如等待操作数的 P（pending）状态、已经准备就绪可以发射的 R（ready）状态等。图 3-24 所示的例子中第 1 条指令的状态信息处于 P 状态，第 2 条指令的状态信息处于 R 状态，则下一个周期第 2 条指令就会被发射。如果有多条指令处于 R 状态，则优先发射位于队列前面的指令。

当指令队列已满，无法放置新的指令时，流水线将因为结构冲突而被迫暂停，且取指单元会收到反馈，停止新指令的取指。在一些实际情况下，指令队列可能与 3.5.4 小节将介绍的重排序缓冲区合并，这样的结构又称为发射窗口。

乱序的第 2 个问题在于需要硬件解决数据冲突和结构冲突，并保证程序的正确性。如果指令是乱序执行的，那么所谓的程序正确性是指在程序的功能无误的前提下，每条指令的操作数来源必须符合顺序视角下的来源。例如下列代码所示的指令序列。

```
lw a0, 0(sp)
addi a0, a0, -4
sw a0, 0(sp)
lw a0, 4(sp)
```

分析这一系列指令后发现，addi 指令的操作数事实上来自第 1 条 lw 指令读取的值，而 sw 指令存取的操作数来自 addi 指令，不能来自 lw 指令。最后的 lw 指令执行后 a0 的值必须为(sp+4)，对应内存地址处存放的值，而不能为 addi 指令的执行结果。如果因为乱序执行导致了 sw 指令在最后被执行，或者最后的 lw 指令在第 1 条 lw 指令之前执行，程序的功能就会出现问题。

动态调度技术被广泛地应用于调整指令发射和执行的顺序，相较编译时调度的静态方法，动态调度的主要优点包括以下几个方面。

（1）某些情况下，源码在编译阶段尚无法确定数据相关性。例如某些连续的数据存储和加载指令，在编译阶段很难确定它们是否会指向相同的地址。动态调度在此时仍然可以发挥作用。

（2）动态调度可以增加软件的兼容性。由于同一个源程序针对某个 ISA 只需要编译一次就可以在该 ISA 的各种不同微架构上运行，这减轻了编译器的负担。

（3）动态调度允许处理器掩盖一些意外延迟（比如缓存缺失）。这类延迟发生时，动态调度允许处理器转而执行其他的代码，使处理器获得性能优势。

动态调度需要一种硬件结构来追踪所有寄存器的读写状态和执行单元的空闲情况。历史上，由 CDC 6600 引入的记分牌（score board）部件是动态调度方案中非常著名的例子，记分牌负责决定指令何时能够发射、执行及写回，并通过监测指令的相关性来规避各种冲突。在 CDC 6600 中，记分牌下的指令经历 4 个执行步骤。

（1）发射：这一步包含译码过程，并解决所有的结构冲突和写后写冲突。如果被译码的指令所需要的功能单元"忙碌"，则存在结构冲突；如果有其他活动中的执行单元希望写入和当前指令相同的目标寄存器，则存在写后写冲突。这两种情况下，指令都不能发射，而是留在发射队列中。如果缓冲区满，则取指单元也停止新指令的读取。

（2）读取操作数：这一步解决读后写冲突。记分牌为所有已发射指令监测源操作数是否可用。如果任何活跃的执行中指令都不再以当前指令的源操作数寄存器为目标寄存器，则不存在读后写冲突，指令可以读取操作数。

（3）执行：就绪的指令依据类型进入不同的运算单元开始执行，该阶段与基础流水线中的 EX 阶段类似。执行完成后，执行单元通知记分牌结果已经就绪。

（4）写回结果：这一步解决写后读冲突。仅当没有任何前序指令以当前指令待写入的目标寄存器为源操作数寄存器时，记分牌才允许指令写回。

记分牌通过动态监测指令状态，在不同的执行阶段解决了各种类型的数据冲突和结构冲突，成为早期乱序执行方案中非常成功的案例。然而基础的记分牌结构主要的缺点包括以下几个方面。

（1）没有实现前馈。

（2）对冲突的解决方案以阻塞为主：写后写冲突阻塞指令发射、写后读冲突阻塞指令写回。整个结构仍然存在性能提升空间。

（3）乱序执行的指令块较小。

3.5.4 重排序缓冲区

3.5.2 小节和 3.5.3 小节介绍的超标量流水线支持同时执行多条不同功能的指令，在大大提高效率的同时，变相增加了流水线的宽度。然而前面的设计存在以下几个问题。

（1）结构冲突：由于所有流水线共享同一个 WB 阶段，可能会出现争用寄存器或存储器写入端口而发生结构冲突。

（2）不精确的异常和中断处理：由于指令在流水线中是乱序完成的，如果程序顺序中次序靠后的指令率先完成并立刻写回，造成对寄存器堆或者存储器的修改，则某条程序顺序中次序靠前的指令触发异常或者系统遇到中断时，处理器很难恢复到执行这条指令之前的状态。相似的问题还发生在处理器发现分支预测错误时，位于错误执行路径上的指令结果如果已经写回，将难以恢复。

如 3.5.3 小节介绍的，引入可供缓冲的指令队列可以解决第 1 个问题。为了解决第 2 个问题，指令在 WB 阶段必须保证按照源程序的顺序进行写回，这样如果有指令产生了中断或者异常，处理器可以禁止在程序顺序上位于这条指令之后的指令的写回操作。换言之，指令可以乱序执行，但是需要顺序写回。此处引入重排序缓冲区（reorder buffer，ROB）的设计用于实现该功能。当指令被发射时，处理器在重排序缓冲区中保留一个记录，当指令执行完成后需要写回时，若其在重排序缓冲区前还有未写回的指令，则该条指令继续在重排序缓冲区中等待。引入了重排序缓冲区后的单发射乱序执行超标量处理器如图 3-25 所示。

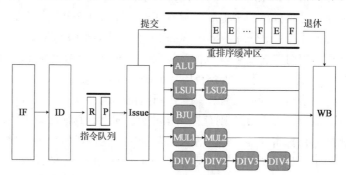

图 3-25　引入了重排序缓冲区后的单发射乱序执行超标量处理器

当然，图 3-25 中的写回阶段不仅包括对寄存器的写回操作，还包含对外部存储器的写入。这样一旦流水线发生中断需要回滚，没有执行写回操作的指令不会对处理器或存储系统的状态产生影响。

超标量处理器中通常把这样改变处理器状态的写回操作称为提交（commit）。由于这是指令执行的最后一个阶段，因此该阶段又被称为退休阶段。为保证前后文一致，后文仍然称该阶段为写回阶段。

重排序缓冲区记录了所有已经发射但是还未写回的指令。这些指令所处的状态分为两种：执行完成等待写回（finish，F）、正在执行中（executing，E）。重排序缓冲区类似一个先进先出队列，只有位于队列头部的指令才可以被写回。图 3-25 所示的例子中，在即将开始的下一个时钟周期，处于重排序缓冲区中的第 1 条指令处于 F 状态，因此即将执行写回；第 2 条指令还未执行完成，处于 E 状态；第 3 条指令虽然已经执行完成，但是由于其前面的指令在重排序缓冲区中处于 E 状态，所以也不能写回，需要继续等待。通过一个更具体的例子可以更为清晰地展示重排序缓冲区的执行过程，代码如下。

```
addi a0, a0, -10
lw a1, 0(sp)
div a0, a0, a1
addi sp, sp, 4
lw a1, 0(sp)
div a0, a0, a1
addi a1, zero, 10
```

简单起见，此处仍然假设译码和读取操作数合并在 ID 阶段完成，且译码单元仅有一个。前两条指令可以直接进入流水线；除法指令依赖寄存器 a1，因而只有得到执行 lw 指令的结果才能继续向下执行。第 5 个周期时，由于 div 指令正在占用译码单元，停顿发生传播，导致 addi 指令同样停顿一个周期。addi 指令的 EX 阶段在第 7 个周期就已经完成，但是由于重排序缓冲区的规则，该条指令留在重排序缓冲区中，等待除法指令写回后才可以写回。前 12 个周期的指令执行情况如图 3-26 所示。

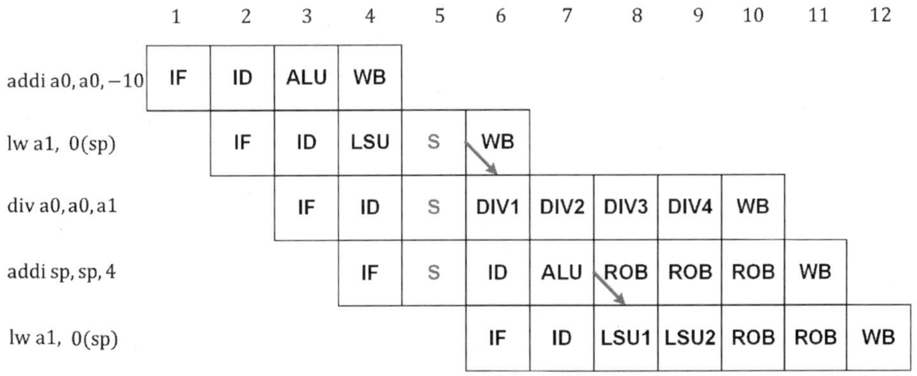

图 3-26　前 12 个周期的指令执行情况

进一步，继续使用图 3-26 的示例说明重排序缓冲区如何实现精确的异常处理。假设第 9 个周期中处理器遇到了除数为 0 的异常，处理器需要排空重排序缓冲区和流水线，然后执行中断处理程序。由于存在重排序缓冲区，已经执行完毕的 addi 指令还暂未进行写回操作，因此只需在重排序缓冲区中将该指令注销，而不必担心该指令会对 ISA 寄存器造成影响。指令执行的整个过程如图 3-27 所示。假如不存在重排序缓冲区，addi 指令在第 8 个周期就已经写回并改写了寄存器 sp 的值，处理器将难以把寄存器 sp 恢复到 addi 指令执行前的状态，本不应该被执行的 addi 指令就会错误地对 ISA 寄存器造成用户可见的影响。

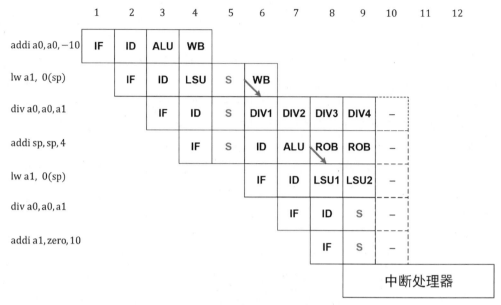

图 3-27　指令执行的整个过程

位于重排序缓冲区中但还没有正式写回的值，通常称其处于"推测"状态，因为它们尚未对寄存器堆中的值造成影响，并可能由于诸如分支预测失败、程序异常等情况被清空和丢弃。

3.5.5　寄存器重命名和 Tomasulo 算法

1. 寄存器重命名的基本概念

早期的处理器设计中通常通过暂停流水线的方式解决数据冲突。CDC 6600 虽然引入了记分牌结构对指令进行动态调度，但它对冲突的解决方式也以停顿和阻塞为主，效率不高。实际上，只有写后读冲突是真实的数据相关，而写后写冲突和读后写冲突都只是由于不相关指令指定同名寄存器引起的冲突，是名称相关，而非数据相关。例如这样一段指令序列，代码如下。

```
div  a0, a1, a2
addi a5, a0, 1
sub  a0, a3, a4
addi a6, a0, 1
and  a7, a5, a6
```

在该例中，若除法指令需要的执行周期数很多，则 div 和 sub 指令可能存在写后写冲突。但实际上，第 1～2 条指令和第 3～4 条指令之间并不存在任何程序功能上的关联，如果把第 3～4 条指令中的寄存器 a0 全部替换为一个新的寄存器（例如改为 a8），写后写冲突就自然消失了，且程序功能不会发生任何变化。这说明，理论上只要编译器能够使用的寄存器足够多，可以做到不为无真实数据依赖的指令分配同名寄存器，就不会存在写后写冲突和读后写冲突。

然而 ISA 规定的寄存器数量毕竟是有限的（例如 RISC-V 架构的通用整型寄存器有 32 个），编译器的静态方法很难做到为所有冲突指令分配不同名的寄存器。为此，引入额外的缓冲空间可以从硬件角度解决该问题，让这些本该写入 ISA 寄存器的值暂且写入其他的硬件缓冲区，并且通知后续任何依赖这个寄存器值的指令都从该缓冲区中读取操作数。这项技术称为寄存器重命名（register renaming），即通过控制待读写的 ISA 寄存器的实际物理位置来消除特定的数据冲突，其本质就是提供寄存器冗余来处理写后写冲突和读后写冲突。

不同的处理器有不同的重命名方案，总体上可以分为以下两类。

第 1 类称为显式重命名，该方案确保物理寄存器堆（physical register file）具有的真实寄存器数目比 ISA 定义的寄存器数目更多。其中，ISA 定义的寄存器通常称为架构寄存器堆（architecture register file，ARF）或者 ISA 寄存器堆（ISA register file）。

显式重命名方案一般需要引入两种硬件。第 1 种称为空闲列表（free list，FL），用于维护物理寄存器的空闲状态信息，它指示了当前物理寄存器堆中有哪些寄存器是可用的。第 2 种称为重命名列表（renaming table，RT），用于维护物理寄存器和 ISA 寄存器之间的映射关系。当指令译码后，处理器查找 FL 并选择一个空闲的物理寄存器，将其和该指令要写入的目的 ISA 寄存器进行绑定，并记录在 RT 中。同时，指令的源操作数也需要查找 RT 以确定是否需要从某个被映射的物理寄存器当中取出对应值。这一步确保了程序的数据相关性不被破坏。当指令执行阶段结束后，结果会被写入对应的物理寄存器。如果存在重排序缓冲区以支持指令的顺序提交，则在指令正式退休后，处理器会释放对应的物理寄存器，使其重新进入 FL。

在显式重命名的情况下，重排序缓冲区本身并不存储指令计算的结果，而是将需要提交及处于推测状态的数据都保存在物理寄存器内，由 RT 来维护映射关系。下面用一个实例来介绍显式重命名方案对写后写冲突和读后写冲突的消除。考虑该 RISC-V 指令序列，代码如下。

```
div a0, a1, a2
add a3, a0, a4
#WAW Hazard
and a3, a5, zero
#WAR Hazard
or a4, a6, zero
```

and 指令和 or 指令分别与 add 指令存在写后写冲突和读后写冲突。简单起见，假设仅有 a0~a6 这 7 个 ISA 寄存器，而可用的物理寄存器有 14 个，为 p0~p13。各种指令执行需要的周期数仍与图 3-25 保持一致，且假设同一周期可以发生多个不同物理寄存器的写入，即写回阶段不会引起结构冲突。一开始，RT 和 FL 中的内容如图 3-28 所示。

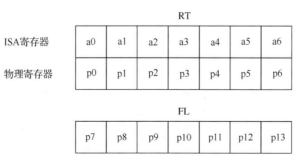

图 3-28 指令执行开始前的 RT 和 FL 中的内容

执行开始前，处理器默认将 a0～a6 映射到 p0～p6，而 p7～p13 这 7 个物理寄存器未被使用，因此位于 FL 中。于是，当第 1 条指令译码后，div a0,a1,a2 将会被重命名为 div p7,p1,p2。其中两个源操作数 a1 和 a2 映射的物理寄存器是通过查找 RT 得到的，而目的操作数 a0 映射的物理寄存器是在 FL 中选择的，这里假设 FL 中的选择策略是从左往右选择第一个未被使用的物理寄存器。重命名结果如图 3-29 所示。

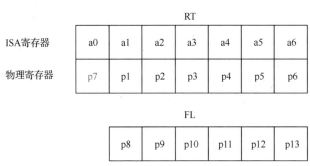

图 3-29 div 指令译码结束后 RT 和 FL 中的内容

需要注意的是，经过重命名后物理寄存器 p0 并没有作为空闲寄存器进入 FL 中。这是因为 div 指令的前面还可能存在其他以 a0 为源操作数的指令没有发射，p0 中还需要保留在 div 指令执行以前 a0 的旧值。如果不为那些指令保留该旧值，可能会引发读后写冲突。

紧接着的下一个周期，add a3,a0,a4 指令以相同的方式被重命名为 add p8,p7,p4。直到 or 指令译码完成后，RT 和 FL 中的内容如图 3-30 所示，整个处理器的重命名状态如下。

```
div p7, p1, p2
add p8, p7, p4
#zero is the read only register, no data Hazard
and p9, p5, zero
or p10, p6, zero
```

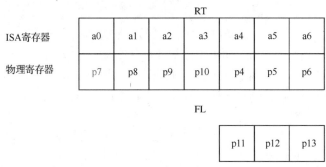

图 3-30 or 指令译码结束后 RT 和 FL 中的内容

当 div 指令在重排序缓冲区中准备提交时，a0 最初映射的物理寄存器 p0 将会被释放到 FL 中，这是因为重排序缓冲区保证了指令的顺序提交：如果 div 指令提交了，则 div 之前的指令也必定已经提交了，此时 p0 已经被彻底释放了，不需要继续存储旧值。此时 RT 和 FL 中的内容如图 3-31 所示。

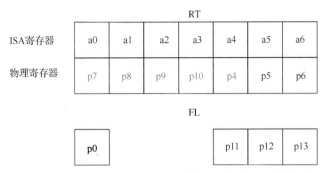

图 3-31 第 9 个周期结束后 RT 和 FL 中的内容，此时 p0 已经进入 FL

余下 3 条指令的提交也与 div 指令基本相同。显式重命名不需要在重排序缓冲区中创建大量的存储临时值空位，因此在现代高性能处理器设计中被大量使用。

另一类重命名方案称为隐式重命名。该方案中物理实现的寄存器数量与 ISA 规定保持一致，但其中仅存放已经最终写回的指令结果，该寄存器堆一般也称为 ARF。处于推测状态的指令值由一些其他的结构保存，如存放在重排序缓冲区中。为了保持正确的数据依赖关系，整个结构需要一个额外的表项来记录寄存器的最新值是已写回 ARF 中还是暂存在重排序缓冲区中。为此重排序缓冲区一般需要支持前馈，以将处于推测状态的最新值转发给其他指令作为源操作数使用。

无论是显式重命名还是隐式重命名，其本质都是引入了冗余的存储空间来避免硬件对同名寄存器的争用。显式方案提供更多的物理寄存器，而隐式方案把推测值暂存在重排序缓冲区等其他结构中。两种方案都需要映射表来维护正确的数据依赖。重命名技术之所以能够解决写后写冲突和读后写冲突，是因为利用了指令的译码顺序与程序的顺序相同，在译码阶段就预先记录并保持了数据原有的依赖关系。

2. Tomasulo 算法

IBM 360/91 中的浮点运算处理器是最早使用寄存器重命名技术的处理器，其设计者罗伯特·托马苏洛（Robert Tomasulo）采用保留站（reservation station）的设计来解决寄存器命名冲突，整套调度策略现在称为 Tomasulo 算法。作为动态调度的经典算法，下面对其基本思想进行简单介绍。

最早的 Tomasulo 算法实现具有以下特点。

（1）每个执行单元都有一个保留站。指令在译码结束进入指令队列后，会被派遣到特定执行单元的保留站中，由保留站负责发射指令。若指令的操作数在派遣时已经就绪，那么操作数也会被一起派遣到保留站中。需要等待操作数就绪的指令将会在保留站中监听执行单元的执行情况。

（2）寄存器堆中用一个字段维护保留站与寄存器的映射关系，即记录该寄存器被哪一个保留站编号指定为写入的目标寄存器。同时，保留站中就绪的指令发射到执行单元时，会依照寄存器堆中的字段把存储操作数的寄存器名更改为保留站名。这一步相当于利用保留站实现寄存器重命名。假如保留站中的指令数量已满，则发生结构冲突，流水线暂停。

（3）所有执行单元的运算结果在写回前都通过公共数据总线（common data bus，CDB）在所有保留站前广播，正在等待操作数的保留站通过监听 CDB 可以获知哪些操作数已经就绪。寄存器堆同样也挂载在 CDB 上。当有计算结果被广播到 CDB 上时，等待这个依赖关系作为源操作数的保留站/寄存器会立刻对结果进行读取。

（4）指令队列向各个保留站的指令派遣是按顺序的。因为保留站负责处理冲突，所以不需要乱序派遣。

（5）为了节省面积，执行单元本身没有流水化。

图 3-32 示意了一个基于 Tomasulo 算法的浮点运算处理器结构。为了简化结构、方便理解，该结构的执行单元数量和 IBM 360/91 不同，图中的 DP 模块表示指令派遣。

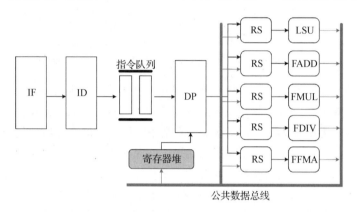

图 3-32　基于 Tomasulo 算法的浮点运算处理器结构

读后写冲突是由于操作数延迟读取导致其被后面的指令覆盖而造成的，在 Tomasulo 算法中，已经就绪的操作数在派遣时会立刻从寄存器堆中读取，并送入保留站，因而不会有读后写冲突。写后写冲突是由于不按照顺序写回造成的，但由于 Tomasulo 算法使用的寄存器重命名技术可以提供寄存器名的正确匹配，不会出现不相关指令结果互相覆盖的情况，所以同样可以解决写后写冲突。

实际上，Tomasulo 算法是通过顺序派遣来确定程序的顺序。在指令派遣时，每一个保留站中会详细记录操作数应当来自哪个执行单元。因而，只要处理器内部能够合理安排程序的顺序，程序的执行结果就不会出错。

3.6　分支预测

除了前文讨论的数据冲突和结构冲突，控制冲突也是处理器中常见的一类冲突。处理控制冲突最简单的方法是等待，即等待分支地址被解析出来后再继续取指令。按照图 3-4 所示的 5 级单发射流水线，每一条分支指令会造成 1~2 个周期的损失，且通常随着流水级数加深，分支指令计算出目标地址的时间在流水线层级中的位置会更加靠后，计算分支地址引起的 CPI 损失将会进一步提高。

分支预测是现代处理器缓解控制冲突的核心方法。事实上，程序中的跳转方向并不是杂乱无章、无迹可寻的，在大多数情况下是可以预测的。例如，程序中通常有大量的 for/while 循环，这些循环是编译后产生分支指令的主要来源之一。这类循环在执行过程中，通常是固定朝某个方向跳转的——向前（向指令地址增大的方向）或者向后（向指令地址减小的方向）。这启发了研究者通过识别分支指令中的跳转模式来开发预测技术。

分支预测需要依据。这种依据可以是静态的，例如来自编译器的提示；也可以是动态的，例如由处理器硬件动态提取的历史分支信息。通常情况下，动态预测的效果比静态预测的效果要好很多。

对于 beq 一类的条件跳转指令，新指令的地址只有两种：条件满足，发生跳转（称为分支命中）；条件不满足，取分支指令位置的下一条指令继续顺序执行（称为分支不命中）。而对于有些指令，比如 jr、jalr 等，分支的目标 PC 与寄存器值相关联，所以还需要加入对目标 PC 的预测。这类预测器通常也是根据历史跳转信息进行预测的。

本节将会介绍几种经典的分支预测器，以及部分现代处理器中的高级分支预测技巧。

3.6.1 静态预测

静态预测是一种对特定位置的分支指令给出固定预测结果的预测技术。每个分支的预测在程序执行过程中将保持不变。程序在编译时，编译器可以分析程序的执行模式，并推测程序可能的执行路径。或者在程序编译完成后，通过一些测试样例来统计每个位置跳转指令的跳转/不跳转数目，并根据跳转的频数决定是否跳转。例如一个用于数组求和的 C 语句，代码如下。

```
int sum = 0;
for (int i = 0; i <200; i++){
    sum +=a[i];
}
```

使用 RISC-V 工具链（此处使用 GCC 8.2）编译后，用于控制 for 循环跳转的汇编指令代码如下。

```
        # ...
        li a4,0
        li a5,99
loop:   bgt a4,a5,exit
        # Executing Loop
        # ...
        addi a4,a4,1
        j loop
exit:   # Exit Code
```

其中，程序满足循环退出条件后，跳转到 exit 位置，完成执行；否则将顺次执行 loop 后的循环体。程序运行一定的测试样例后发现，bgt 指令不发生跳转的次数较多（每次进入这个循环，不跳转 99 次，而仅跳转 1 次），因而编译器可以给处理器适当的提示，预测这条指令不会发生跳转。在该例中，使用"预测跳转"的静态预测策略，可以使 bgt 指令的预测准确率达 99%，这正是基于代码中分支指令规律的跳转行为进行的预测。

当然，静态预测也可以通过硬件实现，由处理器采用某种固定的跳转策略。例如，当分支指令编码中的偏移量（offset）大于 0 时就预测不跳转，否则预测跳转。这是由于计算机程序中存在大量的循环语句，而循环语句在编译后常常具有上例所示的指令结构，循环体的执行都是向某个特定的方向跳转的。但对于 jr 和 jalr 这样不采用立即数作为新 PC 的指令，这种预测通常是无效的。

总而言之，静态预测可以实现以下功能。

（1）统一预测为始终跳转（always taken）或始终不跳转（always not taken）。

（2）基于操作码进行预测，例如将 blez 指令预测为跳转，将 bgtz 指令预测为不跳转。

（3）基于指令中编码的偏移量进行预测，例如将向前预测为不跳转，将向后预测为跳转。

（4）由编译器提供信息，基于对程序模式的推测或者测试结果的统计。

静态预测是最简单的预测方法，对于复杂和多变的程序，其预测准确性不高。

3.6.2　局部预测器

局部预测器是最基础的动态预测器。与静态预测器不同，局部预测器会根据某一条特定语句的跳转历史进行判断。其核心结构类似一个全相联缓存，用 PC 作为标签对表项进行索引，其中缓存的表项代表了对特定分支指令的预测结果或用于预测的状态机。该缓存表通常称为模式历史表（pattern history table，PHT）。

最简单的局部预测器是 1 位局部预测器。其模式历史表索引的每一项都只包含 1 位，用于记录每个分支指令最近一次是否发生了跳转。如果分支在上一次发生了跳转（记为 T），则将表项置位（置 1），并预测下一次该分支也会跳转；反之，若该分支在上一次没有跳转（记为 NT），则将表项清除（清 0），并预测下一次该分支也不会跳转。显然，如果发生预测错误，则该分支指令索引到的位会立刻发生翻转。1 位局部预测器如图 3-33 所示（N 为跳转，NT 为未跳转）。

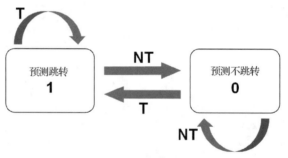

图 3-33　1 位局部预测器

可以发现，1 位局部预测器本质上就是一个 1 位的状态机，它总是预言一条分支指令的跳转行为会与该指令在上一次的行为相同。这种简单的结构在 for/while 循环代码中能够取得较好的预测准确率。

需要注意的是，实际的局部预测器不可能使用完整的 PC 来索引模式历史表。即使对于 32 位的 PC 来说，整个寻址范围也达到了 2^{32}，就算每一个模式历史表的表项都只有 1 位，整个预测器也需要 512MB 的空间，这显然对于处理器而言是难以接受的资源开销。因而处理器中的模式历史表都采用和缓存一样的策略，也就是使用某种哈希码或者 PC 中的一部分位进行索引。一般而言，在程序中位置相近的分支指令 PC 的高位都是相同的，为了避免这些临近的分支指令指向同一个模式历史表条目，通常使用 PC 的低位地址作为模式历史表索引用于查找预测器。图 3-34 示意了使用 PC 的低 8 位作为模式历史表索引的 1 位局部预测器和 2 位局部预测器，它们的模式历史表条目数为 2^8=256，因此最多可以区分 256 条不同的分支指令。

作为最简单、最基础的动态预测器，1 位局部预测器具有一些局限性。例如，若某个分支几乎总是发生跳转，当其中偶尔插入一次不跳转，随后又立刻恢复到跳转的情况时，1

位局部预测器将会连续预测错误两次，而非一次。这是由于 1 位局部预测器仅仅考虑分支指令最近一次的历史信息，它过快地因错误预测而改变自己的预测结果，导致其对程序中某些突发的分支模式改变过于敏感。为此，人们引入了 2 位局部预测器来改善这种情况。

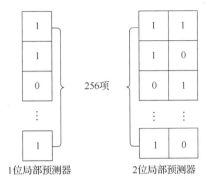

图 3-34　两种深度都为 256 的局部预测器，使用 PC 的低 8 位作为索引用于查表

2 位局部预测器的每个模式历史表项包含 2 位，记录了每个分支过去两次的跳转情况，如下。

（1）11：最近两次分支都发生了跳转，预测结果为跳转。也称这种情况为"强跳转"。

（2）10：在"强跳转"下发生一次错误预测进入该状态，依然预测结果为跳转。也称这种情况为"弱跳转"。

（3）01：在"强不跳转"下发生一次错误预测进入该状态，依然预测结果为不跳转。也称这种情况为"弱不跳转"。

（4）00：最近两次分支都没有跳转，预测结果为不跳转。也称这种情况为"强不跳转"。

同样地，2 位局部预测器也代表了一个 2 位的状态机，如图 3-35 所示。2 位局部预测器的核心在于：处于强状态时，总是要连续预测失败两次才会改变预测结果。这提升了预测器对突发分支模式改变的鲁棒性。

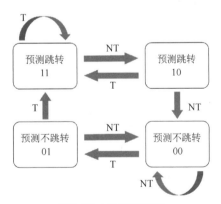

图 3-35　2 位局部预测器

这里仍然以静态预测中使用的循环体为例，讨论 1 位局部预测器和 2 位局部预测器对待这类代码的区别。假设进入循环之前，两个预测器的取值分别是 1 和 11，即预测跳转。两个预测器在 i 取不同值的情况下对 bge 指令的预测情况如下。

（1）$i=0$ 的循环开始时，由于没有发生跳转，两个预测器都判断错误，并进行修正。1 位局部预测器转入状态 0，而 2 位局部预测器转入状态 10。

（2）i=1 的循环开始时，1 位局部预测器已经能够正确预测不跳转，并保持在状态 0。但 2 位局部预测器在弱跳转状态下依然预测错误，并因此由弱跳转状态转入强不跳转状态。

（3）i=2 到 i=99 的循环开始时，1 位局部预测器和 2 位局部预测器会分别保持在状态 0 和状态 00，并始终预测正确。

（4）i=100 时，循环达到退出条件，bge 指令发生跳转。为此，两种预测器都会发生预测错误，并分别跳转到状态 1 和状态 01。

当这段循环代码被反复执行多次时，每一次 i 都会再次从 0 开始递增。此时，1 位局部预测器会再次在状态 1 发生一次预测错误，而 2 位局部预测器由于处于弱不跳转状态，仍然会给出正确的预测，并转入强不跳转状态。

整个过程如表 3-1 所示。该过程表明，虽然最初 2 位局部预测器会比 1 位局部预测器多发生一次预测错误，但此后每当循环代码重复执行一遍时，2 位局部预测器都会比 1 位局部预测器少发生一次预测错误。

表 3-1　　　　　两种预测器在两次进入循环时的状态

迭代次数	0	1	2	…	98	99	100	0	1	…
1 位局部预测器	1	0	0	…	0	0	0	1	0	…
2 位局部预测器	11	10	00	…	00	00	00	01	00	…

局部预测器可以很容易地推广到 N 位的情况：N 位局部预测器使用一个 N 位的移位寄存器来存储某分支过去 N 次跳转的结果。当预测器的值小于 2^{N-1} 时，预测不发生跳转；否则预测发生跳转。位数越多，理论上可以识别的分支历史越长，但同时硬件开销也越大。目前已有的研究表明，过度增加 N 的位数在实际应用中没有意义。

局部预测器的局限性如其名称所示，它只考虑每一条指令各自的局部历史，而没有考虑分支指令之间的相关性。某条指令的跳转情况除了受到自己跳转历史的影响外，可能还和其他分支指令的跳转情况有关。基于该思想，后期便诞生了结合全局跳转历史进行预测的相关预测器。

3.6.3　相关预测器

考虑以下 C 程序，代码如下。

```
// int a,b;
if(a > 0) b = 1;
if(b == 1) //....
```

其汇编后产生的两个跳转指令的汇编代码如下。

```
        lw a5,-24(s0)        # load a to a5
        sext.w a5,a5         # sign extension
        blez a5,.L2          # if (a <= 0) jump to .L2
        li a5,1             # set b to 1
        sw a5,-20(s0)        # store b
.L2:
        lw a5,-20(s0)        # load b to a5
        sext.w a4,a5         # sign extension
        li a5,1
        bne a4,a5,.L3        # if(b != 1) jump to .L3
```

从中可以观察到，若 blez 指令未发生跳转（a>0），则 b 一定等于 1，于是 bne 指令也一定不会发生跳转。若想利用分支指令间的关系进行预测，只能使用相关预测器，而不能使用局部预测器。相关预测器的基本思想是利用一个移位寄存器记录处理器所有分支指令的跳转历史，称为全局历史寄存器（global history rigister，GHR），随后全局历史寄存器的结果和 PC 一同参与到分支预测中。例如，处理器记录 2 位的全局历史，并根据该全局历史选择不同的分支历史表参与运算。一种 2 位相关预测器的结构如图 3-36 所示。

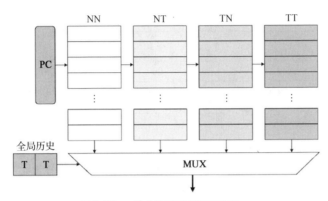

图 3-36　一种 2 位相关预测器的结构

由图 3-36 可知，此时选中的模式历史表为第 4 列，该结构与组相联缓存类似，2 位的全局历史作为组索引，决定了要在 4 列分支历史表中选择一列作为本次使用的预测器。随后，PC 作为局部预测器的索引决定在该列分支历史表中选择哪一个表项作为预测结果。图 3-36 所示的这类两级实现方案是最简单的相关预测器实现模式。现代处理器中还有两种常用的预测器实现模式：一种是将全局历史与 PC 混合后直接作为索引来查找单列分支历史表，例如将全局历史寄存器和 PC 进行异或运算，该方法在文献中被称为 gShare 预测器；另一种是利用不同长度的全局历史寄存器分别和 PC 结合，然后通过查找多个分支历史表的方法进行预测，最终选择分支历史最长的命中项，这种预测方法又称为标签折中（tagged hybrid）预测器。后者广泛应用在 Intel 3 系列处理器中。本书对这两种预测器的工作原理并不做详细介绍，有兴趣的读者可以自行参考有关资料。

3.6.4　预测跳转地址

前文主要对预测分支指令是否跳转（即分支转移方向）进行了详细讨论，本小节进一步讨论预测分支指令跳转地址的解决方案。对于多数分支指令，跳转地址通常与当前 PC、指令编码中的偏移量、某个寄存器中的值有关，这导致 PC 更新后的值总是需要在译码完成后才能够确定。对于深流水线结构，等待计算得到跳转地址所带来的停顿会带来不小的效率损失。然而，很多情况下同一条分支指令的跳转地址是固定的，故根据当前指令的 PC 直接预测跳转 PC 是一种可行的思路。最简单的方案是利用一个缓存，缓存表项存储上一次该分支指令的跳转位置，并将 PC 作为索引。该预测器称为分支目标缓存（branch target buffer，BTB），并被大规模应用于现代处理器中。

BTB 通常可以和局部预测器结合使用。如图 3-37 所示，一种 BTB 可能的模式分支指令的 PC 既索引了分支历史表项对是否跳转的预测，又索引了 BTB 记录的对跳转 PC 的预测。如果分支历史表项预测指令将要发生跳转，便可以直接把 BTB 中记录的 PC 用于下一条指令的读取，不用再等待分支指令译码。

标签	PHT	目标PC
0x66EE38	01	0x847CE94D
0x871204	10	0x3829EFA7
0x3EFF23	01	0x9123EXEC
0x5CFF2E	11	0xC332E011
⋮	⋮	⋮
0xCCED94	00	0x67E9CA
0x36198E	10	0x81476B

图 3-37　一种 BTB 可能的模式

由于在取指后就可以快速预测跳转地址，因此在深度流水线中，BTB 可以显著提升分支预测的速度。然而配置一个表项很多的 BTB 成本太过高昂，因此现代处理器一般不采用单一预测器，而是在流水线的不同级上放置数个不同的分支预测器，例如在取指级放置一个容量有限的 BTB，再在后续流水级辅以容量较大的分支预测表（branch prediction table，BHT）用于捕捉被 BTB 遗漏的分支转移，根据最终程序执行的结果修正 BTB 和 BHT 中的表项，以达到同时提高预测准确率和预测速度的目的。

除了循环结构外，另一类易于预测的 PC 跳转模式由过程调用引入。过程调用时，程序控制流会进入函数。函数返回时，程序控制流又会回到调用函数的位置。这一去一回恰好与堆栈的工作模式相对应，因而可以使用返回地址栈（return address stack，RAS）来记录跳转的 PC。在函数调用时，将跳转指令的下一条指令 PC 入栈，该 PC 也就是函数返回后将要继续执行的位置。因此在函数返回时，可以将入栈的 PC 出栈来作为返回值。以一个 C 程序示例来具体讨论这个过程，代码如下。

```
int square(int num) {
    return num * num;}
int squareWrapper(int num){
    if (num < 0) num = - num;
    return square(num);
    }
int main(){
    int tmp10 = squareWrapper(10);
    int tmp16 = squareWrapper(16);
    return 0;
    }
```

这段代码定义的函数用于计算一个数的平方。经过交叉工具链（此处使用 GCC 8.2）进行编译后，产生的相关代码如下。

```
square(int):
    # ...
    # return num * num
    jr ra
```

```
squareWrapper(int):
    # ...
    # return square(num)
    call square(int)
    mv a5,a0
    # ...
    jr ra
main:
    # ...
    # int tmp10 = square(10);
    li a0,10
    call squareWrapper(int)
    mv a5,a0
    # ...
    # int tmp16 = squareWrapper(16);
    li a0,16
    call square(int) mv a5,a0
    # ...
```

当 main 函数执行到 call 指令时，该位置的下一条指令（mv 指令）的 PC 入栈，同时程序跳转进入 squareWrapper 函数。之后，程序控制流再次发生过程调用进入 square 函数，此时位于 squareWrapper 中 call 指令的下一条指令（mv 指令）的 PC 入栈，如图 3-38 所示。

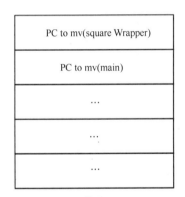

图 3-38　执行到 square 函数时，返回地址栈的状态

随后，在函数执行完成，处理器执行到第 1 条 jr ra 指令时，返回地址栈中的返回地址将被调用并执行。由于栈顶所存的地址是 squareWrapper 函数中 mv 指令的 PC，因而处理器就推断其为返回地址，然后按照该 PC 继续执行。当 squareWrapper 函数返回时，处理器也以相同的方式预测返回地址，回到 main 函数中继续执行。分析以上程序示例可以发现，按照该方法预测的地址都是正确的。

当然，返回地址栈本身也存在若干问题。首先是返回地址栈的容量，如果处理器处理的函数调用太深了，嵌套深度超过了返回地址栈的深度，返回地址栈会因为容量问题无法对全部返回地址做出正确的预测。其次，并非所有过程调用都和返回一一对应，有一些调用可能不会返回到调用者，甚至可能不会返回（如 execve 函数）。再者，返回地址栈的内容较容易被软件控制，因此也成了近年引起广泛关注的"幽灵"（spectre）类型攻击的受害位置之一。归根结底，返回地址栈给出的结果仅仅是一种预测，处理器需要对实际的跳转地址进行验证，并在发现预测错误时及时抹除错误预测对处理器状态造成的影响。

3.6.5　指令复用

前文所介绍的分支预测技术，其核心思想都为使用各种方法尽早确定跳转 PC，以提前获取需要执行的指令，减少停顿，提高处理器后端的效率。实际上，通常程序中大量的循环体代码都比较短小，足以被一个小容量缓存记录。基于此产生了一种激进的思路：直接存储这些短循环的指令译码后的内容，在再次执行循环体的时候将译码结果发射到后端，以此避免重复对循环体代码进行取指和译码的过程。指令复用的基本工作模式如图 3-39 所示。

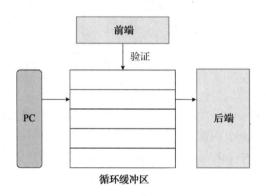

图 3-39　指令复用的基本工作模式

在循环执行的过程中，直接从循环缓冲区中取出指令并发射到后端，前端会不断验证 PC 的正确性，并在特定时刻取消对循环的复用，例如循环结束或中断发生时。在已经退出历史舞台的 Intel Itanium 处理器中便有一种类似的技术，称为旋转寄存器堆，可以用于在循环中快速实现寄存器重命名。有兴趣的读者可以自行查阅资料。

需要注意的是，若循环体的代码量太大，就会发生和返回地址栈相同的溢出现象。在这种情况下，处理器后端仍然需要依赖前端的取指和译码部件来保证正常工作。

3.6.6　预测的代价

对于前文介绍的各类预测方法而言，只要预测正确，处理器性能便会得到显著提升。但即使现代处理器中的分支预测技术的准确率可以达到 99%，也必定存在判断错误的情况。一旦发生错误，处理器需要进行以下操作。

（1）更新预测器状态，或者更新预测。

（2）恢复重命名映射表 FL 和 RT。这是由于错误分支下，已经执行的推测指令将会改变 FL 和 RT 中的状态。

（3）清理重排序缓存和指令队列，里面具有预测标记的指令都会被清除。

（4）清理流水线后端。由于本应该预测执行的指令都是错误的，所以这些指令的执行结果都不能保留。

这些清理工作不仅在分支预测错误时需要执行，处理器执行异常/中断的时候同样需要执行。分支预测不可能预测处理器中的异常和中断，毕竟这些情况相较于正常指令的执行都是偶然发生的。

对于一款现代的超标量处理器而言，假设流水级有 15 级，通常在第 3～7 级能够确定分支真实的跳转结果。如此一来，一旦发生分支错误，回滚操作会消耗比正常执行指令更多的惩罚周期。分支预测技术最终带来的性能提升是正确预测节约的周期和错误预测浪费的周期按预测准确率加权的结果。分支预测错误和缓存缺失引发的性能损失可能是现代处理器的主要性能损失来源。Intel 的 Pentium 4 处理器便是一个经典的案例。作为一款主频可以高达 4GHz 的处理器，其流水线共有 20 级。为了能够获得超高的主频，处理器的 L1 缓存设计的容量非常小，因而很容易出现缓存缺失。这导致处理器频繁出现异常，而 20 级流水线的设计使得排空和填满流水线又需要相当长的时间。此外，Pentium 4 处理器在高频下功耗控制较差。这些不利因素均限制了处理器的实际性能，导致 Pentium 4 处理器最终在消费市场中的接受度不高。

3.6.7　BOOM 中的分支预测器

本小节以开源处理器 BOOM（Berkeley Out-of-Order Machine）作为实例，介绍现代处理器如何综合使用各种预测技术以实现高效的分支预测。BOOM 由美国加州大学伯克利分校团队基于 Chisel 语言开发，是一款开源的面向高性能应用场景的超标量乱序 RISC-V 处理器，目前已经迭代到第 3 代正式版本 SonicBOOM，是一款具有代表性的开源 RISC-V 处理器。

BOOM 的流水线共定义 10 个阶段，其中重命名（rename）步骤合并到译码（decode）和派遣（dispatch）步骤中进行；发射（issue）和寄存器读取（register read）合并在一个步骤中进行；提交则属于异步行为。因此最终的流水线结构分为 7 级。分支预测主要配置在 BOOM 的流水线前端。该前端包含 5 个阶段，分别记为 F0～F4，如图 3-40 所示。

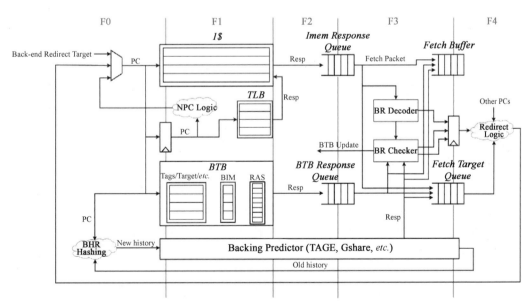

图 3-40　BOOM 的流水线前端结构

如图 3-40 所示，BOOM 的分支预测大致分为两大部分：第 1 级预测主要作用于 F1 阶段，是一个快速、简单的单周期预测器，称为下一行预测器（next-line predictor，NLP）；第 2 级预测横跨 F1～F3 阶段，是一个相对复杂、慢速，但是更加精确的后级预测器（backing predictor，BPD）。BOOM 的分支预测在取指的同时进行，且跨越多个前端周期，一旦流水线发现预测错误，将会对指令流进行重定向。下面分别对各个分支预测器的构成和功能做一个简要介绍。

1. NLP

BOOM 前端的取指部件并非以单条指令为单位进行，而是从程序存储器中以"提取包"（fetch packet）为单位进行取指，每个提取包包含多条指令，并且取到的指令会通过提取缓冲区（fetch buffer）提供给后端流水线执行。由此，NLP 也并非基于单条指令进行预测，而是对整个提取包进行判断。NLP 大体上由分支目标缓存（BTB）、双峰表（bi-modal table，BIM）和返回地址栈（RAS）3 部分组成。

BTB 在前文已做过详细介绍，其作用是快速预测跳转地址。BOOM 的 BTB 包含一些额外的字段来适应其前端设计。BOOM 的 NLP 会将以提取包开头的地址作为整个取值单元的提取 PC 传递给 BTB，并与 BTB 中的 PC 标签进行匹配。若发现标签匹配，则 BTB 将会和记录了与过程调用相关的指令的 RAS 一起判断该提取包中是否包含条件分支、无条件跳转及过程调用返回指令，并将该包中每条指令是否为跳转指令记录在 BTB 的 bidx 字段中。BOOM 的 BTB 结构如图 3-41 所示。

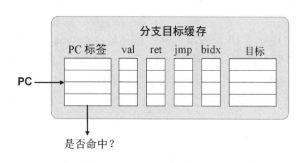

图 3-41　BOOM 的 BTB 结构

BTB 使用 PC 的一部分位作为索引，PC 剩余部分则作为标签进行匹配。但如果存在多条 PC 不同但索引部分相同的分支指令，且它们交替执行时，BTB 中某一行的内容将会被频繁地替换，从而影响预测精度。该问题可采用和缓存类似的方案，即提高相联度来解决。BOOM 使用两路组相联 BTB，支持将相同索引的 PC 置于同组的不同路上。

需要注意的是，RISC-V 指令集中 ret 是一条伪指令，它等价于 jalr x0,0(x1)。处理器可以通过识别存放跳转地址的寄存器位 x1（即 ra 寄存器）来判断出这条 jalr 指令是一条过程调用的返回指令。若 NLP 识别出返回指令，则下一次取指的 PC 由 RAS 决定。若 NLP 识别出条件分支指令，则 BTB 仅给出预测的跳转 PC，对于是否跳转的预测，通常情况下需要查询 BIM 决定。

BOOM 中存在一个例外。新的 BOOM 中额外使用了一个小型但是非常快的 FAMicroBTB 预测器，它既预测跳转地址也预测是否发生跳转。其中，预测是否跳转通过一个 2 位的预测器实现。FAMicroBTB 使用寄存器堆实现，因此预测速度相当快，在 F1 阶段可以立即得到预测结果并传回 F0 阶段。然而寄存器堆的结构使得其相对面积和相对功耗较大。因此，

BOOM 中使用的 FAMicroBTB 只有 16 行。每次预测时，传入的 PC 标签会同时与这 16 路的标签进行比较，以判断是否有命中项。

BIM 是一个计数器表，通过实现 2 位计数器来对条件分支的跳转与否进行预测。BOOM 的 BIM 使用了包含 2048 个表项的同步存储器，PC 中的 10 位用于索引该表中对应的计数器。BIM 的预测请求在 F1 阶段可以得到响应，并经过一级寄存器在 F2 阶段输出预测结果。该 2 位计数器的概念和原理与前文介绍的分支历史表非常类似。

RAS 在前文同样已经进行了介绍，其用于记录过程调用中的 PC 以支持函数的快速返回。当 BOOM 的译码单元判断某条指令是 call 指令（这同样是一条与 jalr 相关的伪指令）时，其 PC 和跳转的目标 PC 将一并被压入 RAS 中；当判断某条指令为 ret 指令时，会从 RAS 弹出返回地址，供取指单元使用。

2. BPD

NLP 实现了简单、快速的分支预测，但是受限于其实现方式引起的功耗、面积等问题，NLP 能够存储和处理的分支数量有限且难以扩容，精度也难以进一步提高。为此，BOOM 引入了一个更加复杂、缓慢，但是精度更高的预测器框架 BPD。如图 3-40 所示，BPD 跨越了整个取指过程，与 I-Cache 访问和 NLP 预测并行进行，这使得它拥有 3 个周期的时间完成预测，并且可以将庞大的历史记录存放在 SRAM 中，这使得 BPD 能够以更大的容量支持更准确的预测。

BOOM 使用的 BPD 包含许多不同的分支预测器，且源码支持不同预测器的组合配置。此处简要列举几项 BPD 使用的分支预测技术。

首先，BOOM 使用的 gShare 预测器与前文介绍的 gShare 预测器没有本质区别。它将全局历史寄存器值与 PC 进行异或操作后，对一个类似分支历史表的表项进行索引。该表项使用的是一个 2 位计数器。

在硬件实现方面，2 位计数器的状态表让高位和低位的功能被明确地区分。其中，低位代表了上一次分支指令的实际跳转结果，如果发生了跳转则为低位写入 1，如果没有跳转则为低位写入 0；高位代表了对跳转的预测，为 1 时预测跳转，为 0 时预测不跳转。若分支预测发生了错误，则把当前低位的值读出并写到高位即可。因此，计数器的高位和低位可以分别存储于两个 1 位的 SRAM 中，并可独立操作高位和低位的读写，提高了硬件效率。BOOM 的 2 位计数器状态表如图 3-42 所示。

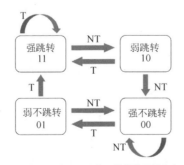

图 3-42　BOOM 的 2 位计数器状态表

一般情况下，全局历史表跟随分支指令的实际执行情况进行更新。对于 BOOM 而言，这意味着只有当指令经过重排序缓存，并通过了提交阶段，才能正式确认该指令已经被执行，理论上此时更新全局历史表才能保证历史信息准确无误。然而，这种更新方式对于BOOM而言过于迟缓。在某些情况下，BOOM流水线中可能存在同时运行多条指令，BPD对于某条分支指令的预测可能是根据多条指令以前的全局历史表信息进行的判断，无法保证其准确度。因此，BOOM中的全局历史表采用推测式更新法，即当某条分支指令被预测后，就会更新在全局历史表中。当后端发现某条分支指令预测错误时，全局历史表将被重置并更新为正确的值。对于流水线中正在执行的每条分支指令，它们当时的全局历史表信息均被保存，以便后面需要时进行恢复。

2006年首次提出了TAGE预测器（tagged geometric history branch predictor），相关成果发表在指令级并行期刊（Journal of Instruction Level Parallelism）上。TAGE预测器一经提出便连续两年赢下国际分支预测器竞赛。TAGE预测器作为一种混合式预测器，其优势在于可以同时根据不同长度的分支历史序列，对某一个分支指令分别进行预测，并且对该分支指令在各个历史序列下的准确率进行评估，选择历史准确率最高者作为最终分支预测的判断标准。BOOM使用的TAGE预测器的结构如图3-43所示。预测器一共包含6个不同的预测表（T1～T6），图中仅示意了其中3个。每个预测表的每个表项包含一个3位的饱和计数器pred，其最高位代表了对跳转方向的预测。此外，表的每一项包含一个2位的U计数器（usefulness counter，UC），其作用是衡量该预测表项的"有用程度"，并以此决定在预测表满时哪一个表项可以被删除，从而为新的表项腾出空间。最后，表项还包含一个用于匹配的局部标签。每次进行预测时，每个预测表使用自己的全局分支历史和当前PC进行两个不同的哈希运算，其中一个结果用于索引预测表，另一个结果用于和索引到的项的标签进行匹配。若T1～T6中有预测表的项与之匹配，则该表对应项的pred计数器的最高位给出一个预测。所有的预测被送入多级选择器，最终标签匹配且具有最长分支历史的预测表给出的预测被视为最终结果。

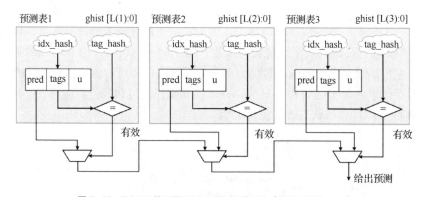

图3-43　BOOM使用的TAGE预测器的结构（仅列出其中3个）

TAGE预测器使用U计数器决定一个表项能否被新的表项覆盖。当预测表标签不匹配时，当前预测表不对分支做出任何预测，该表的U计数器不变化。若预测表某项的预测最终判断正确，该表项的pred计数器自增；反之，若预测错误，则该表项的pred计数器自减。如果某个pred计数值为0，则代表这个表项可以被新的表项覆盖。为了防止某些极少被使用但是始终预测正确的表项长时间地占用预测表位置，TAGE预测器引入了定期自动降级机制，即经过一段计时周期，就自动将表中某个U计数器的高位或者低位清零，以此来清理一些长时间未通过分支预测结果进行更新的表项。

TAGE 预测器的核心优势在于：它既不会因为所选取的历史分支长度过短而使得某个预测表中的表项同时映射到多条不同的指令，导致表项的信息有效程度降低，也不会因为选取的历史分支长度过长而使得整个 TAGE 预测器需要经过很长时间的更新之后才能够进行有效的预测。因此，TAGE 预测器可采用的历史分支长度的范围非常大，可以用于判断各种代码语境下的分支指令。

在深度嵌套的循环中，如果存在大量循环终止，会导致多次分支预测失败，严重影响处理器的性能。BOOM 使用了专门应用于循环的 LOOP 预测器。LOOP 预测器首先判断一条分支指令是否为循环指令，然后利用计数器记录它的循环次数。当发生首次分支预测失败时即代表循环终止，此时计数器的值就等于该循环的循环次数，当下次再执行该循环时就可以准确地推断出循环的次数，避免循环终止时预测失败。

3. BOOM 前端的各个周期

各种复杂技术共同构成了 BOOM 前端的多级分支预测器，它们在不同的周期中提供精确的预测。下面结合图 3-40，进一步梳理 BOOM 前端的各个周期中处理器进行的主要工作，以及各级分支预测器扮演的角色。

（1）F0 阶段。处理器在 F0 阶段选择 PC，将其发送到指令缓存（I-Cache）中进行取指，同时将该 PC 送入分支预测器进行预测。若后级没有重定向的指示，PC 会以提取包的大小进行自增。若后级指示重定向，这暗示了后级对某个分支选择存在倾向，处理器会利用重定向信息选择新的跳转 PC。

（2）F1 阶段。该阶段通过页表缓存完成 PC 虚拟地址向物理地址的"翻译"，并向 I-Cache 发起取指请求。F1 阶段已经可以获得单周期分支预测器的预测结果。若预测跳转，处理器将会把预测的目标地址反馈到 PC。

（3）F2 阶段。该阶段得到 I-Cache 的响应结果。如果 I-Cache 无效响应或者 F3 阶段握手信号尚未就绪，该阶段的 PC 将会重定向回到 F0 阶段，以便重新取值，同时对 F1 进行清空。F2 阶段会进一步得到双周期分支预测器的结果。此时首先判断 F2 阶段预测的目标地址与 F1 阶段的 PC 是否相同，以及预测的跳转方向是否和 F1 阶段的预测相同。如果跳转方向和预测的目标地址都相同，则代表 F1 和 F2 两个阶段的分支预测器给出了相同的预测，PC 可以继续传递，F2 阶段的全局历史表可以正常更新。反之，则需要把 F2 阶段预测的目标地址传回 F0 以进行 PC 重定向，并对 F1 进行清空。

（4）F3 阶段。该阶段可以得到 TAGE 预测器的结果。在 F3 阶段，除了需要判断指令是否为分支指令，还需要判断是条件分支还是无条件跳转。如果是 jal 指令和条件跳转指令，则其跳转地址是相对当前 PC 的偏移，偏移量被编码在指令的固定位置。F3 阶段拥有一个快速译码单元，它可以立刻计算出正确的跳转地址。对于 jalr 指令，其跳转地址和寄存器值相关，不能再通过快速译码得到，所以将仍然使用预测器给出的预测跳转地址进行跳转。此外，jal 和 jalr 指令不需要预测跳转方向，因为它们必定发生跳转，只需要给出目标地址即可。而条件跳转指令还需要继续采用分支预测给出的跳转方向决定是否发生跳转。

（5）F4 阶段。F4 阶段会将指令的相关信息传入提取缓冲器中，并将分支预测信息传到取指目标队列（fetch target queue）中。

综上所述，BOOM 在其前端流水线实现了精确的分支预测。此外，BOOM 还在其源码中为分支预测定义了一个抽象类，实现该类就可以为 BOOM 添加一个新的基于全局历史的分支预测方案。这个抽象类提供实现的 BPD 接口和全局历史表控制逻辑，使得用户可以专注于分支预测的逻辑设计。

3.7　指令级并行的过去与未来

指令级并行策略的本质是利用流水线开发指令序列局部的并行度，并辅以三大关键技术以提升效率。

（1）乱序执行：在确保不改变指令序列的执行结果的前提下，适当调整指令的执行顺序，以减少流水线的停顿，提高效率。

（2）多发射和超标量：通过增大流水线宽度的方式增大流水线的吞吐量，使得其可以同时处理更多的指令。

（3）预测：通过对分支进行猜测，提前获取指令流的方向，减少由于控制冲突引发的流水线停顿的问题。

由于流水线调度逻辑异常复杂，经过长年累月的发展后，在指令级并行方面继续取得性能提升是很困难的，尤其是复杂的调度硬件在设计上带来的开销可能会抵消部分指令级并行的收益。另外，程序的并行度并不只有指令级并行可供开发，面向特定的领域，很多程序会有更丰富的并行度可待开发。

（1）向量/矩阵处理：大多数数学软件和图像处理软件会以向量为单位进行操作。显然向量操作的并行度比标量操作的更加丰富。目前热度极高的深度学习实际上有很多运算都是基于向量和矩阵的操作。

（2）请求响应：需要同时处理不同任务的网络服务器同样具有很高的并行度可供开发，特别是具有很高客户流量的服务器，这些服务器需要处理不同客户的请求，而这些请求往往是相互独立的。

（3）多线程优化：现代大量的程序都以线程为单位尽可能地进行优化。除非是同步线程，否则线程的执行往往是相互独立的。

相比较而言，这些并行度的开发空间更加广阔。例如 NVIDIA 公司的图形处理单元（graphics processing unit，GPU）便是面向向量加速的处理器架构。以 NVIDIA GP100 为例，其中的每一个流多处理器（streaming multiprocessor，SM）含有 64 个流处理器，每一个流多处理器可以处理长度为 64 的 int32 向量。图 3-44 表示 GP100 核中一个流多处理器的结构。其中，可以看到有 64 个流处理器核，除此之外，还有用于双精度运算的 DP（double precision）单元和访存模块。实际上，64 个流处理器核分为两组，组内各自拥有指令缓存。

矩阵乘法是一种在神经网络中常用的运算，传统的计算方法是将矩阵的乘法转变为向量来运算，这与 GPU 的架构相适应。然而，为了加速该过程以提高效率，Google 公司设计了张量处理单元（TPU），这是一种专门利用脉动阵列优化矩阵乘法的硬件，其系统架构如图 3-45 所示。

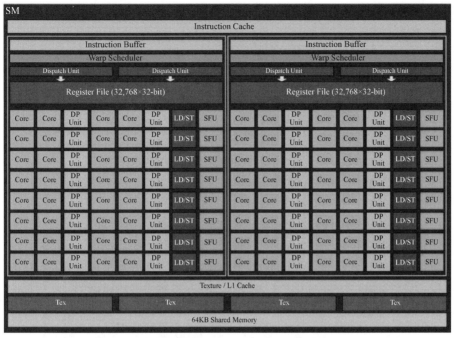

图 3-44　NVIDIA GP100 核中一个流多处理器的结构

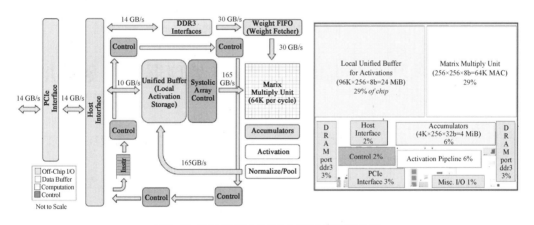

图 3-45　TPU 的系统架构及各个部件占用的面积比例

对于数据密集型的算法，通过展开硬件并设计调度算法可以提高其并行度。与这类架构优化的处理器相比，CPU 即使能够开发更多的指令级并行，性能上也无法望其项背。尽管 CPU 具有较高的计算精度，但在面对大量简单、可并行的乘法和加法运算时，GPU 的高并行性将会取得性能优势。TPU 是一种领域专用处理器（domain specific processor，DSP）。由于特定的领域或算法能够提供更多的特征，架构师可以利用这些特征设计出更加优秀的硬件。

对于网络请求这样以任务为单位的并行操作，许多大型企业通常使用计算机集群来处理请求。这些数据中心普遍使用核数量巨大的多核处理器（例如 Intel Xeon/AMD EPYC 系列处理器），并以极其复杂的拓扑方式进行组织。当然，对于单个使用多核心的服务器来说，核的调度是由操作系统完成的，这部分内容会在后续进行讲解。

除此之外，异构 SoC 也变得愈发重要。异构指两个不同微架构的处理器在同一芯片上的结构。这种处理器在保留通用处理器的优点的同时，也可以针对具体的算法进行优化。

例如 AMD 的加速处理器（accelerated processing unit，APU），以及美国华盛顿大学的 511 核的 RISC-V 片上网络（network on chip，NoC）异构处理器 Celerity，都是典型的异构处理器。如图 3-46 所示，Celerity 由通用的 5 个 Rocket 核和 511 个排成阵列的 NoC，以及用于加速二值神经网络（binary neural network，BNN）的专用加速器拼接而成。

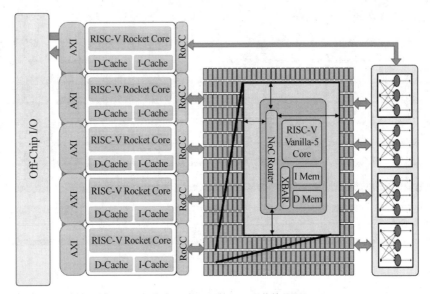

图 3-46　华盛顿大学的 511 核 NoC 异构处理器 Celerity

3.8　案例学习：平头哥玄铁 C910 处理器的指令级并行

本节介绍平头哥玄铁 C910 处理器中的指令级并行结构。

玄铁 C910 处理器是一个 3 发射、4 派遣、8 执行的动态调度超标量处理器，它能够进行动态的分支预测。图 3-47 所示为玄铁 C910 处理器中一个核的微架构。

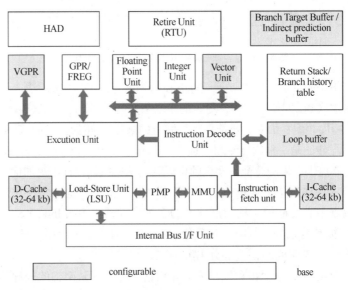

图 3-47　玄铁 C910 处理器中一个核的微架构

玄铁 C910 处理器拥有可配置的 9～12 级流水线。对于 9 级流水线，其无分支跳转的整数运算指令的 9 个阶段分别为指令获取、指令封装、指令缓存、指令译码、指令重命名、指令发射、访问寄存器堆、指令执行和指令回写。其流水线允许乱序执行，通过随机发射来缓解因数据相关性造成的性能损失。

玄铁 C910 处理器采用混合的分支预测技术，整个指令提取单元拥有低功耗、高分支预测准确率、高指令预取效率的特点。其取指阶段需要 3 个周期，新的 PC 通过在上一个 PC 的基础上递增或者通过以下方式产生。

（1）指令分支跳转预测，实现极高的预测精度。

（2）可以配备间接分支预测器，对间接分支目标地址进行精准预测。

玄铁 C910 处理器采用 3 发射结构，因此其理想 CPI 为 0.33。以下几个原因可能会导致玄铁 C910 处理器的流水线停顿。

（1）部分长延时指令的执行。

（2）预测失败。

（3）跳转指令可能产生的流水线气泡。

（4）fence 指令的执行等。

在使用 Coremark 程序进行处理器性能评估时，玄铁 C910 处理器的得分为 7.1 分。

3.9　本章小结

本章探讨了处理器开发指令级并行的若干关键技术，包括流水线、乱序执行、多发射和超标量、预测技术等，并在最后对进一步提高处理器性能的方式提出了展望。

通常流水线是最基本、最简单的开发指令级并行的技术，是高性能处理器的基石，流水线冲突是阻碍处理器性能提升的重要瓶颈。

乱序执行和分支预测都是用来缓解冲突的手段。乱序执行用于缓解数据冲突和结构冲突，而分支预测用于缓解控制冲突。乱序执行的本质是在保证寄存器命名顺序不变的前提下，调整指令的执行顺序；分支预测技术的中心思想则是根据历史记录推测分支结果。

本章未对多发射技术进行过多探讨，但其思想与流水线技术相近：努力扩大流水线的宽度使处理器可以同时执行更多指令。二者分别在时间和空间上开发指令级并行。

对于通用的高性能处理器，指令级并行的开发程度直接决定了其性能。但如今单处理器上的指令级并行开发已经逐渐趋于饱和，数据级并行和线程级并行的开发正得到愈加广泛的关注。

第 4 章
计算机存储系统

作为计算机不可缺少的一部分，存储系统的优劣直接影响处理器性能的高低。存储技术按照其实现介质可以分为半导体存储器与非半导体存储器。本章重点介绍半导体存储技术中具有代表性的技术，包括静态随机存储器（static random access memory，SRAM）、动态随机存储器（dynamic random access memory，DRAM）和闪存（flash）等。

虚拟存储是计算机系统中重要的概念之一。引入虚拟存储使得计算机程序实际可用的地址空间可以超越计算机中的物理空间。本章将从虚拟存储的概念着手，着重介绍虚拟存储的原理和硬件结构。

随着现代处理器性能的不断攀升，处理器和内存之间的速度差距不断扩大，形成"内存墙"的问题。为此，现代计算机使用多级分层存储结构，并引入缓存系统，利用数据的时间局部性和空间局部性来改善访存性能。本章将介绍缓存的概念、结构和基本性质，并解释缓存对现代计算机的重要性。

本章最后以平头哥玄铁 C910 中的虚拟内存和缓存结构为例，介绍现代缓存优化的关键技术。

本章学习目标

（1）了解各类存储器技术的实现原理、特点及其应用场景。

（2）掌握页式虚拟存储的基本工作原理和结构。

（3）掌握缓存的基本概念、组织形式、映射方式，数据块的识别方式，以及缓存的优化手段等技术。

（4）了解多核处理器中缓存一致性的概念，掌握两种经典一致性协议的工作原理。

4.1 半导体存储技术

目前计算机中采用的半导体存储技术，主要分为 SRAM、DRAM 和 flash 这 3 类。磁盘虽然广泛用于存储数据，但磁盘实际上使用磁介质记录信息，因而并不属于半导体存储技术。按照掉电后数据的保持特性，半导体存储器可以分为非易失性存储器（non-volatile memory，

NVM）和易失性存储器。非易失性存储器在掉电后仍能长期保存内部存储的数据。

计算机技术发展至今，传统存储器在性能、容量等方面都遇到了诸多瓶颈，迫切需要迎来新的技术创新。因此，本节也对一种具有潜力的新型半导体存储技术——阻变式存储器（resistive random access memory，RRAM）进行介绍。

4.1.1　SRAM

一个 SRAM 由众多结构相同的基本单元（cell）组合而成。每个基本单元通常由 6 个晶体管构成，用于保存 1 位数据，如图 4-1 所示。其中，$M_1 \sim M_4$ 是两个首尾相连的反相器，组成基本的双稳态电路；$M_5 \sim M_6$ 可以强制改变基本双稳态电路的状态。字线用于选通某个字；位线作为数据读写的通路。SRAM 所谓的"静态"，其意义为：相对于 DRAM，SRAM 由静态电路组成，不需要周期性地刷新数据，因而具有较快的速度（访问时间约为几纳秒）和较低的功耗（其静态功耗极低）。但 SRAM 仍是易失性存储器。

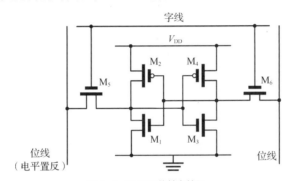

图 4-1　SRAM 的基本单元

4.1.2　DRAM

DRAM 同样由众多结构相同的基本单元组合而成。每个基本单元仅使用一个晶体管来保存一位数据。显然，若存储等量的数据，DRAM 相较于 SRAM 需要更少的晶体管，因此所需存储器的面积更小，集成密度更高。计算机所使用的主存（main memory）就由 DRAM 构成。一个可存储 4 位数据的 DRAM 的简单阵列如图 4-2 所示。对于 DRAM 而言，对数据的读取是破坏性的，即完成一次读取后该位置的信息便不复存在。因此，为保证正确地存储数据，DRAM 需要在读取数据后将数据重新写回原来的位置。此外，对于 DRAM 基本单元而言，即使连接电容的晶体管处于关断状态，电容内部的电荷仍然会通过泄漏电流不断流失，因此需要周期性地刷新 DRAM 中所有基本单元的数据以保证数据稳定，这正是"动态"的含义。

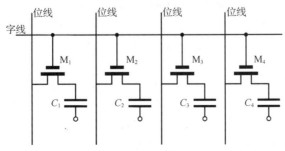

图 4-2　DRAM 的简单阵列

DRAM 在设计上将所有单元以特定的方式组成一个存储阵列，如图 4-3 所示。信号 Act 命令 DRAM 某个组（bank）中的某行（row）打开，该行所有数据将被放置到缓冲器中。信号 Pre 则命令该打开的行关闭，为下次数据读写做准备。

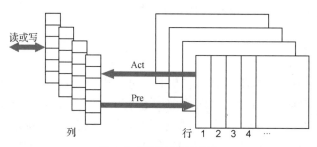

图 4-3　DRAM 的组织形式

DRAM 周期性地按顺序完成各个行的刷新，而不是同时刷新所有数据。在进行刷新时，某个时刻下正在被刷新的行将不能进行读写，这在一定程度上引入了时序上的不确定量。简而言之，DRAM 的充电原理和刷新需求，使得其读写速度一般慢于 SRAM。但由于 SRAM 存储每一位数据的开销高于 DRAM，相同容量下使用 SRAM 的成本远比使用 DRAM 的高昂。因此出于性价比的考虑，当前的大部分处理器采用 DRAM 作为主存的介质。

4.1.3　flash

flash 作为电擦除可编程只读存储器（electrically-erasable programmable read-only memory，EEPROM）中的一类存储器，同样由大量的基本单元组合而成，其结构如图 4-4 所示。每个基本单元为一个特殊晶体管，用于保存 1 位数据。该特殊晶体管相较于普通晶体管在栅极和沟道间多了一层浮栅（floating gate），浮栅中可以存储电荷，于是这种特殊晶体管又称为浮栅晶体管。对于浮栅晶体管，在编程（写入 1）时，提高栅压使电子进入浮栅，同时提高了浮栅晶体管的阈值电压；在读取数据时，选择一个适当的电压作为栅压，便可分辨出哪些浮栅晶体管存储的数据为 1，哪些浮栅晶体管存储的数据为 0。

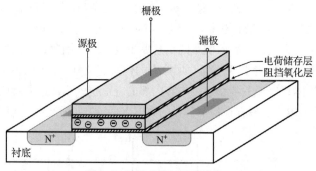

图 4-4　flash 的基本单元的结构

flash 可分为 NAND flash（not AND flash）和 NOR flash（not OR flash）。其中 NAND flash 能实现更高的集成密度，因而成为主流。NAND flash 的名字源于其基本单元的组织形式：几十个基本单元（即浮栅晶体管）源漏相互串联，形成一个串（string）。上千个串组成一个块（block）。读取时由字线选通决定读取某个块中某个串上某个基本单元的数据，并通过位线输出数据。NAND flash 的基本结构如图 4-5 所示。

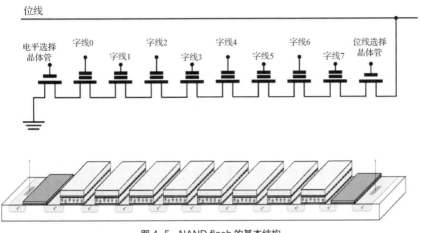

图 4-5　NAND flash 的基本结构

flash 相较于 SRAM 和 DRAM，能够存储更多的数据（典型值如 64GB～4TB）。但是 flash 只支持顺序访问，并且在写入数据前需要将整个块的数据都擦除，这导致 flash 读写数据所需要的时间大于 SRAM 和 DRAM。例如，读取 flash 中一个随机地址上的数据大约需要几十微秒，远低于 SRAM 和 DRAM 纳秒级别的读取速度。因此，目前 flash 可以替代磁盘（磁盘的访问时间约为几毫秒），却不能替代 SRAM 和 DRAM。

4.1.4　RRAM

RRAM 是一种新型的非易失性存储器。典型的 RRAM 呈现 3 层式的结构，一般由上、下两个金属电极和中间的阻变层组成，如图 4-6 所示。其中，阻变层作为离子传输和存储的介质。通过外部电压刺激，RRAM 发生存储介质离子运动和局部结构的变化，进而导致整个阻变层的电阻发生变化。利用产生的电阻差异，即可使得 RRAM 存储数据。阻变层可以由多种材料组成，主要包括有机材料、固态电解液材料和金属氧化物材料，不同材料组成的 RRAM 的工作机制也存在较大的区别。目前的研究中，金属氧化物材料拥有结构简单、与现有 CMOS 工艺兼容等优点，受到了广泛的关注。

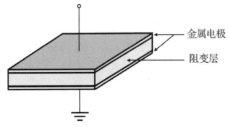

图 4-6　RRAM 的典型结构

RRAM 作为一种新颖的存储器技术，已展现出非凡的发展潜力。然而，RRAM 具体的电阻变化机理仍是一个学术研究课题。目前主流 RRAM 的工作机理解释为导电细丝机制。导电细丝机制是一种局域性的电阻转变效应，与器件的面积无关，因此研究者普遍认为 RRAM 具有巨大的密度提升潜力。当下，存储需求不断增长，而传统 flash 面临难以进一步缩小体积的困境，RRAM 因其良好的密度提升潜力被认为是下一代通用的非易失性存储技术。相较于 flash，RRAM 具有器件结构简单、与 CMOS 工艺兼容、易于三维集成、转变速度快、操作功耗低、耐久性高等优点。即便如此，目前的 RRAM 研究仍存在较多需要解决的问题，短期内难以实现大规模的商业化应用。

4.1.5 存储技术在计算机中的应用

以上所述的传统半导体存储技术（主要包括 SRAM、DRAM 和 flash）与磁盘技术一起组成了计算机的存储系统。表 4-1 展示了典型的个人计算机存储系统的组成。其中，从上到下存储容量依次增大，而访问速度依次降低。本章随后几节将重点介绍由缓存、内存、磁盘构成的存储层次。

表 4-1 个人计算机存储系统的组成

层级	名称	大小	实现工艺	访问延时（ns）	带宽（MB/s）	管理形式	下一层级
1	寄存器	<4KB	CMOS 多端口存储结构	0.1～0.2	100000～10000000	编译器	缓存
2	缓存	32KB～8MB	SRAM	0.5～10	20000～50000	硬件	内存
3	内存	<1TB	DRAM	30～150	10000～30000	操作系统	硬盘
4	外存	>1TB	硬盘驱动器或固态盘	5000000	100～1000	操作系统	其他硬盘或光盘

4.2 虚拟存储

在虚拟存储（virtual memory）出现之前，计算机程序的可用内存不能超过物理内存，这极大地限制了计算机程序的设计空间。尤其是对于物理内存较小的计算机而言，程序员需要小心翼翼地管理好每一块内存空间，这也极大限制了程序设计的自由度。

进程（process）是计算机程序运行所必需的一个空间，包括计算资源和存储空间。处理器可以在不同进程之间来回切换，称为上下文切换（context switch）。一般情况下，每个进程仅使用一小部分的存储空间，因而没有必要为每个进程都准备一个完整的地址空间（如4GB），而只需要消耗与进程实际需求相当的存储空间。进程的保护和上下文切换都与虚拟存储密切相关。

4.2.1 虚拟存储的工作原理

虚拟存储可分为段式虚拟存储和页式虚拟存储，其中段式虚拟存储较为复杂，已经逐渐被淘汰。当前大部分计算机仅出于兼容性考虑而支持段式虚拟存储，主要使用页式虚拟存储。本节内容只对页式虚拟存储进行介绍。

页式虚拟存储，顾名思义，就是将内存空间分成页的形式进行管理。其中，页的大小称为页大小，用于区别每个页的地址位称为页号（page number），在每个页内区别不同地址的地址位称为页内偏移（page offset）。内存地址可以按图 4-7 所示的形式划分为页号和页内偏移。

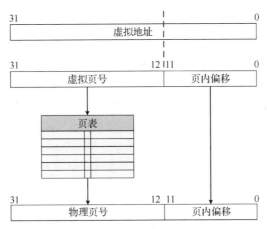

图 4-7　内存地址划分为页号和页内偏移

　　处理器进行访存时发出的地址是虚拟地址，这一虚拟地址需要在到达缓存或者内存之前翻译成物理地址。虚拟地址到物理地址的转换，实际是虚拟页号（virtual page number）到物理页号（physical page number）的转换，而页内偏移在地址转换前后保持一致。页表（page table）中保存了虚拟地址与物理地址的映射关系，以虚拟页号为输入，以物理页号为输出。页表位于内存中。页表同样可以确定某个页是否在内存中，因为虚拟存储仅把需要的页载入内存。

　　虚拟存储在内存和磁盘中的映射关系如图 4-8 所示。存在以下特殊情形：如果程序需要访问某个页，而该页在内存中不存在，这种情况称为页错误（page fault）。发生页错误后，将该页从磁盘加载到内存中将花费大量的时间，操作系统的作用之一就是尽可能降低页错误出现的频率。此外，由于磁盘的速度相比内存缓慢许多，因而在内存中对某个页进行修改将不会同时更新磁盘中的对应页，而是在内存中该页被交换到磁盘时再进行更新。

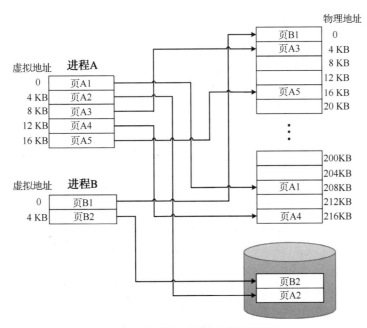

图 4-8　虚拟存储在内存和磁盘中的映射关系

4.2.2　保护进程

如今虚拟存储还被广泛用来在多个进程之间安全地共享物理内存。不同的用户进程往往会调用一些相同的函数，例如大家熟知的标准输入输出函数（printf 等），如果每个用户进程的物理地址空间都持有一份这些函数代码的独立副本，无疑是对存储空间的一种巨大浪费。该问题可以通过虚拟存储很好地解决，标准库函数以共享库（shared library）的形式提供服务，不同进程虽然拥有独立的虚拟地址空间，但不同虚拟地址却可以通过不同的页表项翻译成相同的物理地址，结果就是所有进程对同一个共享库函数的动态调用最终都会指向同一个物理位置。上述过程即实现了物理内存共享。

操作系统上的进程依照权限级别至少可以分为用户进程和系统进程，虚拟存储在不同进程的保护上具有关键作用。首先，用户进程不允许访问系统进程的虚拟地址空间，页表中存在相应机制来区分这两种进程。虚拟存储的实现依赖于页表，页表中存在专门用于描述权限等级的若干位，最简单的可以用 1 位区分用户模式和内核模式。用户进程只能运行在用户模式下，而系统进程运行在内核模式下。用户进程的权限等级低，不能读写权限等级高的系统进程的页表项。其次，用户进程之间也不能互相干扰。对于大量不同的进程，可以为每个进程维护独立的页表，从而将它们有效地隔离。最后，用户进程也不得修改它自己的页表项，否则一旦将用户进程的页表项修改为指向其他进程的内存位置，权限机制将形同虚设。

在计算机存储系统中，承担地址转换和内存保护的单元称为内存管理单元（memory management unit，MMU），在内存管理单元内部通常存在地址转换后援缓冲器（translation lookaside buffer，TLB），以加速地址转换，TLB 本质是页表的缓存。内存管理单元控制着页表的访问。

4.2.3　页式虚拟存储可能的结构

一个页式虚拟存储可能的结构如图 4-9 所示。在这个示例中，39 位的虚拟地址通过 3 级页表映射为 37 位的物理地址。若选择页大小为 4KB，则页内索引位数为 12 位。除去页内索引位数，剩余 25 位（37 位-12 位）物理地址需要作为页表的内容被存储下来，这里不包括有效位、脏位（dirty bit）和权限位等其他标志位。

39 位虚拟地址空间对应的页表所占内存空间如下：由于页内索引占 12 位，则虚拟页号占剩余 27 位，因此每个进程至多需要 2^{27} 个页表项，每个页表项保存 25 位的物理页号，即每个进程需要约 400MB 的内存空间用于存储页表。计算机中通常运行着数以百计的进程，因而如此巨大的页表造成的硬件开销是难以接受的。

为了减少页表所占的内存空间，图 4-9 所示的结构中使用了 3 级页表，每一级页表具有 512 个页表项（9 位虚拟地址），每个页表项的长度为 8 个字节。地址寄存器作为第一级页表的内存基址。第一级页表使用虚拟地址的第 38～30 位作为索引，读出相应页表项的内容，即第二级页表所在的内存位置基址（第一级页表的每一个页表项都对应着一个第二级页表基址）。以第一级页表读取得到的内存位置基址为基础，第二级页表再使用虚拟地址的第 29～21 位作为索引，读出相应页表项的内容，即第三级页表所在的内存位置基址（第二级页表的每一个页表项都对应着一个第三级页表基址）。同理，以第二级页表读取得到的内存位置基址为基础，第三级页表再使用虚拟地址的第 20～12 位作为索引，读出物理页号。最后，虚拟地址的最低 12 位作为页内偏移，连接到物理页号右端，最终得到物理地址。此

3 级页表整体呈树状结构，第三级页表的数量通常最多。

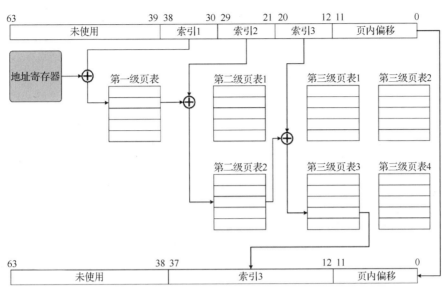

图 4-9　一个页式虚拟存储可能的结构

值得注意的是，既然 8 个字节可以存放一个页表项，设置每个单独的页表大小为 4KB，则每个页表恰好能放在一个页内。这意味着页表同样能够存在于磁盘上，但为了保证循环页不发生缺失，第一级页表必须位于内存中。同时，为了保证程序运行速度不产生损失，至少需要确保有 1 个第二级页表和 1 个第三级页表位于内存中。采用 3 级页表后 39 位虚拟地址空间需要的页表大小讨论如下：对于占用内存空间较小的进程而言，每个进程需要 3 个级别的页表各 1 个，因此仅需要 12KB 的内存空间来存放页表。多级页表的优势在于能随着进程占用内存空间的增大，对应地增多属于该进程的页表数目，而当进程占用内存空间很小时，页表数目也很少，以此减少页表占用的内存空间。在这种情况下，即使同时运行 100 个进程，假设这些进程都使用了极少的内存空间，此时只需要 1.2MB 的内存空间即可存放所有页表。

图 4-9 所示 3 级页表结构中每一个页表项的长度为 8 个字节。一般情况下，页表项除了包括物理页号，通常还包括表 4-2 中的信息。

表 4-2　　　　　　　　　　　　　　**页表项的组成示例**

标志位	功能描述
presence	表明此页是否位于内存中
read/write	表明此页只读或可读写
user/supervisor	表明访问权限等级
dirty	表明此页是否被写脏
accessed	表明此页是否被访问过
page size	表明此页大小（4KB、2MB、4MB 等）
executable	表明此页是否可执行
cacheable	表明此页是否可被缓存
write through	表明此页被缓存时，允许被写回还是写通

当然，多级页表同时意味着需要多次访问内存才能完成一次虚拟地址到物理地址的转换。因此高性能处理器一般拥有多级 TLB，以尽量避免过于频繁地访问页表而延缓程序的运行速度。

4.3 处理器与内存的速度差距：内存墙

虽然逻辑电路和存储器的设计与制造技术在近几十年来都发生了长足的进步，但是两者的发展速度并不平衡。至今，处理器和内存之间依然存在巨大的速度差距：主流的桌面处理器的主频已经超过了 3GHz，即拥有约 300ps 的处理器周期；而内存的访问则需要几十至几百纳秒。相对于处理器来说，内存是非常迟缓的设备。在这种处理器和内存速度不匹配的情况下，假设处理器需要读取位于内存中的几个字节的数据，它必须暂停当前的程序并等待上百个处理器周期直到数据送达，这显然大大降低了处理器性能。图 4-10 直观地体现了处理器与内存之间的速度差距。注意，图中纵坐标是指数坐标。图 4-10 表明，20 世纪 80 年代出现的"内存栅栏"随时间推移逐渐变大、变高为"内存墙"。假如不能有效应对处理器与内存之间不断扩大的速度差距，处理器的性能便会受到极大的损失。此外，大约从 2010 年起，DRAM 的访问带宽虽然不断增加，但延时并无太大改善。DRAM 带宽的增加是为了满足更多的处理器核心的内存访问需求，但处理器与内存间的速度差异仍在扩大。

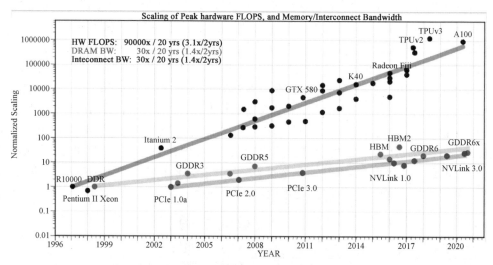

图 4-10 处理器与内存之间的速度差距

如下示例生动地体现了"内存墙"对处理器性能的影响：一个单核处理器的工作频率为 3.3GHz，而其使用的 DDR4 SDRAM 内存的访问延时为 30ns。不考虑总线造成的延时，若该处理器从内存中读取一个 4B 的数据，需要等待约 100 个处理器周期才能完成读取。对一个简单的顺序执行处理器来说，这 100 个周期处理器只能等待，这导致一条非常简单的 LOAD 指令至少需要 100 个处理器周期才能完成（CPI>100）。即使该处理器是一个乱序执行的超标量处理器，由于每条指令都需要从内存中的指令区域加载到处理器，指令级并行所带来的性能提升也极其有限。

缓存的出现，极大缓解了"内存墙"这一问题。为了简化表述，缓存可以暂时被理解成一个读写速度比 SDRAM 快很多的存储器，并放置在处理器和内存之间。在本例中，如图 4-11 所示，缓存位于处理器和内存之间，速度比内存更快，有着更少的访存时间。假设处理器发出的读内存请求有 90% 的数据或指令能够在缓存中找到，并在 4 个处理器周期之内完成数据访问。那么对于处理器发出的众多读内存请求，它们平均只需要 0.9×4 + 0.1×100 = 13.6 个处理器周期就能完成。这样的平均访存时间虽然仍较长，但相比之前已获得极大改善，此即引入缓存后对处理器性能的提升。写内存请求的情况也大致类似。对于处理器而言，缓存把处理器需要的数据"提前"从内存中读取并暂时存储，因而当处理器真正需要这些数据时，缓存能很快地"递上"数据；对于内存而言，缓存充当了一个过滤器，滤掉了许多不必要的内存访问请求，因而极大地提高了有效带宽。

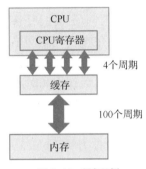

图 4-11　缓存示例

4.4　缓存

　　缓存是对内存中部分数据进行高速存取的存储结构。4.3 节已经通过简单的例子说明了缓存这一结构所带来的性能提升。本节将详细介绍缓存的概念。在研究具体的缓存结构之前，本节先定性地介绍缓存的工作原理，并说明缓存能够弥补内存速度不足的原因。

4.4.1　缓存的概念

　　SRAM 的存取速度比 DRAM 更快，使用 SRAM 搭建更快的存储系统可以减小处理器的访存延时。然而，存储单位数据的 SRAM 的开销远高于 DRAM；且 SRAM 的访问速度受其译码电路的影响，SRAM 的容量越大，其访问时间就越长。换言之，高速的代价为小容量。为了在性能、面积及成本等因素间充分权衡与折中，现代计算机系统普遍将一个小而快速的 SRAM 缓存和一个相对大而慢速的 DRAM 主存配合使用，这种层次化的存储系统是现代计算机体系结构中最为重要的创造之一。

　　绝大部分情况下，处理器的访存操作呈现以下两个性质：其一，处理器在访问某个地址上的数据时，很可能会访问相邻地址上的数据，这被称为空间局部性；其二，处理器在访问某个地址上的数据后的一小段时间内，还有很大可能会再次访问该数据，这被称为时间局部性。依据以上两个局部性带来的启示，可以提前将"很有可能访问"的数据存入一个高速但小容量的 SRAM 中，再加以适当的手段不断更新该 SRAM 中的数据，处理器便能够频繁地从该 SRAM 中快速获得所需要的数据。上述高速、小容量的 SRAM，加上一些必需的控制电路，就是一般意义上的缓存。

4.4.2　缓存的基本性质

缓存的映射

1. 缓存的粒度

缓存中数据的组织方式是将所有存储的数据分为一个个固定大小的"数据块"，每一个"数据块"中存储地址连续的数据。"数据块"的大小是缓存设计中有待考量的一个重要因素。

假如将空间局部性利用到极致，理论上可以把相邻地址上尽可能大的"数据块"装入缓存。然而缓存的容量较小，粒度太大将会导致缓存中能够存放的"数据块"总数变少。由于缓存需要不停地更新以便持续地为处理器提供实时有效的数据，过大的粒度会使得装入缓存的"数据块"又立刻被更新的"数据块"代替，这将引起缓存的冲突问题，难以进一步利用时间局部性。相反地，假如将时间局部性利用到极致，理论上似乎可以采用尽可能小的"数据块"。但是这会导致缓存中存放的"数据块"总数过多，所需的译码电路太复杂，减少了对空间局部性的利用。

因此实际应用中，为了综合利用空间局部性和时间局部性，需要对"数据块"的大小进行折中考量。最典型的数据块大小为 64B，目前已被实践证明是一个较好的选择，是多数商用处理器中使用的缓存块大小。缓存以这样的"数据块"作为基本单位与内存进行数据交换，这样的"数据块"一般称为块（block），也称为行（line）。块的容量称为块大小。

2. 缓存的映射方式

根据处理器访存的物理地址，可以计算得到内存中某个块的块地址。以 32 位的物理地址为例，64B 的块大小需要 6 位来表征块内偏移，因此去除地址的最低 6 位即可得到块地址。对于内存中任意块，其块地址都可以被轻易获取。块地址的本质是块序号。由于缓存和内存都由许多不同的块组成，且块是缓存和内存之间交换的基本单位，那么缓存中的块与内存中的块之间必然存在映射关系，用于数据更新和同步。一般情况下，对于内存中的块，共有 3 种策略可以将其映射到缓存中：直接映射（directory-mapped）、组相联（set-associative）、全相联（fully-associative）。3 种策略的示意如图 4-12 所示。

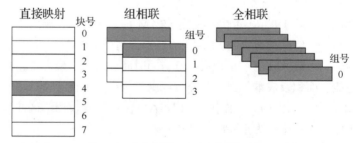

图 4-12　直接映射、组相联和全相联的示意

假设某个缓存中共有 1024 个位置，每个位置可存放一个块。基于本例，对上述 3 种策略逐一进行介绍。

（1）直接映射。对于内存中某个块，将其块地址对 1024 取余，余数作为缓存中允许出现该块的位置的索引。例如，内存中某块的块地址为 1025，则 1025 mod 1024 ≡ 1，1 为缓存中唯一可能出现该块的位置。然而，理论上块地址为 $k×1024+1$ 的块都共享这一位置。

如果块地址为 1025 的块已经存在于缓存的 1 位置，且此时块地址为 2049 的块将要加载到缓存，就必须把块地址为 1025 的块"驱逐"出缓存。这种现象称为缓存冲突。

（2）组相联。组相联可以视为直接映射的一种优化策略。以 2 路组相联（two-way set-associative）为例，对于内存中某个块，将其块地址对 512 取余，余数作为缓存中允许出现该块的组的索引。缓存中共有 512 组，每一组分为 2 路，因此只需要 9 位索引。若内存中某块的块地址为 1025，则 1025 mod 512 ≡ 1，1 为缓存中可能出现该块的组。每个组由两个位置构成，地址为 1025 的块被允许出现在组 1 的两个位置中的任意一个。在 2 路组相联的情况下，若块地址为 1025 的块已经存在于缓存的组 1，且此时块地址为 2049 的块将要加载到缓存，则可以利用组 1 中剩余的一个位置存放地址为 2049 的块。组相联降低了发生缓存冲突的概率。

为了统一描述方式，直接映射可以看作 1 路组相联，每个组中只有一个位置。在实际应用中还存在 4 路、8 路、16 路组相联，甚至更多路的组相联，它们能进一步降低发生缓存冲突的概率。路数越多，缓存内的索引位数就越少。然而组相联的路数并不是越多越好。组相联的路数越多，缓存命中时需要同时进行的标签匹配数量就越多，缓存的延时就越大。

（3）全相联。全相联是组相联的极端情况：组相联的路数达到了缓存中的位置总数，此例中为 1024 路组相联。全相联的缓存不需要缓存内的索引，在全相联的策略下，内存中任一块允许放入缓存中任意位置的块中。全相联的缓存发生地址冲突的概率最低，但相应的硬件逻辑也最复杂，同一周期内需要同时进行的标签匹配数量最多，上述缺点导致全相联的缓存通常容量很小。

3. 缓存中块的识别

缓存中不同的块通过块地址完成识别。在缓存中，块地址以标签的形式与块的数据保存在一起。在一个缓存中，某个块的划分如图 4-13 所示。假设一个采用直接映射策略的缓存采用 64B 的块大小，且拥有 1024 个块，每个块除了保存块数据外，还需要保存用于地址匹配的标签。在该情况下标签一般并不会直接采用完整的块地址。由于缓存内的索引由物理地址对 1024 取余得到，因此标签中只需要保存块地址位数减去缓存内索引位数的地址信息，就可以准确无误地识别出所有块的块地址。

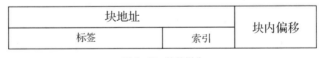

图 4-13　块的划分

仍以块大小为 64B，拥有 1024 个位置的直接映射缓存为例。64B 的块大小需要 6 位作为块内偏移，因此将物理地址减去最低 6 位即可得到块地址。直接映射的 1024 个块共需要 10 位作为索引位，因此块地址再减去最低 10 位即可得到标签。此时处理器对缓存的访问步骤如下：处理器首先将所需数据的 32 位物理地址送达缓存，缓存进行截取得到块地址后，使用块地址的最低 10 位作为索引，读出该位置上块的标签和数据内容；之后标签进一步被用于和块地址的剩余 16（26-10=16）位比较是否相等。若相等，则块的数据被读出，这种情况称为缓存命中。缓存命中时，缓存通常仅需很短的时间（几纳秒）就能给处理器提供数据，这个时间称为命中时间。

以块大小为 64B，拥有 1024 个位置的 4 路组相联缓存为例。与前例相同，需要 6 位作为块内偏移，因此物理地址先减去最低 6 位得到块地址。4 路组相联缓存共包含 1024/4=256 个组，因此需要 8 位作为索引位，块地址减去最低 8 位得到标签。在进行缓存访问时，缓存使用块地址的最低 8 位作为索引，读出该组中 4 个块的标签和数据内容，再将这 4 个标签并行地同块地址的剩余 18（26-8=18）位比较是否相等。若其中存在一个相等，则缓存命中。

以块大小为 64B，拥有 64 个位置的全相联缓存为例。物理地址减去最低 6 位得到块地址，将块地址的所有 26 位均作为标签。由于全相联缓存仅有一个组，因而索引环节可以被减去，缓存中所有的 64 个位置的块的标签同时被读出，并行地和处理器送来的块地址进行比较。可以看到，全相联缓存每个周期要同时进行标签比较的数量是最多的，这导致要制造一个同时满足低延时和高容量的全相联缓存是很困难的。

4. 缓存缺失

当处理器对缓存执行访问操作时，假如在标签比较阶段中存在一个组中所有位置的标签都和块地址的剩余位不相等的情况，则称为缓存缺失。一旦发生缓存缺失，缓存将会从下一级缓存中索要数据。假如一共只存在一级缓存，则缓存将从内存中索要数据，这将带来额外的延时。额外的访存延时称为缺失惩罚（miss penalty）。需要注意的是，只有在缓存完成索引、读取标签数据并进行比较后，才能确定是否发生缓存缺失。缓存读过程中发生的缺失称为读缺失，缓存写过程中发生的缺失称为写缺失。

在确定发生了读缺失以后，缓存将从下一级缓存或者内存中取得目标数据，将其存放在适当的位置，再将数据传输给处理器。由于缓存中某个组的位置数有限，当组中所有位置均已存储有效的块时，过程中必然发生块替换，该组中被认为无用的块将被"驱逐"出缓存，为新的块腾出空间。选择将哪个块逐出缓存的策略称为缓存替换策略（cache replacement policy）。以下简单介绍 3 种常见的缓存替换策略。

（1）随机替换。需要进行块替换时，从组中随机选取一个块进行"驱逐"。随着程序的运行，该策略可以近乎均匀地刷新缓存内的数据。

（2）近期最少使用（least recently used，LRU）策略。该策略认为假如某数据最近被访问过，则将来被访问的概率也更高。假设为某一组中的所有数据块定义一个映射的链表，新的块和缓存命中的块对应的链表项将移到表头，需要进行块替换时，就将表尾对应的块"驱逐"出去。LRU 策略能有效地淘汰那些访问频率低的块，然而 LRU 策略的实现具有较高的硬件开销，实际商用硬件中的实现通常是"伪 LRU"（pseudo-LRU）策略，该算法以较小的空间复杂度达到接近 LRU 策略的效果。

（3）先进先出（first-in first-out，FIFO）策略。该策略在一定程度上近似于 LRU 策略，但 FIFO 策略淘汰的是时间上最"老"的块，因为它们被访问的概率通常最小。需要进行块替换时，在组中存在最久的块将被驱逐出去。

现以 LRU 策略为例，对块替换的工作原理进行简单描述。假定现有一个有 4 个块的缓存，4 个块的替换优先级由一个链表指定，如图 4-14 所示。对于该链表，越接近表头的表项，其块的替换优先级越高，反之越低。图 4-14 中首先指明了 4 个块的初始状态：4 个块分别为 A、B、C、D，替换优先级 A>B>C>D。此状态下对 A 块产生一次访问请求，由于 A 块已经存在于缓存中，不会发生替换，此时 4 个块的替换优先级变为 B>C>D>A；之后若对 E 块产生一次访问请求，由于 E 块不在缓存中，需要从下级存储中将 E 块放入这一级缓存中。此时发生替换，被替换出去的块为替换优先级最高的 B，B 块对应的缓存位置用于存放新的块 E。访问结束后，4 个块的替换优先级变为 C>D>A>E。

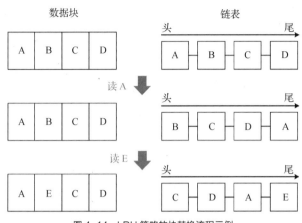

图 4-14 LRU 策略的块替换流程示例

5. 缓存写

前文主要考虑了缓存读过程的情况，下面对缓存写过程进行分析。缓存写的步骤与缓存读的步骤类似：以块大小为 64B、拥有 1024 个位置的直接映射缓存为例，缓存根据块地址的最低 10 位进行缓存内部的索引，将对应组上的所有位置块的标签读出，比对块地址的高 16 位，若存在标签匹配则发生写命中，否则发生写缺失。

缓存发生写命中时存在两种选择。

（1）写回（write back）。数据仅被写入当前缓存，而下一级存储不受影响。这部分数据只有在发生块替换（也就是被驱逐）时，才会被写入下一级存储中。缓存可以使用 1 位表示该块自从加载到这个缓存是否有过修改。若没有修改，则在这个块被替换时，无须将其写入下一级存储。缓存中这一增加的位称为脏位，使用脏位能够减少块替换时数据写入下一级存储的次数。

（2）写通（write through）。数据不仅被写入当前缓存，而且被写入下一级存储。显然，写通策略意味着更长的处理器等待时间，以及更好的数据一致性，因为缓存和内存中的数据始终保持同步。后文将会介绍写通型缓存可以采用写缓冲器（write buffer）来减少处理器等待时间。

缓存发生写缺失时同样存在两种选择。

（1）写分配（write allocate）。发生写缺失时缓存中会分配出一个块用于向其中写入数据。写分配会导致块替换的发生。

（2）无写分配（no write allocate）。发生写缺失时在缓存中不分配块，故该写操作不影响当前缓存，而是直接将数据写入下一级存储。

4.5 缓存结构示例

图 4-15 给出了一个具体的示例，直观地展示缓存结构。实际的缓存可能拥有更多的组

数、路数和其他功能单元。为便于分析，假设此处出现的地址都是物理地址。

该缓存大小为 64KB，映射方式为 2 路组相联。缓存中共有 1024 个位置，每个位置可以存放一个 64B 的数据块。块大小为 64B 仅包括实际的数据大小，不包括标签和其他元数据的大小。每一路都拥有 512 个位置，对应 512 个组。处理器给出的物理地址共 32 位，分为高 26 位的块地址和低 6 位的块内偏移。块地址又可以进一步分为高 17 位的标签和低 9 位的索引。

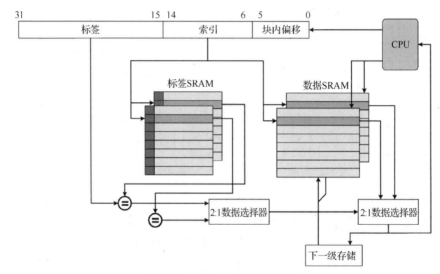

图 4-15　一种可能的缓存结构示例

以缓存读过程为例，缓存访问的 4 个步骤如下。

第 1 步，处理器给出的物理地址被送入缓存。

第 2 步，缓存利用 9 位索引，选择具体的组，读出组内所有位置的标签、其他元数据和数据信息。

第 3 步，将所有读出的标签和处理器给出的物理地址对应的标签位进行比较。若相等，则缓存命中，否则缓存缺失。

第 4 步，若发生缓存命中，则将匹配标签位对应的块内数据传输至处理器，缓存访问完成；若发生缓存缺失，则从下一级缓存或内存中加载数据。

4.6　缓存的性能和基本优化手段

缓存命中时，处理器可以立即从缓存中获得数据；缓存缺失时，处理器需要等待一段额外的时间来获得数据，这段时间称为缺失惩罚。因此，为减少缓存的访问延时，应当尽可能使缓存命中。缓存的命中率（hit rate）在一定程度上反映了缓存的性能，其定义为

$$命中率(R) = 缓存命中的内存访问数(n) \div 内存访问总数(N)$$

相对地，在一次内存访问中，发生缓存缺失的概率称为缺失率（miss rate），其计算方式为

$$缺失率(M) = 1 - 命中率(R)$$

命中率（或缺失率）并不足以全面地评估缓存的性能，因为缓存命中或缓存缺失花费的处理器周期并不是一个固定的时间。缓存的性能可以通过平均存储访问时间（average memory access time）来评估。它代表了处理器等待当前缓存接收或返回数据的平均时间。平均存储访问时间可以由下式计算得到

$$平均存储访问时间(T) = 命中时间(t) + 缺失率(M) \times 缺失惩罚(P)$$

由上式可知，通过减少命中时间、缺失率或缺失惩罚，可以减少平均存储访问时间。下面介绍优化缓存性能，即减少平均存储访问时间的一些常用方法。

1. 增加缓存容量，以降低缺失率

增加缓存容量可以简单直接地降低缺失率。更大的缓存能够同时容纳更多的块，处理器访问内存的操作所需的块出现在缓存中的概率更大。然而缓存容量的增加会导致整个电路中晶体管数量增多、缓存的硬件开销和功耗增加。而且，若保持缓存的路数不变，增加缓存容量等同于增加缓存的组数，又等同于缓存内索引位数的增加，于是缓存在根据索引值定位某个块时将花费更多的时间，最终使得命中时间增加。

2. 增加路数，以降低缺失率

如果保持缓存容量不变，增加缓存的路数同样可以有效地降低缺失率。对缓存的组数相同的块而言，它可能出现在该组的任一位置。路数越多，意味着组内的位置越多，越不容易发生缓存冲突，这些在将来可能会被再次访问的、已经存在于组内的块也越不容易被后续进入的其他块代替，最终降低了缺失率。但是由于缓存访问时存在标签匹配，缓存需要从多条路之中选择出标签匹配的路，路数的增加会导致需要比较的标签数增加，从而导致命中时间增加。

若保持缓存的组数不变，则增加路数的同时会造成缓存容量的等比例扩大。增加路数以增加缓存容量是一种常用的手段，但同时需要权衡命中时间。

3. 增加块粒度，以降低缺失率

为了充分利用空间局部性，可以增加块粒度。对于小容量的缓存而言，在增加块粒度时，需要小心缓存冲突的问题。若缓存容量不变，增加块粒度将导致缓存拥有的块的位置的数量减少，还可能导致如下情况：某个块当前处于缓存中，由于缓存中存放数据块的位置有限，处理器对其他块的访问很容易导致该块被替换出去，而之后不久处理器却又需要访问这个块，这个块只好又被放入缓存。这种频繁的数据块替换将带来不必要的性能损失，这说明过粗的块粒度会阻碍缓存对时间局部性的利用。

4. 缓存读优先于缓存写，以降低缺失惩罚

缓存读通常在计算机系统中更加重要，不仅因为实际应用中缓存读操作远多于缓存写操作，也因为处理器往往需要等待这部分数据完成一系列运算。假设一个写回型缓存发生了读缺失，则该缓存要先将一个脏块写回到下一级缓存或者内存，再把本次读缺失的数据从下一级缓存或者内存中加载到原先脏块的位置，最后才能回应处理器的请求。这个过程中缓存将脏块写回的时间可以省去，只需要将脏块暂时存放到一个寄存器中，直接从下一级缓存或内存中加载读缺失的数据，回应处理器请求后，再完成脏块的写回。这个用于临时存放脏块的寄存器即写缓冲器。如果此缓存是写通型的缓存，则写缓冲器就显得更为重要，因为写通比写回需要花费更多的时间。

需要注意的是，如果处理器将一个数据写入写通型缓存，缓存会将该数据放入写缓冲器，并立即更新当前缓存中 X 块的值，并在一定延时后更新下一级缓存或者内存中 X 块的值。在写缓冲器将数据更新到下一级缓存或内存前的这段时间内，如果当前缓存中的 X 块先被驱逐，而处理器随后访问了 X 块，就会导致缓存缺失，缓存将从下一级缓存或者内存中加载 X 块。然而，由于此时下一级缓存或者内存中 X 块保存的值仍然是旧的值，这将导致处理器逻辑错误。为了解决该问题，在每一次读缺失时都需要检查写缓冲器中的数据是否为本次缓存读取所需要的地址上的数据。

5. 多级缓存，以降低缺失惩罚

在只有一级缓存的情况下，如果某次缓存访问中出现了缓存缺失，那么缺失惩罚就为访问内存所需要的时间（几十纳秒甚至上百纳秒）。即使一级缓存的缺失率非常小，如此巨大的缺失惩罚也将显著增加平均存储访问时间。假如采用多级缓存，即使是最后一级缓存的访问时间也远小于内存的访问时间。采用多级缓存能够显著地减少非最后一级缓存的缺失惩罚。级别最高，也就是最靠近处理器的缓存称为 L1 缓存，向外一级（如果存在）称为 L2 缓存，以此类推。目前已有高性能处理器逐渐开始采用 L4 缓存。当然，缓存级别越多，协调不同级别的缓存的运作机制就越复杂，硬件开销也就越大。

6. 地址翻译和缓存索引并行，以减少命中时间

TLB 本质上是页表的缓存。前文已经说明，页表结构位于内存之中，其作用是完成虚拟地址到物理地址的转换。如今大多数处理器向缓存发出的内存访问地址是虚拟地址，虚拟地址需要通过内存中的页表转换成为物理地址。假如没有 TLB，每次对于内存中一个数据的访问将需要访问两次内存：第一次访问内存中的页表以得到虚拟地址对应的物理地址；第二次访问内存中目标物理地址上的数据。TLB 结构将一些常用的页表项缓存在内部，可避免大多数的页表访问，因此成了高性能处理器中不可缺少的结构。

既然绝大部分处理器向缓存发出的地址是虚拟地址，而缓存中关于块的地址信息是物理地址，这便要求虚拟地址在到达缓存之前必须先翻译为物理地址，也就是先经过 TLB 再到达缓存，这也会带来额外的延时，造成命中时间的增加。

为了减少命中时间，可以采用索引是虚拟地址、标签是物理地址的缓存，也就是 VIPT（virtually indexed，physically tagged）缓存，其结构如图 4-16 所示。采用分页虚拟内存的计算机，其处理器发出的虚拟地址由虚拟页号和页内偏移两部分组成。其中，虚拟页号必须被翻译成物理页号才能进行内存的访问，而页内偏移在地址翻译前后保持不变。如果处理器发送到缓存的地址中用来索引组的索引位在页内偏移位的范围内，那么缓存就可以不等待 TLB 完成地址翻译，直接利用地址翻译前后不会变的索引位，进行组的索引。在读出对应组的标签和数据信息后，缓存再将标签和 TLB 翻译得到的物理地址的对应位进行比较。换言之，该缓存使用的索引位来自虚拟地址的页内偏移中的某几位，使用的标签位来自物理地址的页号，VIPT 的名字由此而来。

VIPT 缓存存在一个限制：索引位和块内偏移位两者的位数之和不能大于页内偏移的位数，否则将无法正确地索引缓存中的组，超出位数限制的最后几位索引位需要等待 TLB 完成翻译后才可用。

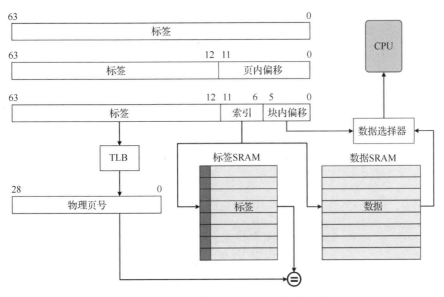

图 4-16 VIPT 缓存结构，图中只考虑了缓存读的情况

4.7 多核处理器中的缓存一致性

对于多核处理器及其缓存而言，多个核可以访问同一数据的多个副本。这些副本同时存在于多个缓存的同一级内。如果其中有且至少有一个核的访问是写入操作，便可能会导致同一数据的多个副本不一致，因而不同的核可能会访问得到不同的值，产生缓存的一致性问题。事实上，除了计算机结构中的多核缓存存在一致性的问题，例如网页缓存、未更新的代码仓库等拥有多个副本，并可被多个参与者访问的项目，同样存在一致性的问题。

一个具体的缓存一致性问题的产生示例如图 4-17 所示。对于一个 4 核的处理器而言，每个核都有一块私有的 L1 缓存，L2 缓存由多个核共用。假设初始状态下，每个缓存（4 个 L1 缓存和 1 个 L2 缓存）中都存在数据块 A，其中的数据是一致的。此时，若核 1 对数据块 A 执行写操作，该操作在 L1 缓存中命中。等待该操作结束后，核 1 对应的 L1 缓存中的数据块 A 得到更新，记为 A′，而其余缓存中的数据块 A 保持原本的状态。之后，若核 1 和核 2 对块 A 同时进行读操作，显然两个读操作访问都会在各自的 L1 缓存中命中，核 1 读取的块为 A′，而核 2 读取的块为 A。A′中存储着比 A 更新的数据，核 2 理论上应当读取 A′的数据，然而实际上却读取了 A 中的旧数据，产生了逻辑错误。对于上述例子，为了保证不同核访问的数据一致，就需要设计一种机制保证某个数据副本更新后，之后所有核读取得到的都是这个更新后的数据。

对于一个存储系统而言，如果访问系统中任何一个数据都会返回该数据的最新值，即可大致认为该存储系统是一致的。对于多核处理器中的缓存，一般通过一致性协议来维护多个缓存间一致。一致性协议是系统内部处理器、缓存、缓存控制器等多个组件共同实现并遵守的一组规则。一致性协议能够很好地解决前面例子中不同核读取数据不一致的问题。使用一致性协议维护缓存的一致性，关键需要追踪并记录每个共享数据块的状态，每个块的状态一般由与块相关联的若干个状态位表示，类似于缓存块中使用有效位表示该缓存块的数据是否有效。

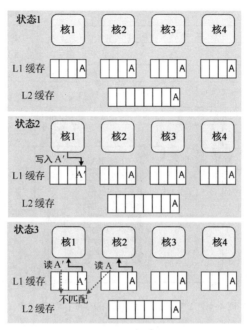

图 4-17　缓存一致性问题的产生示例

4.7.1　缓存一致性协议的分类和比较

目前常见的一致性协议主要有目录式一致性协议（directory coherence protocol）和监听式一致性协议（snooping coherence protocol）两种。

对于目录式一致性协议而言，不同的缓存中的数据块的状态统一存储在一个被称为目录的数据结构中，这个数据结构一般存储在最后一级缓存（last level cache，LLC）中，该协议系统的示例如图 4-18 所示。处理器产生一致性事务后，将事务首先发送给目录，目录根据该一致性事务需要访问的块的状态决定所需的操作，并向对应的缓存控制器发送一致性请求。缓存控制器响应该请求，并进行一致性维护的操作。每次一致性事务结束后目录也会进行相应的更新。在目录式一致性协议中，目录统一对不同缓存内部共享块的状态进行维护，并作为统一的操作节点对一致性事务进行处理。

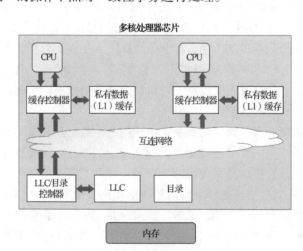

图 4-18　目录一致性协议系统的示例

对于监听式一致性协议而言，不同缓存中的块的状态分布式存储于对应的缓存中，由不同的缓存维护其内部的共享块的状态，该协议系统的示例如图 4-19 所示。在监听式一致性协议中，不同的缓存通过广播的方式相互通信，一般通过一条连接所有缓存的总线进行广播，在这种情况下，每个缓存的缓存控制器会通过该总线发送一致性事务，并监听来自其他缓存控制器的一致性事务。

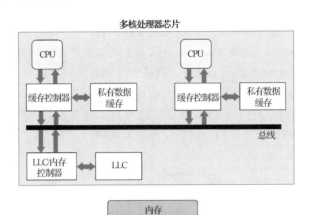

图 4-19　监听一致性协议系统的示例

监听式一致性协议还可进一步细分为写入更新协议（write update protocol）和写入失效协议（write invalid protocol）。两种协议的区别主要在于：在多核处理器系统中，对于写入更新协议，当某一个处理器核对其相应缓存内的某个数据块执行写入操作时，会通过总线同时更新其他处理器核对应缓存中的该数据块副本；对于写入失效协议，当某一个处理器核对其相应缓存内的某个数据块执行写入操作时，只会通过总线广播通知其他处理器对应缓存的缓存控制器并无效化其内部的该数据块副本，此时多核缓存中只有被写入的缓存中存有该唯一有效的数据块。

进行一致性协议设计时，是选择目录式一致性协议还是选择监听式一致性协议需要对多种情况进行权衡。目录式一致性协议中的一致性事务为单对单传播，扩展性更好，但一致性事务的处理时间更长，延迟更高。监听式一致性协议恰好相反，一致性事务为单对多广播，总线的传输流量规模较大，在带宽足够的情况下，延迟更低。然而，随着处理器核数量的增加，一致性事务产生的流量剧增，监听一致性协议的扩展性较差，难以在大规模的多核处理器系统内部实现。

一些年代较早的处理器中采用的写入更新协议有 dragon、firefly 等。写入更新协议相较于写入失效协议，由于每次写入操作都要对所有缓存中对应的数据块进行更新，产生的流量规模非常大，对总线的带宽要求高，因此目前常用的多核处理器中一般都不采用写入更新协议，而是采用写入失效协议。写入失效协议的实现成本比写入更新协议小得多。常用的写入失效协议有 MSI（modified、shared、invalid）、MESI（modified、exclusive、shared、invalid）、MOESI（modified、owner、exclusive、shared、invalid）等。

4.7.2　MSI 一致性协议

MSI 一致性协议是一种经典的一致性协议，并对后续的一致性协议设计提供了参考。本节将对 MSI 一致性协议及其工作原理进行简单介绍。

MSI 一致性协议中，"M""S""I"分别表示 MSI 一致性协议的 3 个状态——"modified""shared""invalid"。其中，modified 状态表示对应的数据块是有效的、独占的、脏的（写入更新过），此状态下的数据块在所有缓存的副本中只存在一个块有效，处于该状态下的块可以被写或读；shared 状态表示对应数据块是有效的、共享的，多个缓存中可能同时存在处于该状态下的同一数据块副本，处于该状态下的块可以被读或写；invalid 状态表示对应数据块是无效的，处于该状态下的数据块要么没有包含数据（刚开始处理），要么包含一些旧的、不一致的数据，处于该状态下的块无法被读或写。

图 4-20 展示了 MSI 一致性协议中 3 个状态之间如何进行转换。初始状态下，所有缓存中的数据块都处于 invalid 状态。此时，若某个处理器核对其私有缓存中的 invalid 数据块执行写操作（own-getM），该缓存块将由 invalid 状态跳转到 modified 状态；若执行读操作（own-getS），该缓存块将由 invalid 状态跳转到 shared 状态。读操作和写操作都会从后级存储器中获取对应数据块并替换当前缓存中的无效块。

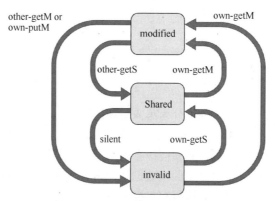

图 4-20　MSI 一致性协议状态间的转换

对于处于 shared 状态的数据块，若其所处的缓存对应的处理器核对其进行了写操作，那么该数据块将由 shared 状态跳转到 modified 状态，此时若其他缓存中存在处于 shared 状态的数据块副本，那么这些数据块副本将由 shared 状态跳转到 invalid 状态。若某个处于 shared 状态的数据块被驱逐，则该数据块也会跳转到 invalid 状态。图 4-20 中"S"到"I"的"silent"即表示 shared 状态的块被驱逐后变为 invalid 状态的过程，此时该数据块所属的缓存不需要向其他缓存发送信息。处理器核对处于 shared 状态的数据块进行读操作不会改变数据块的状态，其依旧处于 shared 状态。

对于处于 modified 状态的数据块，若其他缓存对应的处理器核对该位置的数据块副本进行了读操作，那么该数据块将由 modified 状态跳转到 shared 状态，若其他处理器核对其执行了写操作，那么该数据块将跳转到 invalid 状态。此外，若处于 modified 状态的数据块被其处理器核驱逐，那么该数据块也会跳转到 invalid 状态。处理器核对处于 modified 状态的数据块的写操作不会改变块的状态，该数据块将仍然处于 modified 状态。

MSI 一致性协议通过跟踪并记录所有缓存中的共享块的状态来维护一致性。事实上，由于促成状态跳转的一致性事务的传输和处理并不是即时的，而是需要一定的时间，这段时间内可能会产生新的处理器访问，这将会导致逻辑错误。

如图 4-21 所示，假设两个缓存中存有同一个处于 shared 状态的数据块副本，其中一个处理器核 1 对其内部的该数据块执行写操作，此时被写的数据块对应的缓存控制器将向另一个缓存发送无效请求，等到另一个缓存的缓存控制器接收该无效请求并发送响应回到当前缓存时，当前缓存内被写的数据块才会由 shared 状态跳转到 modified 状态，在此之前将一直处于 shared 状态。如果在这段处理时间内，另一个处理器核 2 同样对该数据块执行写操作，将会有另一个无效请求发送到当前缓存中，而此时该缓存内部的这个数据块依旧处于 shared 状态，按照原先的跳转规则将要跳转到 invalid 状态，而其原本还应当跳转到 modified 状态，这便产生了逻辑错误。

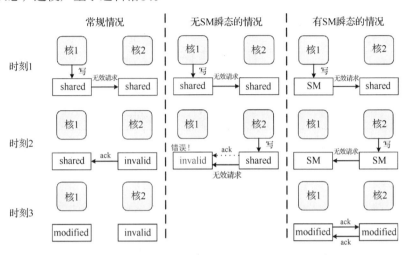

图 4-21 MSI 协议中 SM 瞬态的必要性

事实上，该缓存正确的响应方式是无视处理器核 2 的无效请求，而后等待自身发出的无效请求得到处理器核 1 响应后跳转到 modified 状态。为了区分普通的 shared 状态和该种情况下对其他处理器核发出的无效请求的响应，可以增加一个瞬态"SM"，当缓存发出无效请求后数据块就跳转到 SM 状态。处于 SM 状态的数据块将不响应其他处理器核的无效请求。除了上述例子，现实中使用的一致性协议中还需要增加不同数目的瞬态，以保证多核处理器在各种情况下正常工作。

一致性协议的衡量标准主要包括一致性事务处理延时和开销，一致性协议的性能表现取决于其具体的物理实现。设计者应当根据实际需求选择或设计合适的一致性协议。

4.8 案例学习：平头哥玄铁 C910 处理器的存储系统

平头哥玄铁 C910 是一个可配置的处理器内核，支持 RISC-V 指令集架构。平头哥玄铁 C910 处理器可用于各种平板电脑和智能手机。它的设计注重能效比，这对于使用电池的笔记本电脑和那些对功耗敏感的物联网计算设备而言至关重要。

4.8.1 平头哥玄铁 C910 的缓存层次

平头哥玄铁 C910 每个时钟周期可发射 3 条指令，时钟频率最高可达 2.5GHz。玄铁 C910 支持两级 TLB，表 4-3 总结了它的存储层次结构。平头哥玄铁 C910 使用二级缓存结构，每个核专有的 L1 缓存和所有核共享的 L2 缓存，均采用先进先出的缓存替换策略、64B 的块大小和写回策略。其中 L1 缓存包括独立的指令缓存和数据缓存。

表 4-3 平头哥玄铁 C910 的存储层次结构

存储结构	大小	组织形式	缺失惩罚（时钟周期数）
instruction micro TLB（I-uTLB）	32 条目	全相联，树状 PLRU	3
data micro TLB（d-uTLB）	17 条目	全相联，树状 PLRU	3
joint TLB（jTLB）	256 条目/512 条目	4 路组相联	15
L1 指令缓存	32KB/64KB	2 路组相联，512 位数据块	8
L1 数据缓存	32KB/64KB	2 路组相联，512 位数据块	8
L2 通用缓存	128KB～2MB	8 路/16 路组相联，512 位数据块	120

L1 指令缓存采用 VIPT 结构，2 路组相联，缓存大小可以配置为 32KB/64KB。L1 数据缓存采用物理标记的虚拟高速缓存（physical index physical tag，PIPT）结构，2 路组相联，缓存大小可以配置为 32KB/64KB。L2 通用缓存同样采用 PIPT 结构，可以配置为 8 路或 16 路组相联，缓存大小可以配置为 128KB 到 2MB。L1 数据缓存和 L2 通用缓存都使用写分配策略。

图 4-22 和图 4-23 中展示了玄铁 C910 如何使用 39 位虚拟地址索引 TLB 和缓存。经过翻译后其物理地址为 40 位。在 L1 缓存的访问过程中，如果第一级 TLB 发生了缺失，L1 缓存的缺失惩罚将略微增加，这是由于 L2 缓存采用的是 PIPT 结构，需要等待第二级 TLB 完成物理地址翻译后才能开始索引；如果第二级 TLB 也发生了缺失，那么 L1 缓存的缺失惩罚将达到 20 个时钟周期，这是由于缓存需要查询内存中的页表完成物理地址翻译后，L2 缓存才能开始索引。TLB 的重要性由此可见：如果没有 TLB，访问内存中的页表造成的延时将完全抵消 L2 缓存带来的性能提升，这也是如今的商用处理器大多采用多级 TLB 的原因。

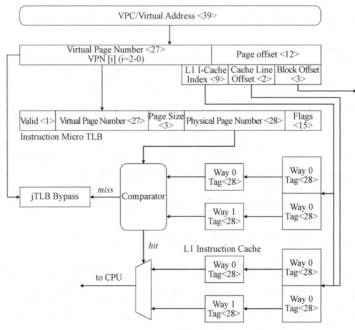

图 4-22 玄铁 C910 的指令缓存

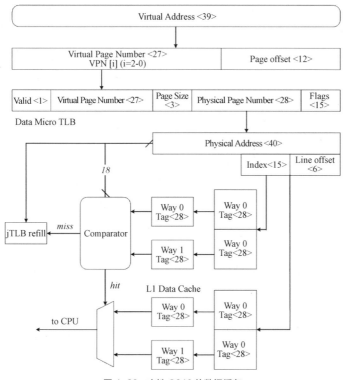

图 4-23　玄铁 C910 的数据缓存

　　玄铁 C910 可以配置成最多 4 核的多核处理器，同样需要通过缓存一致性协议对多个缓存进行维护。在玄铁 C910 的二级缓存中，L1 数据缓存采用的是 MESI 协议，L2 缓存采用的是 MOESI 协议。其中，MESI 协议和 MOESI 协议均是基于 MSI 协议的扩展协议，在 MSI 协议的 3 个状态的基础上额外增加了 owner 状态及 exclusive 状态。

　　owner 状态，表示处于该状态下的块是被写脏的，并且可能在多个缓存中有多个副本，但 owner 状态只由一个块持有，表示该块是数据的"拥有者"，在块被"驱逐"时用于替换。

　　exclusive 状态，表示处于该状态下的块是干净的（未被写脏），并且该块仅位于当前缓存中，是"排他的"。

　　在 MSI 协议中引入 owner 状态，可以减少当前级缓存和后级缓存发生块替换的次数：MSI 协议中，处于 modified 状态下的块被其他核读时就需要进行替换，而在 MOESI 协议中，处于 modified 状态下的块被其他核读时就变为 owner 状态，其他副本标记为 modified 状态。处于 owner 状态的块将在后续的替换操作中使用。在 MSI 协议中引入 exclusive 状态，可以减少不同缓存间通信的流量，因为对处于 exclusive 状态的块的读写操作不需要通知其他缓存。

4.8.2　平头哥玄铁 C910 的缓存优化手段

　　下面介绍介绍平头哥玄铁 C910 针对缓存性能优化所采取的手段。

1. L1 指令缓存的优化手段

L1 指令缓存的优化手段包括以下几种。

（1）指令预取。当前数据块缺失时，将当前数据块从下一级存储器层次中加载到缓存中，同时将当前数据块的下一个（或连续几个）相邻块预取到缓冲器中。在指令预取功能开启时，在取指阶段将首先检查预取缓冲器中的块是否为目标块，若是目标块，则直接从缓冲器中取得指令，并继续预取下一个相邻块。由于指令缓存的访问行为较为规律，故将指令预取运用到指令缓存中，往往能够有效地提升性能。玄铁 C910 规定指令预取不得越过页的边界，以保证指令预取不会带来安全上的隐患。

（2）路预测。提前设置 2 路组相联的路数据选择器，仅对组中位于预测路的块进行数据读取，同时仅对组中位于预测路的块的标签进行比较。为了提前设置数据选择器，缓存中的每一组需要增加额外 1 位作为预测位。路预测的目的是使得 2 路组相联的缓存也能拥有直接映射的缓存的访问速度。2 路组相联的缓存中，路预测的准确率通常在 90% 以上。

（3）循环缓存器和分支预测器。两者主要针对程序中出现的循环和分支进行预测。循环缓存器中可以存放短循环指令序列，使得处理器对于短循环拥有更快的处理速度，同时可以减少取指的动态功耗。分支预测器详见第 3 章中分支预测部分的内容。

2. L1 数据缓存的优化手段

L1 数据缓存的优化手段如下。

（1）数据预取。相较于指令预取，数据预取对于规律检测块缺失的要求更高。玄铁 C910 能够根据数据块的缺失历史，匹配出多种访问模式。可以预取连续的块或预取间隔的块，也可以正向预取或反向预取。玄铁 C910 中的数据预取功能可以通过设置控制状态寄存器进行开启或关闭。

（2）自适应写分配。为了防止一次连续的内存写入操作对缓存中的信息进行不合理刷新，可以在处理器核检测到连续的内存写入操作时关闭缓存的写分配策略。该内存写入操作的检测阈值可以通过寄存器设置。

3. L2 缓存的优化手段

L2 缓存的优化手段如下。

（1）分块流水线技术。由于 L2 缓存是多个处理器核共享的缓存，可能存储多个核的数据。不同处理器核的 L1 缓存发生缺失都会造成 L2 缓存的访问。若按照传统的设计方式，L2 缓存的拥堵概率较大。平头哥玄铁 C910 采用的分块设计方式将访问地址离散在两个不同的数据块中，可并行处理多个处理器核的不同访问，减小了拥堵概率，从而提高了 L2 缓存的访问效率。

（2）可编程的 RAM 访问延时。L2 缓存的存储单元由 RAM 构成，容量相对 L1 缓存更大，访问延迟较长，通常需要多个时钟周期才能完成访问。玄铁 C910 提供了可配置的访问延迟，在不同工艺下能够根据所用 RAM 的配置时间和延迟特性进行手动设置。可编程的 RAM 访问延时可以通过软件配置 L2 缓存中各个 RAM 的访问周期数，根据不同的工艺实现灵活配置，同时兼顾了频率及单位性能。

4.8.3　平头哥玄铁 C910 的虚拟内存系统

玄铁 C910 中虚拟内存的实现离不开 TLB，这里我们对玄铁 C910 中的 TLB 实现进行详细介绍。由于玄铁 C910 的 L1 指令缓存采用 VIPT 结构，而 L1 数据缓存和 L2 缓存都采用 PIPT 结构，因此玄铁 C910 在访问除 L1 指令缓存以外的 L1 数据缓存及 L2 缓存时，都需要先获得目标的物理地址才能完成缓存的索引。

玄铁 C910 使用 39 位虚拟地址，并通过 TLB 将虚拟地址转换成 40 位物理地址，其内存管理单元兼容 RISC-V SV39 虚拟内存系统。虚拟内存系统中的虚拟地址可以小于物理地址，在这种情况下单个进程的可用内存小于物理内存。玄铁 C910 的内存管理单元设置 2 级 TLB，其中第一级 TLB 分为指令 TLB（32 个页表项）和数据 TLB（32 个页表项），均为全相联；第二级 TLB 为 4 路组相联，可配置为 256/512 个组，如表 4-3 所示。另外，玄铁 C910 的 TLB 和页表都支持 4KB、2MB 和 1GB 这 3 种页大小。

玄铁 C910 为了提高 TLB 的性能，也采用了 TLB 预取方式进行优化。TLB 作为能够快速完成地址翻译的结构，预取机制同样有效。玄铁 C910 的 TLB 的预取数量固定为 1 个页表项。预取同样不能越过页边界。

玄铁 C910 有着 3 级的页表结构，以满足 39 位虚拟地址的地址翻译要求。每一级页表都由虚拟地址中的 9 位进行索引。由于玄铁 C910 的 TLB 和页表支持不同的页大小，如果进行地址翻译时在第三级页表之前就找到了物理地址，就说明找到了大页表（2MB 或 1GB）。

页表中的每一个页表项的长度为 64 位，页表项的组成如表 4-4 所示。在进行地址翻译时，虚拟地址先进入第一级 TLB，若缺失则进入第二级 TLB，若两级 TLB 缺失则造访内存中的页表。

表 4-4 玄铁 C910 中页表的页表项的组成

标志位	功能描述
physical page number	物理页号，页表的基本功能
cacheable	表明能否被缓存，所有可以被加载到高速缓存的页面需要配置为 cacheable
bufferable	表明能否被写缓冲，表征写操作是否能够快速返回而不用关心是否真正完成
shareable	表明是否被多核共享
security	安全页面属性
dirty	表明是否曾经被写过
accessed	表明是否可以被访问
executable	可执行性，表明是否可被当作指令执行
write	表明该页是否可写
read	表明该页是否可读
valid	表明物理页在内存中是否分配好
reserved	预留给软件实现自定义页表功能的位

4.9 本章小结

随着计算机技术的发展，传统存储器的访问时间逐渐成为制约计算机系统性能提升的瓶颈，缓存的出现缓解了这一问题。缓存一般由 SRAM 组成，因为 SRAM 有着比组成内存的 DRAM 更快的访问速度，并且缓存中基本传输单位（数据块）一定程度上实现了预取的功能，因而缓存能够有效地缩短平均存储访问时间。但是如果处理器对指令或者数据的访问完全没有规律，即不存在时间局部性和空间局部性，缓存就会失去意义。

高性能处理器通常要求一级缓存的命中延时少于 1～2 个时钟周期，这对译码电路的设计提出了极高的要求，也限制了一级缓存的大小（体现在组数上）和相联程度（体现在路数上）。即便如此，当处理器的频率高于 3GHz 时，一级缓存的命中延时仍难以减少到 1～2 个时钟周期，此时便需要缓存流水化设计。在一级缓存大小受到限制的情况下，二级乃至三级缓存结构组成的存储器层次结构能发挥巨大的作用。

三级缓存（或更多级缓存）虽然可以实现比一级缓存大得多的容量，但功耗和面积的要求限制了三级缓存的进一步扩大。另外，缓存性能的提高逐渐依赖于更复杂的预取机制，而不是简单地增加容量。预取机制的目的是提高缓存的利用率，进而提高缓存的性能，最后提高处理器的性能。

缓存减少了处理器流水线停顿的周期数，这使得处理器更加接近流水线的理论性能。除了缩短平均存储访问时间，缓存（特别是采用写回机制的缓存）还能够增大存储系统的带宽。

现实中商用处理器的存储层次结构包含更多复杂的设计，如无阻塞缓存（non-blocking cache）、牺牲缓冲（victim buffer）、流缓冲（stream buffer）等。同时，也有一些实现上的细节问题需要考虑，如流水线划分（pipelining）、缺失情况管理（miss status holding）等，这些内容属于比较深入的研究和工程问题，本章不做介绍。总之，处理器的存储层次结构是一个相当大的研究领域，对处理器的发展能够产生举足轻重的影响。

第 5 章

计算机 I/O 系统

冯·诺依曼架构计算机的五大部件是控制器、运算器、存储器、输入设备和输出设备。其中，CPU 承担控制器和运算器的功能；内存承担存储器的功能。此外，计算机还需要有负责与外界进行信息交互的输入/输出（input/output，I/O）设备。早期的计算机系统中，I/O 设备种类有限，数量不多。随着计算机技术不断发展，为满足日益复杂化的需求，I/O 设备的种类和数量急剧增加。I/O 设备可大致分为存储设备、人机交互设备、机机通信设备等类型。

目前，I/O 设备一般通过接口（interface）及相应的 I/O 总线与计算机连接。这两者都需要严格遵守规范的协议标准。根据单次传输数据的位宽大小，I/O 总线可以分为串行总线和并行总线。根据 I/O 设备和主机的联络方式，I/O 总线又可以分为同步总线和异步总线。

本章将首先对 I/O 中的一些基本概念进行介绍，随后介绍 I/O 设备与主机通信的处理方式，包括处理器查询方式、中断方式和直接内存访问（direct memory access，DMA）方式，并对一些常见的 I/O 总线进行说明，然后进一步介绍磁盘（disk）的历史、原理等相关知识。最后，本章还将介绍排队论用以衡量 I/O 性能。

本章学习目标

（1）了解计算机 I/O 设备的基本概念、I/O 接口和 I/O 总线的分类标准，以及几类经典的总线标准。

（2）掌握处理器查询方式、中断方式和 DMA 方式这 3 种 I/O 设备与主机的通信方式。

（3）了解磁盘的经典结构和发展历史，了解磁盘阵列的概念及 6 种不同的标准 RAID 等级。

（4）掌握队列系统的简单抽象方法，能够使用排队论评估最简单的 I/O 系统。

（5）了解工业界先进的 I/O 数据通信方式及几种典型的串口通信协议。

5.1　I/O 概述

计算机中的 I/O 硬件主要包括 I/O 设备和接口模块两部分。除 I/O 硬件外，还需要相应的 I/O 软件从多个设备中指定对应的 I/O 设备，并控制其工作以及与主机进行数据传输。现代计算机系统中，I/O 设备一般通过接口和满足接口标准的 I/O 总线与处理器或内存进行通信。

5.1.1　I/O 设备

计算机中，除了 CPU 和内存外的其他大部分硬件设备都可称为 I/O 设备或者外设（peripheral，简称"外设"）。I/O 设备负责计算机和外界（人或者其他机器）的通信，同时也是实现"大块"数据非易失性存储的手段，是完整的计算机系统的重要组成部分。如果缺少 I/O 设备，计算机系统便无法正常工作。早期的计算机系统比较简单，应用比较少，因而配置的 I/O 设备的种类和数量都不多。但随着计算机技术的不断发展，为满足日益复杂化的需求，大量功能各异的 I/O 设备逐渐被开发并配置到计算机系统中。

如表 5-1 所示，根据不同用途，可以将 I/O 设备分为输入设备、输出设备和存储设备。输入设备包括常见的键盘、鼠标、触摸屏和话筒等，输出设备包括显示器和音频播放器等，存储设备包括光盘、磁盘和闪存等。此外，还存在既可用作输入也可用作输出的 I/O 设备，例如以太网和调制解调器等。根据同 I/O 设备通信目标的不同，I/O 设备也可以分为存储设备、人机交互设备和机机通信设备等。存储设备与第 4 章介绍的分类相同；人机交互设备指实现操作者和计算机互相交流信息的设备，如键盘、鼠标、摄像机等；机机通信设备是指用来实现一台计算机与其他计算机或系统相互通信的设备，如调制解调器、数模（analog/digital，A/D）转换设备、模数（digital/analog，D/A）转换设备等。

表 5-1　　　　　　　　　　　　　　各种 I/O 设备

设备	行为	合作者	数据速度（Mbit/s）
键盘	输入	人	0.0001
鼠标	输入	人	0.0038
声音输入设备	输入	机器	3.0000
扫描仪	输入	人	3.2000
语音输出设备	输出	人	0.2640
声音输出设备	输出	人	8.0000
网络/局域网	输入/输出	机器	100.0000～10000.0000
网络/无线局域网	输入/输出	机器	11.0000～54.0000
光盘	存储	机器	80.0000～220.0000
磁带	存储	机器	5.0000～120.0000
磁盘	存储	机器	800.0000～3000.0000

不同种类的 I/O 设备具有较大的速度差异。例如显示器、键盘、鼠标等称为字符设备，速度较慢；而磁盘、光盘等称为块设备，速度一般较快。因此，I/O 设备和 CPU 之间的速度差距可能很大，需要某些数据缓冲机制保证两者速度匹配，这便是接口的功能之一。

5.1.2　I/O 接口和 I/O 总线

接口是两个系统或两个组件之间的交接部分，接口可以是软件间的逻辑边界，也可以是硬件间的连接电路。I/O 接口一般指主机（处理器和内存）和 I/O 设备之间连接用的硬件电路。值得注意的是，接口和端口（port）是两个完全不同的概念。端口指接口电路中用于存放数据的寄存器。多个端口加上相应的控制电路组成接口。

总线和接口之间存在紧密的关系。逻辑意义上，总线是一套互连与接口规范，接口是I/O 设备上满足这套规范的物理实现；物理意义上，总线是满足这套规范的一组传输信号线。具有某一接口的 I/O 设备需要通过对应该接口的总线和主机连接。大部分情况下，计算机系统中内存和处理器、处理器和 I/O 设备都通过总线进行通信。总线是一种共享的通信传输线，它使用一组连线来连接多个子系统。在计算机技术发展的早期阶段，也存在辐射式的连接方式。当时 I/O 设备数目较少，每个 I/O 设备都有一套单独的连线与主机相连。这种连接方式占用了大量的硬件资源，也不利于 I/O 设备的扩展，因此后续逐步被总线替代。目前，总线的连接方式被绝大多数现代计算机采用，因为总线中同一组连线可以被多个 I/O 设备及其通信路径共享，并且能以较低的成本实现互连。现代计算机中，内存、CPU和 I/O 设备间的数据通信结构如图 5-1 所示。

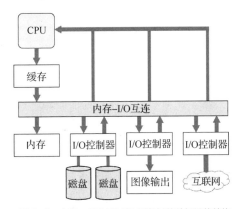

图 5-1　内存、CPU 和 I/O 设备间的数据通信结构

在采用总线连接的计算机系统中，大量不同的 I/O 设备共享同一总线，而总线的带宽是有限的，因此会产生通信瓶颈，进而影响系统的整体性能。如何解决通信瓶颈是总线设计面临的一个挑战。总线可以分为处理器与内存连接的总线及 I/O 总线。处理器和内存连接的总线一般比较短，具有较快的速度和较高的带宽。I/O 总线由于需要连接大量不同位置、不同功能的 I/O 设备，其连线一般比较长。I/O 设备一般无法通过 I/O 总线和内存直接进行通信，而是通过处理器和内存连接的总线或者连接处理器、内存、I/O 设备三者的底板总线进行通信。

I/O 总线一般包括数据线、地址线（设备选择线）、命令线和状态线 4 个部分。其中数据线是 I/O 设备和主机之间传输数据的连线，数据线的位宽与单次传输数据的位宽一致。在大多数计算机系统中，I/O 设备和主机可以通过数据线进行双向的数据传输。地址线用于传输地址或者设备码，用于在计算机系统中的多个 I/O 设备中选中需要进行操作的 I/O设备。命令线主要用于向 I/O 设备传输 CPU 发送的各种命令，包括启动、关闭、读、写等。状态线用于向 CPU 传输 I/O 设备的状态，包括设备就绪信号、操作完成信号等。计算机系统通过地址线可以完成对 I/O 设备的寻址，通过命令线和状态线可以完成对 I/O 设备的控制，通过数据线可以完成主机和 I/O 设备间的数据传输。

根据单次传输的数据位宽是 1 位还是多位，可以将总线分为串行总线和并行总线。概括而言，串行总线需要的物理连线数目少，消耗硬件资源少，功耗也更低，但相同频率下传输速率更慢；并行总线恰好相反，需要较多的物理连线及相应的硬件资源，功耗高，但由于可以同时传输更多的数据，因此相同频率下传输速率更快。在选择串行总线或并行总线时，除了成本和速度的考虑，还需要考虑总线传输的稳定性。相同的工作频率下，并行总线可以实现比串行总线高得多的传输速率，但代价是数倍于串行总线的成本。另外，当频率较高时，并行总线中不同信号线之间会产生干扰，不利于长距离的传输。具体而言，并行总线中并排的信号线进行高速传输时，每根信号线周围会产生微弱的电磁场，它们之间互相交叠出现串扰，进而影响自身及其他信号线上的数据传输。传输距离越长，串扰效应越严重。图 5-2 示意了两种总线的传输模式。

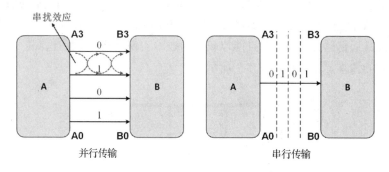

图 5-2　串行总线和并行总线的传输模式

应当注意，总线的实际带宽除了与单次传输的数据量有关，也与频率密切相关。如前所述，并行总线比串行总线有更高带宽的前提是两者有相近的频率。但如今随着系统整体频率的不断提高，并行总线的数据接收接口同步电路愈加难以实现，成本和串扰效应的影响使得并行总线的有效传输距离和传输频率难以进一步提高。串行总线使用的时钟恢复电路、差分信号传输、信道均一化等技术则使其具有相对明显的频率优势。这也使得如今的计算机系统中越来越多地使用串行总线。

计算机发展历史中，流行的并行总线有并行先进技术附件（parallel advanced technology attachment，PATA）接口总线、外设部件互连（peripheral component interconnect，PCI）总线等，而串行总线有串行先进技术附件（serial advanced technology attachment，SATA）接口总线、新一代高速外设互连（peripheral component interconnect-express，PCI-e）总线等。目前的计算机系统中大多采用串行总线。

对于地址线，若 I/O 设备的设备码采用统一编址的方式，即将 I/O 地址编码到存储地址，则对该部分地址的访问就可以被看作对相应 I/O 设备的访问，使用访存指令即可对 I/O 设备进行寻址。若 I/O 设备的设备码不采用统一编址的方式，即 I/O 地址和存储地址是完全相互独立的两部分，此时便需要专用的 I/O 指令进行设备寻址，I/O 指令中有操作命令码和设备码来指明设备号及要完成的操作。统一编址需要占用一定的存储空间，而不统一编址需要设计额外的专用 I/O 指令，具体采用何种方式需要根据系统的实际情况进行选择。

根据通过总线互连的各个设备（处理器、I/O 设备等）间实现同步操作的方式，总线可分为同步总线和异步总线。传统的总线一般为同步总线。同步总线的控制线需要包含一个时钟，以及和时钟相关的通信协议。例如在图 5-3 所示的两台串行外设接口传输的示例中，主设备通过片选信号控制需要通信的从设备，并在每个时钟周期的特定跳变沿（取决于配置）采样数据，每个周期全双工地发送和接收 1 位数据，直到片选信号失效，一次传输事务结束。该过程需要依照同步总线中规定的通信协议才能够完成和互连设备的正确传输。

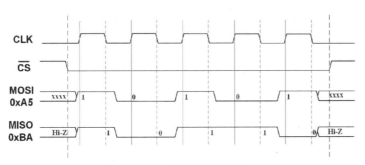

图 5-3 同步总线信号的示例

异步总线通常采用预先定义好的握手协议来协调和同步发送者与接收者之间的数据传输。握手协议由一系列操作步骤组成，只有当发送者和接收者之间达成一致才能进行下一步操作。例如图 5-4 所示的通用异步接收发送设备（UART）总线传输的示例，随着总线上互连的设备数目不断增多，同步总线要求所有设备在同一时钟频率下运行，造成了较大的时钟负载。并且受限于时钟偏斜和时钟延迟等问题，同步总线在大规模的高速系统中较难实现。异步总线不存在这些问题，因而在目前的计算机系统中得到广泛应用，如通用串行总线（universal serial bus，USB）、PCI-e 总线、SATA 总线等。

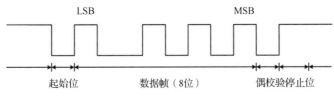

图 5-4 异步总线握手信号的示例

按照计算机系统中总线的互连层次，总线可分为片内总线、系统总线和外部总线。其中，片内总线用于芯片内各组件的互连，系统总线（内部总线）用于系统内各组件的互连，外部总线用于计算机和其他设备的互连。I/O 总线所处的层次比较模糊，有些系统总线（如 PCI-e 总线）可以连接 I/O 设备，同时很多外部总线（如 USB）同样可用于连接 I/O 设备。第 6 章将会对嵌入式系统中常用的系统总线进行更为细致的介绍。

5.2　I/O 设备与主机间的通信

5.1 节介绍了 I/O 设备和主机间通过 I/O 接口和相应的 I/O 总线实现通信。除了以上通信的介质，数据通信还需要额外的控制手段来协调，使得 I/O 设备和主机能够在恰当的时间进行信息传输。常用的 I/O 设备和主机间通信的控制方式有 3 种，分别是处理器查询方式、中断方式和 DMA 方式。本节主要对以上 3 种控制方式进行介绍，旨在让读者了解计算机系统中常用的 I/O 设备与主机间通信的控制方式和原理。

5.2.1　处理器查询方式

处理器查询方式是 I/O 设备与处理器间通信的最简单的方式。处理器查询方式本质上是处理器周期性地检查 I/O 设备的相应状态，以决定是否可以执行 I/O 操作，从而控制 I/O

设备和处理器之间的数据传输。如果采用处理器查询方式来控制 I/O 设备和处理器的通信，I/O 设备需要设置一个状态寄存器，并把相应的状态信息存储到这个状态寄存器内，处理器通过访问 I/O 设备的状态寄存器来获取当前 I/O 设备所处的状态。在处理器查询方式下，处理器将完全控制和执行所有工作。

图 5-5 展示了处理器查询方式下处理器从某个 I/O 设备读取数据的流程。初始时，处理器正常运行程序，而后需要执行对 I/O 设备的读取操作。此时，处理器将原来运行的程序停止，转而执行 I/O 通信处理。在 I/O 通信流程中，处理器首先发起读操作指令，并对 I/O 设备状态进行查询，I/O 设备接收到读操作指令后将当前的设备状态发送给处理器。如果 I/O 设备还未准备好数据供处理器读取，那么处理器就会持续对 I/O 设备状态进行查询，直到 I/O 设备准备完毕。若查询到 I/O 设备准备完毕，则开始执行先前处理器发送的读取操作指令，处理器接收到 I/O 设备发送的数据后还需要将其写入内存进行存储，以备后续程序执行使用。上述操作全部完成后，处理器结束 I/O 通信处理，并从原来运行程序的停止处继续执行程序。

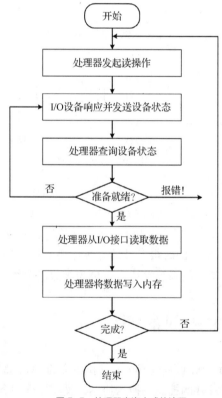

图 5-5　处理器查询方式的流程

按照处理器查询方式，当处理器需要执行对 I/O 设备的操作时，如果 I/O 设备一直给处理器发送 I/O 设备未准备好的信息，那么处理器将不断地对 I/O 设备进行查询，浪费了处理器大量的时间，严重拖慢处理器速度；由于处理器的运行速度比 I/O 设备快得多，在查询 I/O 设备的状态上浪费的时间足够让处理器完成许多其他的操作，因此还严重降低了处理器的效率；此外，处理器查询方式带来了巨大的时间和功耗开销，这对处理器性能也有着消极影响。

5.2.2 中断方式

为了弥补处理器查询方式的缺点，中断方式被提出。处理器在执行程序的过程中，一旦出现紧急情况，处理器将暂停当前的工作，转而针对该紧急情况进行处理，处理结束后再返回到原先程序暂停的地方继续执行原先的程序。这个过程就称为中断。处理器响应中断后，执行的针对紧急情况的程序称为中断服务程序。

使用中断方式控制处理器和 I/O 设备间的通信时，处理器发起 I/O 操作后不需要查询 I/O 设备的状态，而是当 I/O 设备触发中断后处理器才响应并进行相应的处理。I/O 设备触发中断并向处理器发送中断请求，主动告知处理器 I/O 设备存在相关事务需要处理，而不需要处理器不间断地主动查询 I/O 设备的状态，提高了处理器的工作效率。由于其相较于处理器查询方式有巨大优势，中断方式被广泛应用于几乎所有的现代计算机系统中。

广义上的中断可以分为软件中断和硬件中断。其中软件中断也称为异常，而硬件中断则简称为中断。I/O 设备和处理器间的通信属于硬件中断。

图 5-6 展示了中断方式下处理器从某个 I/O 设备读取数据的流程。与处理器查询方式类似，一开始处理器正常运行程序，而后需要对 I/O 设备执行相应操作时，处理器向 I/O 设备发送读取操作指令。与处理器查询方式不同的是，处理器发送完读取操作指令后不再进行持续的查询操作，而是可以转而执行其他工作，如继续执行原来的程序。I/O 设备准备完成后触发 I/O 中断，向处理器发送中断请求；处理器接收中断请求后执行中断服务程序，此处的中断服务程序的内容包括再次确认 I/O 设备的状态等。确认无误后，处理器执行数据读取操作，获取数据并将其写入内存以待后续使用。之后若还需要进行数据读取，处理器就继续向 I/O 设备发起读操作，重复以上流程。

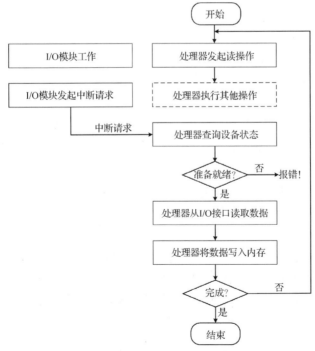

图 5-6　中断方式的流程

相较于处理器查询方式，采用中断方式，在 I/O 设备准备和响应处理器发送的 I/O 操作指令的时间内，处理器可以执行其他操作，提高了工作效率。然而，采用中断方式不但需要增加额外的硬件，还需要编写相应的中断服务程序。

本小节只对中断的概念和处理流程进行了大致介绍，一些更高级的中断特性，例如中断优先级、内嵌中断、中断控制器等，将在第 6 章进行介绍。读者可以参考相关内容，以便对中断有更深入的了解。

5.2.3　DMA 方式

直接内存访问
技术（DMA）

处理器可以通过查询或中断同 I/O 设备实现数据传输，也可以同内存通信。若要实现 I/O 设备和内存的数据传输，则需要通过处理器参与传输控制处理，例如处理器从 I/O 设备读取数据后再将其写入内存。处理器查询方式和中断方式在 I/O 设备与内存通信的过程中参与的程度不同。对于处理器查询方式，处理器需要完整地参与整个通信过程，占用处理器大量的时间；对于中断方式，处理器可以在 I/O 设备准备或处理（未触发中断）时执行其他的操作，但是在 I/O 设备触发中断后，需要执行中断服务程序对中断进行处理或对通信进行控制，一定程度上同样降低了处理器的利用率。

硬盘等高带宽设备，其与内存之间存在大量频繁的数据传输，无论是采用处理器查询方式还是中断方式，都会花费处理器大量的时间，造成巨大的开销。这促使了 DMA 方式的出现。DMA 方式可以实现 I/O 设备和内存间直接进行数据传输而不需要处理器干涉，并且此时 I/O 设备和处理器间的通信还是采用中断方式，例如 I/O 传输完成或出现错误时都需要 I/O 设备触发中断告知处理器进行处理。

采用 DMA 方式时，I/O 设备和内存间存在直连的数据通路。DMA 方式的实现依赖于一个独立于处理器的专用控制器，称为 DMA 控制器。DMA 控制器控制 I/O 设备和内存的数据传输。DMA 方式进一步提高了处理器的利用率，特别是高带宽 I/O 设备和内存的数据传输，节省了处理器大量的时间。

一次完整的 DMA 传输过程主要有 3 个步骤，分别是传输前的处理、数据传输和传输后的处理。

1. 传输前的处理

处理器为 DMA 控制器提供传输参数，用于配置 DMA。传输参数包括设备号（设备地址）、源地址和目的地址、传输操作（写内存或读内存）、传输大小（传输字节数）等。这些传输参数将指导 DMA 控制器管理后续要进行的数据传输。当 I/O 设备准备好发送或接收数据后，它将通过 DMA 控制器向处理器发出占用总线的申请，I/O 设备获取总线的控制权后就由 DMA 控制器来管理数据传输。

2. 数据传输

当 I/O 设备和内存准备完成，即数据可用时，便开始传输数据。DMA 控制器提供数据读写的内存地址和 I/O 地址。虽然单次传输的数据大小有限，但一次 DMA 控制的完整传输可以完成几千字节长度的数据传输。DMA 控制器可以通过传输参数，计算每次传输的数据大小和起始地址，并据此指导 DMA 传输。

3. 传输后的处理

当数据传输结束后，DMA 控制器触发中断，处理器响应该中断后，将再次检查 DMA 控制器或相应的内存，以判断整个传输操作成功与否。

实际上，由于 DMA 控制器和处理器共享总线，可能会产生两者争用内存的冲突。DMA 传输一般有以下 3 种模式控制 DMA 控制器和处理器对总线的占用及对内存的访问，如图 5-7 所示。

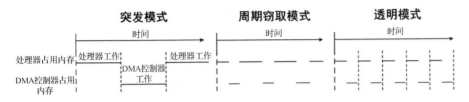

图 5-7　DMA 传输的 3 种模式

（1）突发模式。突发模式下，处理器将完全放弃对总线的控制权。DMA 控制器获取总线控制权后进行数据传输，传输结束后再将总线控制权移交给处理器。突发模式是最简单的控制模式，适用于数据传输速率很高的 I/O 设备进行大量数据传输。

（2）周期窃取模式。周期窃取模式下，只有当 DMA 控制器发出 DMA 请求时才会"窃取"总线控制权一个或几个周期以实现数据传输，当不存在 DMA 请求时，处理器占有总线控制权并可访问内存。DMA 控制器窃取总线控制权时可能出现以下情况：处理器此时不使用总线也不访问内存，可以正常进行 DMA 传输；处理器正在占用总线，需要等待处理器对总线的使用结束，DMA 控制器才能获取总线控制权；处理器正好也要使用总线访问内存，此时一般认为 I/O 设备的访问请求优先级更高，DMA 控制器先占用总线。

（3）透明模式。透明模式下，DMA 控制器和处理器相互配合，交替占用总线控制权并进行数据传输，实现了总线的分时复用。DMA 控制器只在处理器不访问内存时传输数据，此时，DMA 的传输过程对于处理器而言是透明的，不会对处理器产生影响。使用透明模式进行 DMA 传输时，处理器不会暂停程序运行，也不会等待 DMA 传输结束，因此透明模式拥有更高的工作效率。当然，实现透明模式所需的逻辑比较复杂，硬件要求更高。

图 5-8 所示为对处理器查询方式、中断方式和 DMA 方式占用处理器时间的比较。如前文分析，处理器查询方式需要处理器参与整个传输过程，占用了处理器大量的时间；中断方式只需要处理器在触发中断后运行中断服务程序，提高了处理器的利用效率；使用处理器查询方式和中断方式进行 I/O 设备和内存间的数据传输，都需要处理器作为控制器参与，而 DMA 方式实现了 I/O 设备和内存间的直接数据传输，无须处理器介入，因而减少了处理器的负载，进一步提高了处理器的利用效率。

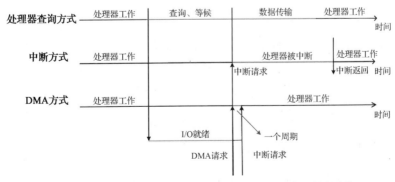

图 5-8　对处理器查询方式、中断方式和 DMA 方式占用处理器时间的比较

5.3 常见的 I/O 总线

本节将介绍几种常见的 I/O 总线。由于 I/O 总线的命名与诸多因素有关（如参与设计的公司、前后代协议的继承、与其他协议的关联等），相较于这些总线名称的中文翻译，读者只需关注它们的首字母缩写即可。

5.3.1 PCI、PCI-x、PCI-e

PCI 总线，即外设互连总线，通常用于连接带宽和速度需求较高的 I/O 设备。PCI 总线属于并行总线，所有信号使用唯一的时钟进行同步。PCI 总线能够实现处理器总线具有的功能，但由于它拥有一套标准化的格式，因此独立于任何种类的处理器总线。所有连接到 PCI 总线的设备，将被分配一个处理器的寻址空间。过去的传统计算机系统中声卡、显卡、磁盘控制器等设备，都是通过 PCI 总线连接的。

在商用台式计算机中使用的第一个 PCI 总线版本，其总线的时钟频率为 33MHz，总线位宽为 32 位，信号使用 5V 电压，最大传输速率为 133MB/s。Intel 最早统一了 PCI 的标准，之后 PCI 的标准改革由 PCI 专门兴趣组织（PCI Special Interest Group，PCI-SIG）完成。经过一段时间的发展，PCI 总线的时钟频率提高到了 66MHz，总线位宽提高到了 64 位，信号电压则降低到了 3.3V。

扩展外设互连（peripheral component interconnect-extended，PCI-x）总线为服务器专用的 PCI 总线版本，其总线的时钟频率最高可达 533MHz。PCI 总线和 PCI-x 总线都属于并行总线，但 PCI-e 总线作为它们的后继者，却属于串行总线。因此，PCI 总线和 PCI-x 总线经常被合称为并行 PCI 总线，以示区分。PCI 总线在 21 世纪初期被广泛用于计算机中，直至 2010 年左右 PCI 总线完全被 PCI-e 总线取代。然而很多计算机出于兼容性考虑会仍然保留 PCI 总线的位置。

PCI-e 总线是 PCI-SIG 联合 Intel、IBM、HP、DELL 等公司在 2003 年公布的串行总线。PCI-e 总线相对于 PCI 总线具有极大的提升。总体上，PCI-e 总线提供了更高的传输速率、更少的空间占用、更先进的错误检查技术及更多规格的选择。PCI-e 总线直到现在依旧被广泛使用，绝大多数个人计算机的主板上设计了大量 PCI-e 总线的插槽，用于连接磁盘控制器、显卡、网卡等设备。

PCI-e 总线可以针对不同传输速率要求的设备，提供不同的插槽长度。数据通道的不同是 PCI-e 总线插槽长度变化的根本原因。PCI-e x1 总线只有 1 条数据通道，因而插槽长度最短，PCI-e x2 总线拥有 2 条数据通道，因而其插槽长度略长于 PCI-e x1 总线。以此类推，PCI-e x16 总线拥有 16 条数据通道，因此插槽长度最长。无线网卡通常使用 PCI-e x1 总线，而传输速率要求高的显卡等设备则通常使用 PCI-e x16 总线。

至今 PCI-e 总线前后共经过了 4 次改革，2019 年 PCI-e 总线已经更新到了第 5 代，PCI-e x16 总线的最大传输速率可达 63GB/s。

5.3.2 SCSI、SAS、iSCSI

小型计算机系统接口（small computer system interface，SCSI）是由美国国家标准协会

（American National Standards Institute，ANSI）开发的一组并行接口标准，用于将打印机、磁盘驱动器、扫描仪和其他外设连接到计算机。其全称中的"small"只是局限于当时的视角。目前不止小型计算机，大型计算机也会使用 SCSI。SCSI-1 是 ANSI 于 1986 年最早标准化的第一版 SCSI 总线标准。SCSI-1 的数据位宽为 8 位，传输速率为 5MB/s，并且能允许最多 8 个设备连接到总线上。经过多年的改革，2003 年公布的 Ultra-320 SCSI 总线标准的数据位宽达到 16 位，传输速率为 320MB/s，并且能允许最多 16 个设备连接到总线上。各个设备之间通过 SCSI ID 进行区分，设备的优先权同样通过 SCSI ID 进行区分。

SCSI 为 50 根、68 根或 80 根的排线，其中 80 根排线为支持热插拔的设备专用。

以上所述的 SCSI 总线都是传统 SCSI 总线，它们后来逐渐被串行连接 SCSI（serial attached SCSI，SAS）及网络 SCSI（internet SCSI，iSCSI）代替。SAS 和 iSCSI 都是建立在 SCSI 的基础之上的新型总线标准。

SAS 是一种使用 SCSI 标准指令集的串行总线，它在计算机和外设之间建立了点对点的连接。SAS 解决了传统 SCSI 中存在的信号串扰和时钟扭曲等问题，因而能够达到更高的传输速率。SAS-1 于 2004 年被标准化，传输速率能够达到 300MB/s。之后每隔 4 年，SAS 协议就会被更新一次，每次更新后的协议传输速率大致会翻倍，其中最新的 SAS-4 协议在 2017 年被标准化，传输速率能够达到约 3GB/s。SAS 通过使用拓展器（expander）最多能够连接 65535 个设备。

iSCSI 是一种基于互联网协议的网络存储连接标准。IBM 和 Cisco 公司在 2000 年最早提出了 iSCSI 协议的试行版本。iSCSI 协议基于 SCSI 协议，但能够通过局域网、广域网或者互联网实现数据的远距离传输。使用 iSCSI 协议时，SCSI 指令由发起端通过网络发送到远距离的服务器，然后服务器将目标数据送回发起端，这一过程对于发起端的用户而言，就如同自己的机箱里连接着一块用于存取数据的使用 SCSI 协议的磁盘。在数据量飞速增长的时代，网络存储有助于压缩本地存储空间，将分散的数据集中存储于数据中心，从而使得用户能够存储更大量的数据。

相较于其他的网络存储连接标准而言，iSCSI 的优势在于不需要专门的线路，而是直接在现有的网络线路上运行。这为用户降低了成本，但同时使得 iSCSI 的传输速率大打折扣。

5.3.3 ATA、SATA

先进技术总线附属（advanced technology attachment，ATA）接口最早由 IBM 提出并用于 IBM PC/AT 计算机中。此计算机名称中的"AT"为"advanced technology"的缩写，而 ATA 总线正是用于在此计算机的工业标准体系结构（industry standard architecture，ISA）总线上连接 I/O 设备。ATA 的名字也由此而来。在 SATA（即串行 ATA）总线出现后，为了加以区分，原先的 ATA 总线便被称为 PATA，即并行 ATA 总线。

ATA 于 1986 年由西部数据（Western Digital）联合控制数据公司（Control Data Corporation）和康柏计算机（Compaq Computer）公司完成正式标准化，并在之后由众多企业共同完善。西部数据曾经将 ATA 总线称作集成电子设备（integrated drive electronics，IDE），指明其不需要独立的控制器就可以将控制器和设备（主要是磁盘）集成在一起。ATA 总线使用 40 孔的插槽，并由 40 线或 80 线的排线连接（80 线表示接入两个设备），此 40 孔插槽的第 20 孔通常被填死，以保证插槽插入方向正确。ATA 总线能够同时传输 16 位，最大传输速率由最早的 8.3MB/s 发展到如今的 133MB/s。与其他并行总线相同，ATA 总线的长度受限，排线最大长度为 45.7cm，因此无法用于外接设备。

SATA 是 2000 年 SATA 国际组织（Serial ATA International Organization，SATA-IO）制定、验证、发布的串行总线标准，作为 ATA 总线标准的后继者。后来国际信息技术标准委员会（International Committee for Information Technology Standards，INCITS）获得了 SATA 总线的所有权。相较于 ATA 的数据接口，标准 3.5in（1in=2.54cm）的 SATA 数据接口只有 7 根连线，电源接口拥有 15 根连线。最早的 SATA–I 接口的最大传输速率为 150MB/s，目前最新的 SATA-Ⅲ接口的最大传输速率能够达到 600MB/s。SATA 和 ATA 使用同一套指令集以保证两者间的兼容性。此外，不同版本的 SATA 设备之间也能互相兼容。如使用 SATA-Ⅲ总线的磁盘能够连接到 SATA-I 的插槽上并正常工作，但此时最大数据传输速率只有 150MB/s。

SATA 总线较 SCSI 总线和 SAS 总线的电路结构更简单，因此廉价的 SATA 总线也已成为个人计算机中主流的总线标准。SCSI 总线和 SAS 总线的电路更加复杂，但在组成磁盘阵列时能发挥更高的性能，因而在服务器中被广泛使用。

5.4 磁盘的基本原理

5.4.1 磁盘的经典结构

磁盘是目前应用最为广泛的大容量存储介质之一。它的存储容量远大于 RAM，并且是非易失性的。然而，磁盘的访问延时大约在毫秒级，远远慢于 RAM。磁盘的经典结构如图 5-9 所示。磁盘由一组盘片（platter）构成，盘片是一种可旋转的圆形磁介质，每个盘片都拥有上、下两个盘面（surface）。多个盘片堆叠在一根机械轴芯（spindle）上，使得盘片能够以固定的旋转速度旋转，旋转速度的单位为：转每分（revolution per minute，RPM）。例如，家用硬盘驱动器常见的速度为 5400RPM 或 7200RPM，分别指磁盘的盘片每分钟旋转 5400 圈或 7200 圈。

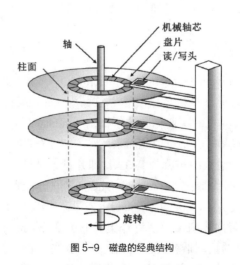

图 5-9　磁盘的经典结构

磁盘的数据并非均匀分布在整个盘面上，每个盘面划分为多个同心圆环，这些圆心圆环称为磁道（track）。每个磁道又被划分为多个扇区（sector）。这些扇区是磁盘存放数据的基本单位，一般而言每个扇区包含相同数量的数据位（例如 512B），且扇区之间一般由不存放数据位的间隔（gap）分隔，间隔中存放格式化位，用于标记扇区。多个堆叠盘片的相同半径磁道构成了一个柱面（cylinder）。整个磁盘的柱面数量与每个盘片的磁道数量相等。

磁盘读写数据的基本过程如下。

（1）确定待读写数据在磁盘上存放的位置后，一个被称为磁头臂（actuator arm）的机械装置控制磁头（head）在盘面上方沿半径方向从里向外移动，从盘面上多个同心圆构成的磁道中找到所需的磁道。该过程称为寻道（seek）。磁头臂移动到正确位置并消除抖动所需要的时间称为寻道时间。一般而言，寻道时间与磁头臂需要移动的距离和移动速度有关，而且由于磁头在此过程中要经历加速、匀速、减速的过程，所以磁头移动时间和移动距离之间并不是简单的比例关系。通常情况下，寻道时间在毫秒级别。

（2）一旦定位到正确的磁道后，盘片需要通过旋转来使得正确的扇区被旋转到磁头的正下方。这部分工作消耗的延时称为旋转时间。由于盘片单向旋转，假如发生磁头恰好错过目标扇区的最坏情形，盘片几乎需要旋转一整圈才能定位到目标扇区。家用硬盘驱动器常见的旋转速度为 5400RPM 或 7200RPM，可以估算出最大旋转时间的量级也在毫秒级别。

（3）在目标扇区定位到磁头正下方后，扇区内容开始被顺序读写。传送一个扇区的数据所需要的时间同样和盘片旋转速度有关，这部分时间称为数据传输时间。

由上述分析可知，磁盘读写的主要延时为寻道时间和磁盘旋转时间，一旦待访问扇区的第一个字节被读取，该扇区后续字节的顺序访问延时就比较小。数据传输时间与特定工艺有关，相对难以优化；而寻道时间和磁盘旋转时间都可以通过设计更精致的控制电路来减少。例如，磁盘控制电路可以先缓存一段时间内的磁盘 I/O 请求并决定请求的最优执行次序，以达到最短的磁头移动距离，从而减小寻道时间；控制器还可以优化执行次序以达到最小的盘片转动圈数，从而优化磁盘旋转时间。优秀的磁盘控制电路通常能够使得寻道时间和磁盘旋转时间的总和最小。由于磁盘的功耗大部分来自旋转盘片，所以复杂的磁盘控制电路同样会增加磁盘的整体功耗。然而考虑到能够更快地完成一系列的磁盘 I/O 请求的优势，增加磁盘控制电路的开销甚至有助于降低磁盘的整体功耗。

需要注意的是，图 5-9 所示的结构只为每个盘片画出了一个盘面和一个磁头，实际磁盘中每个盘片都包含两个盘面和两个磁头。而且访问数据时，多个磁头在不同的盘片上垂直排列、同时工作，这些磁头总是位于同一个柱面上，以达到更高的读写速度。

磁盘的经典结构是磁盘存储技术能够快速迭代进步的基础。虽然现在的磁盘不再严格遵循这一经典结构，但相似的磁盘读写流程仍然被操作系统用于指定磁盘数据块的地址，并向磁盘控制电路发送请求。

5.4.2 磁盘的演化

磁盘的早期发展历史基本被 IBM 主导。1957 年，IBM 制造出 IBM 350 磁盘存储器作为 IBM 305 RAMAC 计算机的一部分。这也被公认为是最早的磁盘。IBM 350 的机架有一人多高，约 1 吨重，它将 50 个盘片叠在同一机械轴芯上，并且总共只有两个用于读写的磁头。50 个盘片共有 100 个用于存储数据的表面，最多能够存储 3.75MB 的数据；在读写数据时，这些盘片以 1200RPM 的速度绕机械轴芯旋转。由于磁头数量少，IBM 350 需要额外上下移动磁头的时间来完成目标扇区的读写，导致 IBM 350 平均需要近 1s 的时间完成一次磁盘读写。

1961 年，IBM 1301 磁盘存储器问世，其容量增加到了 21MB。此次，IBM 为每个盘片都设置了一个专门的磁头和磁头臂。同时，IBM 1301 磁盘存储器中首次为磁盘引入了柱面的概念，同一柱面的各个扇区能够被所有磁头同时读写。由此磁盘读写速度大大增加，为磁盘读写大文件提供了便利。IBM 350 磁盘存储器中需要上下移动磁头以选择目标盘片的时间在 IBM 1301 磁盘存储器中被消除，这使得磁盘读写所需的时间显著降低到了约250ms。

最早的磁头距离盘片大约 1.7mm。IBM 巧妙地利用了盘片高速转动带来的薄空气垫来悬浮磁头，成功将磁头的悬浮高度减少到 10μm 以下。磁头的结构示意如图 5-10 所示。随着磁头与盘片的距离不断缩小，磁头对盘片上磁介质层的操作速度变得更快，这使得磁盘的旋转速度可以显著提高。正如 IBM 计算机体系研究人员埃默森·皮尤（Emerson Pugh）所说："每个表面的专有磁头和空气悬浮磁头，这两个设计可以成为后续几十年磁盘技术在存储密度和访问时间上飞速发展的基石。"

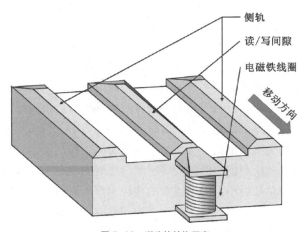

图 5-10　磁头的结构示意

1962 年，IBM 1311 磁盘存储器中首次引入了磁盘包（disk package）的概念，可拆卸的磁盘包是磁盘存储技术的又一个里程碑：它在一定程度上代表了古老的"打孔卡（punch card）时代"的消逝。

1970 年，IBM 3300 磁盘存储器首次在磁盘中引入纠错机制。IBM 设计了一套纠错循环码（fire code），使用该纠错循环码可以发现并纠正最大长度为 11 位的突发错误（burst error）。这也反映了日益增长的服务器和云存储需求对存储系统可靠性提出的新要求。

1990 年，在 IBM 9345 磁盘存储器中引入了磁阻磁头，使得传统磁头中的读元件被独立出来，并利用磁阻原理读取数据。磁盘技术自此迎来了每年容量翻倍的黄金发展时期。整个 20 世纪 90 年代各个磁盘企业围绕 3.5in 和 2.5in 设备展开了激烈的竞争，从此磁盘几乎成了个人计算机的标配。

时至今日，磁盘市场由东芝（Toshiba）、西部数据和希捷（Seagate）3 家企业占据了绝大多数市场份额。单个磁盘容量增速的放缓、器件可靠性标准的提高等因素使得消费者逐渐将更多的目光投向了磁盘阵列。同时，其他新型存储技术的兴起也在快速挑战磁盘的市场地位。基于半导体存储技术的固态盘（solid state disk，SSD），由于其更高的读写速度、更低的能耗及对机械损伤更好的抗性，成了传统硬盘的良好替代产品。虽然固态盘的单位容量成本更高，但是两者的差距正在不断缩小，未来固态盘有望替代传统硬盘成为存储设备的主流。

5.4.3 磁盘阵列

进入 21 世纪以来，单个磁盘的容量增速放缓，加之磁盘的速度远远慢于处理器和内存的速度，所以研究者想出了使用多个磁盘来提高磁盘容量和传输速率的策略。1987 年，美国加州大学伯克利分校在一篇文章中提出将多个磁盘结合成单个大容量磁盘来使用的技术，该技术被称为独立磁盘冗余阵列（redundant arrays of independent disks，RAID），简称磁盘阵列。名称中的"冗余"指磁盘阵列使用了额外的存储数据来修复磁盘阵列中的错误，这作为一种纠错机制直接增强了磁盘阵列的容错性。磁盘阵列经过多年的发展，已经由全球网络存储工业协会（Storage Networking Industry Association，SNIA）标准化，目前广泛应用于服务器和数据中心，为它们提供更大的磁盘存储容量、更高的传输速率和更好的容错性能。需要注意的是，RAID 并不能减少磁盘的访问时间，相反，它甚至可能增加一定的访问延迟，但是 RAID 能够显著增加数据的传输速率，从而减少整个数据的读取时间。

RAID 目前包含 6 种标准等级，以及一些受到专利保护的 RAID 等级。在 RAID 标准中，虚拟磁盘（virtual disk）被用于指代磁盘阵列及其控制器和驱动程序作为一个整体最终呈现给计算机程序的抽象存储。RAID 中的虚拟磁盘如图 5-11 所示。虚拟磁盘必须拥有一段连续空间，同时支持一般的 I/O 操作，并且每个虚拟磁盘至少包括一个物理磁盘。对于不使用软件模拟磁盘阵列的计算机而言，除去性能和容量的差异，虚拟磁盘和物理磁盘并没有差别。

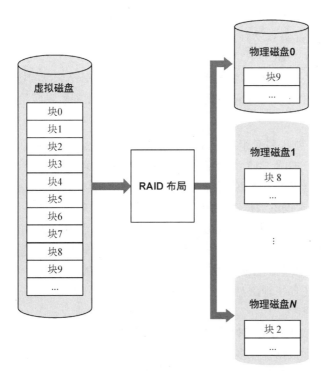

图 5-11　RAID 中的虚拟磁盘

下面将正式介绍 6 种不同的标准 RAID 等级。

1. RAID-0

RAID-0 是最简单的标准磁盘阵列等级，其组织形式如图 5-12 所示。RAID-0 仅将数据分散在多个物理磁盘上。虚拟磁盘中存储的连续的数据块，被等分成长度相同的条带（stripe），每个条带将平均分散给所有物理磁盘存储，因此条带可以认为是虚拟磁盘映射到物理磁盘的基本单位。

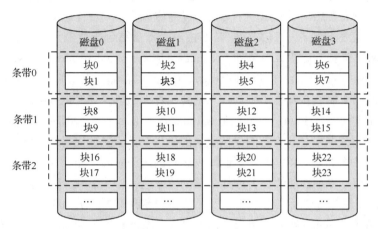

图 5-12　RAID-0 的组织形式

衡量磁盘阵列可靠性的一个最基础的指标是设备发生失效前的平均工作时间（或工作次数）（mean time to failure，MTTF）。除了物理磁盘中自带的错误纠正机制以外，RAID-0 不设置任何存储冗余数据的空间，因而使用 n 个物理磁盘的 RAID-0 的 MTTF 为单个物理磁盘 MTTF 的 $1/n$，即一旦 RAID-0 中有一个物理磁盘中的数据出现了不可修复的错误，整个 RAID-0 的数据可靠性就受到了破坏。这一性质使得 RAID-0 被戏称为"只是一堆磁盘"（just a bunch of disks，JBOD）。

RAID-0 通常用于数据可靠性要求不高、数据传输速率要求高的场合。如果 n 个物理磁盘组成了 RAID-0，那么该 RAID 的有效容量就是单个物理磁盘容量的 n 倍。

2. RAID-1

RAID-1 由两个物理磁盘组成，提供了与实际数据等量的冗余数据：即两个物理磁盘中存放相同的数据，如图 5-13 所示。与注重性能的 RAID-0 相反，RAID-1 偏重数据的可靠性，因为它为数据提供了整整一倍的冗余，只要 RAID-1 中有任意一个物理磁盘正常工作，RAID-1 就能正常提供数据。RAID-1 的容量与单个物理磁盘的容量相当。

RAID-1 同样能够带来性能上的提升：在读取虚拟磁盘中的数据时，各个物理磁盘由于存放了相同的数据，因此可以分担等量的读取任务，以提高并行度的方式增加数据读取速度。而在对 RAID-1 的虚拟磁盘执行写入操作时，所有磁盘必须写入相同的数据，因而写入速度并不快。在各物理磁盘写入速度不等的情况下，RAID-1 的写入速度约等于最慢的物理磁盘的写入速度。

RAID-1E 是 RAID-1 的一种变化形式，即在多于两个的物理磁盘中存放完全相同的数据。RAID-1E 将实际数据镜像多次，镜像的次数越多，RAID-1E 的数据可靠性就越强，但是相同数量的物理磁盘能够存放的有用数据就越少。显然，RAID-1 和 RAID-1E 的主要缺点就是磁盘阵列的存储效率不高，有效数据空间较小。

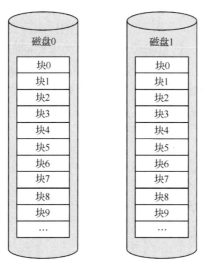

图 5-13　RAID-1 的组织形式

3．RAID-2

RAID-2 将虚拟磁盘中的数据以位为单位，依次分散在物理磁盘中，如图 5-14 所示。RAID-2 需要额外的物理磁盘用于存放错误纠正码，其数量为 $\log_2 N$ 个，其中 N 为实际存放有效数据的物理磁盘数量。例如在图 5-14 中，磁盘 0～磁盘 3 用于存放有效数据，而额外的两个磁盘（磁盘 4～磁盘 5）用于存放错误纠正码。

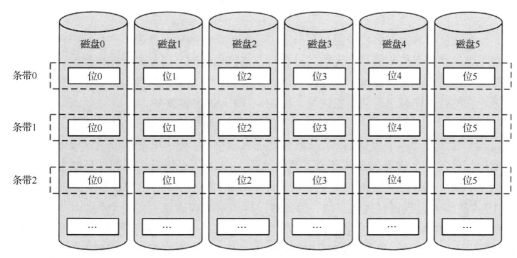

图 5-14　RAID-2 的组织形式

RAID-2 通过使用大量的物理磁盘，实现了非常高的数据读写速度。然而，RAID-2 物理磁盘的开销大，而且使用额外的物理磁盘存放错误纠正码。目前大多数磁盘已经拥有内建扇区存放错误纠正码，再使用额外的物理磁盘无疑是画蛇添足。因此，RAID-2 逐渐退出历史舞台，SNIA 制定的 RAID 标准中也已经将 RAID-2 排除在外。

4．RAID-3 和 RAID-4

如图 5-15 所示，RAID-3 将虚拟磁盘中的数据以若干字节为单位，依次分散在物理磁盘中（这种情况下条带就是一个数据块），并使用额外的一个物理磁盘来存放奇偶校验码。相较于 RAID-2，RAID-3 的冗余数据较少，仅仅使用各个物理磁盘中数据的按位异或，因此硬件开销更少。在 RAID-3 中，向虚拟磁盘的读取或写入都将使所有物理磁盘（包括奇偶校验磁盘）同步工作，这意味着控制电路必须保证所有物理磁盘的机械轴芯同步转动，同时带来了 RAID-3 的数据读写速度的显著提升。但是，如果 RAID-3 处理一系列地址十分杂散的小体积数据访问，其物理磁盘同步工作的特性将使得整个阵列不能同时处理多个访问请求，导致性能显著下降，甚至不如单个的物理磁盘。因此，RAID-3 现在也较少应用。

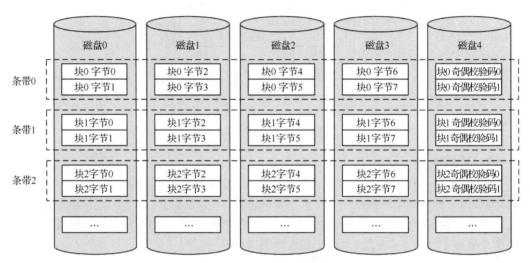

图 5-15　RAID-3 的组织形式

　　单个按位异或的奇偶校验磁盘可以用于修复单个位的数据错误，当某一个已知的物理磁盘（可以是奇偶校验磁盘）无法通过自身的扇区内的纠错码修复数据错误时，剩余的物理磁盘（包括奇偶校验磁盘）将能够利用冗余数据，重建因错误丢失的数据。当奇偶校验数据所在的行内同时出现两个错误时，RAID-3 将无法重建数据。

　　RAID-4 与 RAID-3 的主要区别在于划分数据单位的粒度，RAID-4 将虚拟磁盘中的数据以若干数据块为一个单位，依次分散在物理磁盘中（这种情况下条带包含较多数据块），并使用额外的一个物理磁盘来存放奇偶校验码。RAID-4 在应对一系列地址杂散的小体积数据读取时，每个磁盘能够独立地响应请求，因此可以取得比 RAID-3 更好的性能。但 RAID-4 的写入过程仍有优化空间，因为对于写入某物理磁盘上的一个数据块，其他物理磁盘将产生读取任务，以计算出新的奇偶校验数据，并将校验位写入奇偶校验磁盘。RAID-4 引入了一种简单的优化方法来避免这一点：将数据块写入某物理磁盘前，首先读出该位置原先的数据块，对比将要写入的新数据块，计算出发生翻转的位，并由此计算出奇偶校验磁盘中的该位置数据块对应位是否需要翻转。优化后，该写入方式只牵涉到两个物理磁盘：待写入数据的物理磁盘和奇偶校验磁盘。因此该方法在物理磁盘数量很多时能够显著地提升性能。

　　RAID-4 在读取或写入大片而连续的数据时的性能与 RAID-3 接近。限制 RAID-4 性能的瓶颈是奇偶校验磁盘的写入速度。

5．RAID-5

RAID-5 与 RAID-4 的主要区别在于奇偶校验数据的存储，如图 5-16 所示。RAID-5 将原先属于一个奇偶校验磁盘的奇偶校验数据分散存储于所有物理磁盘。例如，条带 0 的奇偶校验数据存放于物理磁盘 N，条带 1 的奇偶校验数据存放于物理磁盘 N-1，以此类推。这种轮转奇偶校验数据的好处在于，所有物理磁盘均等分摊处理写入请求的压力，由此突破了 RAID-4 中的奇偶校验磁盘写入速度的瓶颈。此外，RAID-5 同样适用 RAID-4 中使用的小体积数据写入优化手段：通过读出并写入目标物理磁盘，计算出发生翻转的位后读出并写入奇偶校验数据所在的磁盘，使得 4 次物理磁盘访问即可完成一次小体积数据写入。RAID-5 磁盘控制器需要根据数据块地址计算出目标条带的物理磁盘中哪些存放着实际数据，哪一个存放着奇偶校验数据，并且需要对当前写入数据的体积大小决定是否使用上述优化写入手段，因此 RAID-5 的磁盘控制器相对于 RAID-0、RAID-3、RAID-4 而言都要复杂得多。

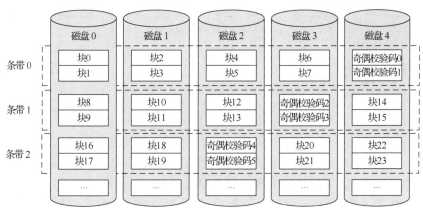

图 5-16　RAID-5 的组织形式

RAID-5E、RAID-5EE 和 RAID-5R 都是标准 RAID-5 的变化形式。RAID-5E 为应对一个物理磁盘完全失效的情况，在每个物理磁盘的高地址都预留了一定数量的热区（hot space），若一个物理磁盘完全失效，RAID-5E 将根据冗余数据重建原有数据，最后按照标准 RAID-5 的形式重新组织比原先磁盘阵列少一个物理磁盘的磁盘阵列。RAID-5EE 则按照与奇偶校验数据一样轮转的方式，将热区分散存储于所有物理磁盘。RAID-5R 将标准 RAID-5 的轮转间隔调整为大于 1 的整数。

RAID-5 是目前应用最广的磁盘阵列等级。在遭遇物理磁盘错误时，RAID-5 重建数据的原理与 RAID-3 和 RAID-4 相同。

6．RAID-6

RAID-0～RAID-5 最多只能纠正某行内的一个数据错误。而广义的 RAID-6 则能够纠正同时发生的两个磁盘失效，并正常响应磁盘数据请求的任何磁盘阵列形式。因此，RAID-6 的实现形式很多，也需要较多的软件参与。行-对角线双重奇偶校验是一种较简单的 RAID-6 形式。在同时发生两个磁盘失效时，RAID-6 将通过对角线奇偶校验数据重建部分数据，再利用行-对角线奇偶校验数据重建更多的数据，如此往复，直至数据完全被重建出来。本书不展开解释双重奇偶校验系统，有兴趣的读者可以自行翻阅相关书籍。

RAID-6 的组织形式如图 5-17 所示，它具有与 RAID-5（或 RAID-3、RAID-4）相近的读取性能，但在写入时需要计算额外的奇偶校验数据，所以相较于 RAID-5，其写入性能略差。

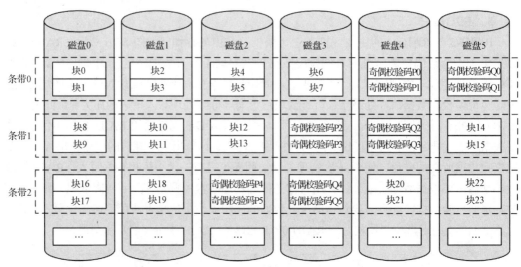

图 5-17　RAID-6 的组织形式

5.5　排队论简介

排队论简介

　　一般情况下，研究者会使用仿真的方式评估一个复杂的 I/O 系统的性能。但是如果 I/O 系统相对比较简单，则可以通过数学模型进行近似分析。排队论（queueing theory）是研究等待队列的数学方法，也被认为是运筹学（operations research）的一个分支。排队论最早被用于电话线路的切换问题，后来被用于通信、交通工程、电子工程等领域。排队论的目标是建立描述队列的数学模型，以预测队列长度、等待时间等指标。本节将介绍排队论的一些基本概念。

5.5.1　队列系统的简单抽象

　　排队产生的本质原因是服务资源的不足。例如，在一个超市中只有 4 个收银台，但同时有 4 个以上的顾客需要结账，所以他们排起了队。在实际场景中，顾客可能是按照某种分布陆续到达收银台的，此时是否需要排队还和顾客到达收银台的时间间隔，以及收银台为每位顾客结账所消耗的时长有关。排队论的任务便是计算出队列中有多少个顾客等待、平均每个顾客从到达收银台到结账离开需要多少时间、每个收银台分别有多少时间在工作等问题。

　　队列系统的最简单抽象是黑盒（black box），即新的元素从黑盒一端进入，经过一段时间后从黑盒的另一端输出，并不关心黑盒内的服务过程。为了描述队列系统的具体性质，需要进一步在黑盒内部划分出服务者（server）和等待区（queue）的抽象概念：服务者的服务能力和服务规则将会影响队列的变化规律，而等待区代表了当前等待服务元素的顺序和队列长度。为了叙述方便，以下用 I/O 请求代表加入队列的元素，用 I/O 设备代表队列的服务者。描述该队列系统所需的基本特征如下。

　　（1）到达过程：即 I/O 请求是单独到达还是成批到达，是间隔特定时间到达还是随机到达，I/O 请求数量是否存在上限等问题。对于常见的 I/O 队列系统而言，常假设 I/O 请求是随机到达的：I/O 请求的到达规律符合泊松分布，即相邻两次到达的 I/O 请求的间隔时间呈指数分布，该分布体现了请求到达的随机性。由泊松分布的期望可以得到平均到达率（arrival rate），这在评估 I/O 队列系统时非常有用。

（2）服务能力：即 I/O 设备处理一个 I/O 请求需要花费多少时间，是所有请求花费固定时间完成服务还是花费的时间具有随机性，此队列系统拥有的 I/O 设备数量是多少等问题。对于常见的 I/O 队列系统而言，同样常常假设服务时间呈指数分布。

（3）服务规则（service discipline）：即到达的 I/O 请求按照什么顺序进行服务。服务规则通常分为先到先服务（first in first out，FIFO）、后到先服务（last in first out，LIFO）、按优先级服务（priority）等。服务规则也称为队列规则（queue discipline）。在常见的 I/O 队列系统中，经常假设服务规则为 FIFO，这也是现实生活中较为公平的一种服务规则。

5.5.2　队列系统的表示——Kendall 表示法

排队论经过几十年的发展后，形成了一个描述队列系统的标准表示法。在大多数排队论文献中，通常会使用 λ 表示平均到达率，即 I/O 队列系统中单位时间内到达的 I/O 请求数量；使用 μ 代表平均服务率，即 I/O 设备处理一个 I/O 请求的平均时间。队列系统的简单抽象如图 5-18 所示。

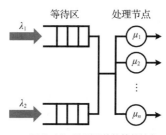

图 5-18　队列系统的简单抽象

使用 Kendall 表示法对队列系统建模，可以进一步完整刻画一个队列系统的所有抽象特性。Kendall 表示法是指用 A / B / m / K / n / D 来表示一个队列系统。在 I/O 队列系统中，各参数的含义如下。

（1）A 表示 I/O 请求到达间隔时间的概率分布。

（2）B 表示处理一个 I/O 请求所需时间的概率分布。

（3）m 表示 I/O 设备个数。

（4）K 表示队列系统中的最大 I/O 请求数目。

（5）n 表示 I/O 请求的源的数目。

（6）D 表示服务规则。

其中，A 和 B 通常可以为 M、D 或 G，其中 M 代表指数分布，D 代表确定的常数时间间隔分布，G 代表某种一般的已知分布。若 K 和 n 等于无穷大，并且 D 为 FIFO 时，Kendall 表示法可以简化为 A/B/m。

M/M/1 表示一种更加特殊的情况，即一个 I/O 队列系统的请求到达间隔时间和完成一个 I/O 请求所需的时间都呈指数分布，并且只有一个 I/O 设备作为服务者。M/M/1 是最为经典的队列系统之一，下文将针对 M/M/1 队列系统进行进一步推导。

5.5.3　Little 定理

数学家约翰·利特尔（John Little）提出，在一个稳态队列系统中，平均任务数 L 等于平均到达率 λ 乘以任务在系统中平均花费的时间（平均响应时间）W，即 $L = \lambda \times W$，称为 Little 定理。Little 定理看上去非常直观且不需要太多条件，然而从提出到证明却花费了 7 年时间。Little 定理对于任何稳态队列系统及其子系统都适用，可以称为排队论的基石。

由于系统处于稳态，平均到达率 λ 将等于单位时间内 I/O 设备处理的 I/O 请求数目，在队列系统的平均任务数和单位时间内处理的 I/O 请求数量已知时，可以由此算出任务在系统中平均花费的时间，又称平均响应时间。

5.5.4　用排队论评估简单的 I/O 系统

本小节仅讨论最简单的 M／M／1 队列系统。如果将队列系统在某一时刻的 I/O 请求个数 $N(t) = k$ 看作随机变量，那么队列系统中的 I/O 请求个数 $N(t) = k$ 随着时间变化的过程就是随机过程，它的状态空间为 0,1,2,…。此外，由于 M／M／1 队列系统中 I/O 请求到达和 I/O 请求完成的间隔时间都呈指数分布，所以 $N(t) = k$ 成了一个时间连续的马尔可夫链（Markov chain）。以下开始简单推导转移概率矩阵。

在一段时间间隔 h 内，队列状态从 $N(t) = k$ 变化为 $N(t) = k+1$ 的情况总共有以下几种。

（1）时间间隔 h 内到达 1 个 I/O 请求，没有完成 I/O 请求；

（2）时间间隔 h 内到达 2 个 I/O 请求，只完成了 1 个 I/O 请求；

（3）……

（4）时间间隔 h 内到达 m 个 I/O 请求，并只完成了 $m-1$ 个 I/O 请求。

因此状态从 $N(t) = k$ 变化为 $N(t) = k+1$ 的转移概率为

$$P(k, k+1, h) = (\lambda h + o(h)) \times (1 - (\mu h + o(h))) + \sum (\lambda h + o(h))k \times (\mu h + o(h))k - 1,$$
$$k = 2, 3, 4, \cdots \tag{5-1}$$

其中 μ 代表服务率。当 h 很小时，式（5-1）可以化简为

$$P(k, k+1, h) = \lambda h + o(h) \tag{5-2}$$

同理，状态从 $N(t) = k$ 变化为 $N(t) = k-1$ 的转移概率为

$$P(k, k-1, h) = \mu h + o(h) \tag{5-3}$$

由泊松过程的独立增量性可知，非相邻状态转移的概率是 h 的高阶无穷小，至此转移概率矩阵推导结束。生灭过程是一种特殊离散状态的连续马尔可夫过程。由生灭过程的性质可知

$$P(0) = 1 - \frac{\lambda}{\mu} \tag{5-4}$$

以及

$$P(k) = \left(1 - \frac{\lambda}{\mu}\right) \times \left(\frac{\lambda}{\mu}\right)^k \tag{5-5}$$

其中 $P(0)$ 代表当前队列系统中不存在 I/O 请求的概率，因此也可称为 I/O 设备空闲的概率，反之

$$\rho = 1 - P(0) = \frac{\lambda}{\mu} \tag{5-6}$$

其中，ρ 代表了 I/O 设备的利用率。

由于概率分布 $P(k)$ 已经确定，队列系统中的平均 I/O 请求数目即 $N(t)$ 的数学期望为

$$L=\sum kP(k)=\frac{\rho}{1-\rho} \tag{5-7}$$

而队列系统中处于等待状态的平均 I/O 请求数目为

$$\sum(k-1)P(k)=\frac{\rho^2}{1-\rho} \tag{5-8}$$

最后，I/O 请求花费在队列系统中的平均响应时间为

$$W=\frac{L}{\lambda}=\frac{1}{\mu-\lambda} \tag{5-9}$$

此处通过一个实例进一步说明排队论在分析实际队列系统中的作用。假设在一个计算机系统中有一块磁盘（$m=1$），处理器平均每秒发送 40 个磁盘 I/O 请求（$\lambda=40$），且磁盘处理一个请求的平均用时为 20ms，假设磁盘 I/O 请求间隔和服务用时均服从指数分布（通常也符合实际情况）。由磁盘处理一个请求的平均用时为 20ms（50Hz），可知服务率 $\mu=50$，从而 I/O 请求花费在队列系统中的平均响应时间可以由计算得到

$$W=\frac{1}{\mu-\lambda}=\frac{1}{50-40}=0.1s=100ms \tag{5-10}$$

又因为磁盘的平均服务时间为 20ms，可知该磁盘队列系统中 I/O 请求平均有 80ms 处于等待状态。假如该计算机系统更换了一个性能更高的磁盘，将处理一个 I/O 请求的平均用时从 20ms 缩短到 10ms（100Hz），则服务率变更为 $\mu=100$，从而 I/O 请求花费在队列系统中的平均响应时间变更为

$$W=\frac{1}{\mu-\lambda}=\frac{1}{100-40}\approx0.01667s=16.67ms \tag{5-11}$$

由于磁盘的平均响应时间为 10ms，可知该磁盘队列系统中 I/O 请求平均仅有 6.67ms 处于等待状态，这是一个非常显著的性能提升。

通过以上例子可知，排队论能够分析简单的队列系统的性能指标，为 I/O 系统的设计提供了便利。更加复杂的 I/O 系统通常无法通过简单的队列模型来近似，此时需要辅以计算机仿真来进一步确定实际系统的性能。

5.6　案例学习：wujian100 的 USI 模块

wujian100 是平头哥自主设计的一个开源 SoC 平台，提供了 RTL 的源码和综合脚本。用户可以在 wujian100 上进行 RTL 的功能仿真，也可以将其综合实现在 FPGA 上，通过 FPGA 进行硬件仿真。有关 wujian100 SoC 的详细结构将在第 6 章介绍，本节主要介绍 wujian100 对于串口 I/O 的支持。

wujian100 使用一个称为统一串行接口（unified serial interface，USI）的模块来支持系统与其他外设或者微控制器之间的数据通信。USI 模块可以很容易地作为一个高级外围总线（advanced peripheral bus，APB）设备被集成到 SoC 中，USI 模块以 DMA 方式传输数据，并通过 USI 中的中断接口完成与 CPU 的通信。wujian100 的 USI 模块打包并封装了 3 种串口通信协议：UART、I2C 及 SPI。通过配置相关寄存器即可选用某种具体的串口通信

模块进行数据传输。表 5-2 显示了 wujian100 外围总线地址映射中 3 个 USI 模块的地址空间。其中，USI0 和 USI2 位于 APB0 下，而 USI1 位于 APB1 下。

表 5-2　　　　　　　　　　　　　　wujian100 对 USI 模块的地址映射

地址范围	IP 名称	大小	主设备/从设备
0x5002_8000～0x5002_8FFF	USI0	16KB	P4
0x5002_9000～0x5002_9FFF	USI2	16KB	P5
0x6002_8000～0x6002_BFFF	USI1	16KB	P4

USI 使用控制寄存器来配置模块内部的工作模式。其中，USI_CTRL（USI module enable control）寄存器的最低 4 位用于控制 USI 模块的各个子模块是否工作，USI_CTRL 寄存器如图 5-19 所示。RX_FIFO_EN 位控制 RX FIFO（the receiver FIFO）是否启用及 TX_FIFO_EN 位（the transmitter FIFO）是否启用；FM_EN 位控制 UART/I2C/SPI 功能模块是否启用；USI_EN 位控制整个 USI 模块是否启用。所有控制位均以"1"表示启用，以"0"表示禁用。

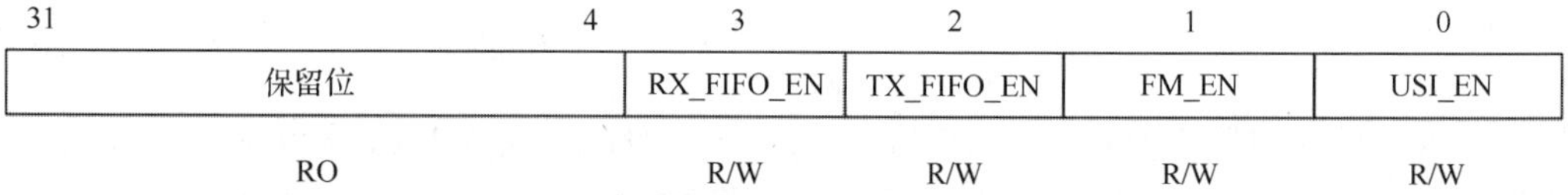

31		4	3	2	1	0
保留位			RX_FIFO_EN	TX_FIFO_EN	FM_EN	USI_EN
RO			R/W	R/W	R/W	R/W

图 5-19　USI_CTRL 寄存器

当 USI 模块处于工作状态时，相关控制寄存器的值不可以修改，否则发送的数据可能会丢失。当 USI 模块被禁用（disable）时才可以重新配置控制寄存器的值，以改变 USI 的工作模式。

USI 模块中 3 种串口通信协议的选择由 MODE_SEL（mode select control）寄存器的最低 2 位控制。具体的对应关系如表 5-3 所示。

表 5-3　　　　MODE_SEL 寄存器的最低 2 位与通信协议的选择的对应关系

位	通信协议的选择
0x0	选择 UART
0x1	选择 I2C
0x2	选择 SPI
0x3	保持上一次使用的模式不变

下面将结合 wujian100 USI 中具体的控制寄存器内容介绍这 3 种不同的串口通信协议。

5.6.1　UART

通用异步接收发送设备（UART），是一种异步串行收发传输器。UART 的硬件接线包含两根数据信号线，对应于发送数据端（transport，TX）和接收数据端（receive，RX）。两台 UART 设备的 TX 和 RX 交叉连接，因此可以同时双向传输数据，支持全双工通信。UART 不要求时钟信号同步，但需要收发双方以约定的波特率工作。在软件通信协议方面，

UART 的数据包通常包含起始位、数据帧、校验位和停止位，如图 5-20 所示。各个部分的含义和功能如下。

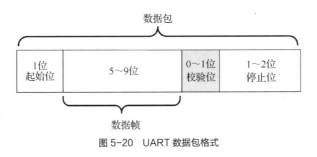

图 5-20 UART 数据包格式

（1）起始位（start bit）。准备开始进行数据传送时，TX 首先发出低电平"0"来表示传输字符的开始。根据 UART 协议的约定，当总线处于空闲状态时，信号线保持高电平"1"。因此首个低电平"0"能够指示 RX 数据传送已经开始。

（2）数据帧（data frame）。这部分包含要正式传输的数据，UART 按位顺序逐一传送这些数据到 RX。UART 协议允许数据帧的长度为 5、6、7、8 位。无奇偶校验位时，UART 协议允许使用 9 位的数据帧长度，具体可由控制电路进行配置。大部分情况下，UART 按照从低位到高位的顺序传输数据。

（3）校验位（parity）。UART 使用 1 位的奇偶校验，用于判定传输过程中是否发生了数据错误。UART 可以配置为奇校验模式或者偶校验模式：偶校验模式下，数据帧中"1"的总数应该为偶数；奇校验模式下，数据帧中"1"的总数应该为奇数。需要注意的是，1 位的奇偶校验只能检查 1 位的错误，但这足以覆盖多数错误场景。

（4）停止位（stop bit）。在校验位后，UART 通过连续多位的高电平来指示传输已经结束。视配置的不同，停止位可以是 1 位、1.5 位或者 2 位的高电平"1"。

wujian100 USI 模块中的 UART_CTRL（UART control）寄存器提供了对 UART 协议的控制信息，UART_CTRL 寄存器如图 5-21 所示。其中，2 位的 DBIT 位定义了数据帧的长度，如表 5-4 所示。

31		6	5	4	3	2 1	0
保留位			EPS	PEN	PBIT	DBIT	
RO			R/W	R/W	R/W	R/W	

图 5-21 UART_CTRL 寄存器

表 5-4   **DBIT 位与数据帧长度的对应关系**

DBIT 位	数据帧长度
0x0	5 位
0x1	6 位
0x2	7 位
0x3	8 位

需要注意的是，USI 中的 UART 不支持 9 位的数据帧长度。

此外，2 位的 PBIT 位定义了停止位的长度，具体如表 5-5 所示。

表 5-5 　　　　　　　　PBIT 位与停止位长度的对应关系

PBIT 位	停止位长度
0x0	1 位
0x1	1.5 位
0x2	2 位
0x3	停止位保持上一次的设置不变

1 位的 EPS 位和 PEN 位共同定义了 UART 奇偶校验的模式。其中 PEN 位处于高电平表示启用奇偶校验，处于低电平表示禁用奇偶校验；EPS 处于高电平表示偶校验，处于低电平表示奇校验。

由此可见，USI 中的 UART_CTRL 寄存器与 UART 软件通信协议中的可配置项是一一对应的。UART 的优点是协议和硬件都比较简单，支持可变的数据帧长度且不需要同步时钟。但是 UART 要求收发双方拥有几乎一致的波特率，并且数据帧的最大长度受到限制。此外，UART 仅支持一对一的通信。

5.6.2 SPI

串行外设接口（serial peripheral interface，SPI）协议明确区分了主设备（master）和从设备（slave），支持一个主设备与多个从设备通信。传输数据时，SPI 的主设备通过片选信号控制多个从设备，且规定从设备的时钟必须由主设备通过 SCLK 引脚提供给从设备。换言之，从设备自身不可以生成或控制时钟信号，从设备依赖于主设备的同步时钟才可以工作。

图 5-22 示意了 SPI 的主从设备之间的信号线连接关系。由图可知，SPI 包含 4 条信号线，除了前文提及的由主设备向从设备发出的片选信号和同步时钟信号外，SPI 还包含两条数据线。MOSI/SDO（master out slave in/serial data output）线为数据传输的出口，用于 SPI 设备向外发送数据。MISO/SDI（master in slave out/serial data input）线为数据传输的入口，用于 SPI 设备接收数据。

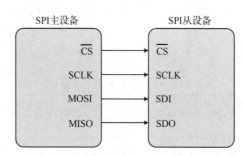

图 5-22　SPI 的主从设备之间的信号线连接关系

由于 SPI 的数据传输总是全双工的，即每当主设备在 MOSI 线上向从设备发送 1 位，该周期从设备也会同时在 MISO 线上向主设备发送 1 位。即使事务仅有单向传送数据的需求，主从设备之间的通信也依然是双工的。这种双工工作模式通常通过两个环形的移位寄存器实现，如图 5-23 所示。在时钟信号的非采样边沿，主设备和从设备均从自己的移位寄存器中移出 1 位，并驱动到传输线上发送给对方。在时钟信号的采样沿，两个设备读取接收到的数据位。因此，每个周期主设备和从设备都会交换移位寄存器中的 1 位数据。这就是 SPI 通信中的数据传输也被称为数据交换的原因。

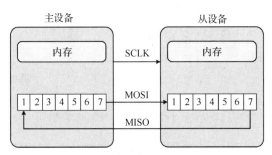

图 5-23　SPI 的环形移位寄存器

SPI 的同步传输模式包含两个核心的模式控制信号。

（1）时钟极性（clock polarity，CPOL）。CPOL 代表了 SPI 设备处于空闲状态时，SCLK 串行时钟线应当保持高电平（CPOL=1）还是低电平（CPOL=0）。

（2）时钟相位（clock phase，CPHA）。CPHA 代表了 SPI 设备应当在时钟信号的上升沿采样数据（CPHA=0）还是下降沿采样数据（CPHA=1）。

上述两个参数的不同组合可以定义 4 种不同的 SPI 传输模式，比较常见的是(CPOL, CPHA)=(0,0)或(CPOL,CPHA)=(1,1)这两种组合。主设备生成时钟脉冲（clock pulse），并最终组合成为驱动 SCLK 引脚的时钟信号。CPOL 和 CPHA 则控制两个 SPI 设备间数据传输和数据采样的时机，达到同步传输的目的。

wujian100 的 USI 模块使用 SPI_MODE（SPI mode select）寄存器的最低位来选择当前模块是工作于主设备（对应"1"）模式还是从设备（对应"0"）模式。同时使用 SPI_CTRL（SPI control）寄存器来配置具体的工作模式，SPI_CTRL 寄存器如图 5-24 所示。除了 CPOL 和 CPHA 外，4 位的 DATA_SIZE 位用于指示数据帧的长度，wujian100 支持每次 4～16 位的数据帧长度。此外，由于 SPI 总是全双工地进行数据交换，为了区分当前 SPI 模块实际需要进行的是数据发送还是接收，wujian100 的 USI 模块引入了 2 位的 TMOD 位进行标记和区分。

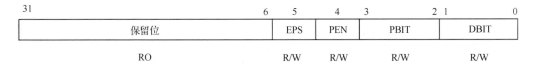

图 5-24　SPI_CTRL 寄存器

SPI 不设置起始位和停止位，因此可以流式传输数据，速度较高。但相对而言，SPI 的信号线数量更多、控制信号更复杂，并且没有引入查错检验机制。

5.6.3　I2C

集成电路总线（inter-integrated circuit bus，I2C）同样是一种支持多主从设备的同步串行总线。与 SPI 相比，I2C 进一步简化了硬件接线：每个 I2C 设备都只有串行数据线 SDA 和串行时钟线 SCL 两条信号线。一个典型的 I2C 数据包的构成如图 5-25 所示。

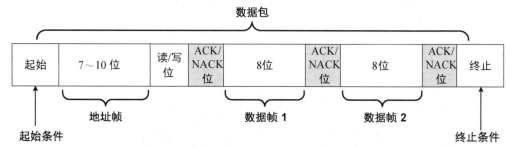

图 5-25　一个典型的 I2C 数据包的构成

I2C 通过起始条件和终止条件来判断数据传输的始末。起始和终止都由主设备发起，在达成起始条件后，总线就将进入忙碌状态。具体而言，I2C 的起止条件如下。

（1）起始条件：在 SCL 为高电平时，SDA 由高向低跳变。

（2）终止条件：在 SCL 为高电平时，SDA 由低向高跳变。

达成起始条件后，主设备开始进行一次数据传输。由于 I2C 不同于 SPI 拥有额外的片选信号，因此 I2C 还需要通过在 SDA 上传输地址信息来通知需要响应的从设备。地址信息被编码为图 5-25 中的一个 7～10 位的地址帧（address frame），紧接着地址帧的 1 位用于标识主设备当前发起的是读事务还是写事务。每个从设备都会将地址帧与自己的设备地址进行比对，被选中的从设备将发送一个应答信号 ACK 到主设备，以确认传输的开始。

一旦主设备接收到从设备的 ACK 信号，就可以开始发送第一个数据帧。每个数据帧的长度为 1B（8 位），随后继续等待从设备的 ACK 信号。这种机制保证了从设备必须要通过 ACK 信号确认成功接收当前数据帧后，主设备才会继续发送下一个数据帧。该过程不断循环，直到主设备向从设备发出终止条件，以停止当前传输事务。由此可见，I2C 在达成终止条件前可以连续收发任意长度的数据。由于 I2C 协议仅使用一条数据线 SDA，所以其传输是半双工的。

wujian100 的 USI 模块使用 I2C_MODE（I2C mode control）寄存器标识当前 I2C 设备处于主设备模式（I2CM，对应于 I2C_MODE=1'b1）还是从设备模式（I2CS，对应于 I2C_MODE=1'b0）。同时，它使用 10 位编码 I2C 设备的地址，并存储于 USI 模块中的 I2C_ADDR（I2C address）寄存器。由于 I2C 的主从设备所需的控制信号不对等，wujian100 的 USI 模块还分别使用了 I2CM_CTRL（I2C master mode control）和 I2CS_CTRL（I2C slave control）两个寄存器进行主从设备工作状态的配置。其中主设备的配置相对复杂，包括起止信号的生成控制、高速模式配置、地址模式配置等。

I2C 是一种接线简单、支持多主多从的串行协议，应用十分广泛。然而，其速度通常慢于 SPI，且多主机模式下需要引入冲突检测和仲裁机制来保证数据传输不发生冲突，此外其控制电路相对复杂。

本节对 wujian100 的 USI 模块所支持的 3 种串口通信协议及 USI 模块中相关控制寄存器进行了简要的介绍。更多有关 wujian100 的 USI 模块的详细信息可以参考 wujian100 用户手册。

5.7 本章小结

本章介绍了 I/O 设备与 I/O 总线的基本概念。按照发展时间，计算机 I/O 设备和主机间通信的控制方式经历了以下 3 种变革。

（1）处理器查询方式，即处理器不断询问某外设是否准备就绪，以开始数据的传输。该方式使得 CPU 一直处于等待的状态，严重影响性能。

（2）中断方式，即不需要处理器查询外设，而是外设就绪后主动向处理器发送 I/O 就绪信号。处理器如果响应该请求，便暂时停止当前程序的执行。这种方式使得处理器不再需要一直等待外设，但由于每进行一次数据传输处理器均需要中断当前任务，整个过程需要经历：发出中断请求、启动中断控制器、保留现场、进行 I/O 数据交互、恢复现场 5 个阶段，故仍会拉低系统的性能。

（3）DMA 方式，即直接内存访问方式，指 I/O 数据不经过处理器的参与，直接在内存和外设中流动。DMA 将处理 I/O 通信任务的方式从软件转变成了硬件，用于专门处理 I/O 请求的硬件单元称为 DMA 控制器，它负责与 I/O 设备完成通信，并向处理器申请（系统）总线的控制权，得到同意后 DMA 控制器将代替 CPU 掌管内存和 I/O 设备的数据交互。DMA 方式将 CPU 从与 I/O 通信的任务中完全解放出来，故目前被广泛用于高性能计算机中。

总线就是实现 I/O 设备和主机内部各种功能部件之间传送信息的公共通信干线。根据单次传输的数据位宽不同，总线可以分为串行总线和并行总线，串行总线连线数目少，消耗硬件资源少，但相同频率下传输速率更慢；并行总线需要较多的物理连线及相应的硬件资源，但相同频率下传输速率更快。此外，根据通过总线互连的各个设备间实现同步操作的方式，也可以将总线分为同步总线和异步总线。

磁盘自 20 世纪 60 年代发明以来，作为一类优秀的非易失性存储介质，至今仍然是服务器、个人计算机的首选。出于对存储设备可靠性及性能的要求，磁盘阵列被设计出来，并广泛用于大容量、高可靠性要求的存储场景。RAID 目前包含 6 种标准等级，以及一些受到专利保护的 RAID 等级。RAID-5 是目前应用最广的磁盘阵列等级，它将奇偶校验数据分散存储于所有物理磁盘，突破了奇偶校验磁盘写入速度的瓶颈，大大提高了磁盘阵列的读写速度。

有关排队论的基本原理也在本章进行了说明。利用队列的数学模型，可以对一个 I/O 系统的性能（平均响应时间、平均等待时间等）进行粗略的评估。

第 6 章
SoC 设计

SoC，即片上系统，是将整个系统集成到一块芯片上的集成电路的统称。SoC 的概念自 20 世纪 90 年代左右出现以来，受到了工业界和学术界的广泛关注，经过多年的蓬勃发展，目前已成为集成电路领域重要的组成部分。本章将简要介绍 SoC 的一些基础概念，主要包括 SoC 概述、SoC 的组成结构、SoC 软硬件协同开发等内容。其中，SoC 概述部分将简要介绍 SoC 的发展历史、基本组成、优势和面临的挑战。SoC 主要由处理器、存储器、系统总线、外设和软件结构五大部分组成。系统总线将单独介绍，软件结构将在 SoC 软硬件协同开发中引入，SoC 的其余组成部分在前文中已详细阐述，本章只进行简单介绍。

本章学习目标

（1）了解 SoC 的基本组成部分、发展历史及目前面临的瓶颈与挑战。

（2）掌握几种基本的总线协议及对应的传输方式。

（3）掌握 SoC 的软硬件划分、地址映射、硬件设备集成，以及中断控制的方式和过程。

（4）了解工业界先进的 SoC 的组成结构。

6.1　SoC 概述

SoC 自诞生以来就受到了学术界和工业界的广泛关注。相较于传统专用集成电路（application specific integrated circuit，ASIC），SoC 具有功能更强、面积更小、功耗更低的优点，因此 SoC 被广泛应用于功能各异的系统中。另外，SoC 带来的基于 IP 核开发的设计方式，有效地提高了 SoC 设计的效率，缩短了芯片的开发周期。SoC 发展至今同样遇到了一些瓶颈，主要是软硬件协同设计和低功耗设计方面的难题。

6.1.1　SoC 的发展历史

SoC 一般称为片上系统或系统级芯片。SoC 是集成在一个芯片上的系统，在单个芯片上可以包含丰富的芯片组件，常用的芯片组件如 CPU、DSP、ADC、CODEC（coder-decoder）

及存储器芯片等。通过这种将多个芯片组件集成在单个芯片上的方法，在 SoC 上可以实现完整的硬件系统及基于此硬件系统开发的嵌入式软件。

SoC 设计技术始于 20 世纪 90 年代中期。自集成电路诞生以来，随着半导体工艺技术的发展，越来越复杂的电路逻辑和电路功能能够被集成到硅片上，SoC 的概念正是在这样的集成电路向集成系统转变的大方向下产生的。基于 IP 核开发是 SoC 设计的一大特点，能有效提高 SoC 设计的效率。1994 年摩托罗拉公司发布的 FlexCore 系统（用来制作基于 68000 和 PowerPC 的定制微处理器）和 1995 年 LSILogic 公司为索尼公司设计的 SoC 是最早一批基于 IP 核完成设计的 SoC。

借助 IP 核开发的设计理念，SoC 可以充分利用已有的设计积累，显著提高 ASIC 的设计能力，从而引起了工业界和学术界的广泛关注。

作为芯片级 IP 集成的应用典范，SoC 开发者通常不会自主开发片上的每一个硬件模块。相反地，开发者会以 IP 授权的方式购买一些自己无力开发的模块，然后将自主开发的模块与其余购买的 IP 进行片上集成。例如，一家开发图像编解码芯片的公司可能会购买诸如 CPU、DSP 等 IP，并与自己的 CODEC IP 进行集成，最后将设计完成的整个 SoC 芯片作为产品推向市场。这种基于可复用 IP 核的开发方式，极大地提高了各芯片设计厂商之间的合作程度，同时促使了特定领域的技术能在小范围内深耕，使得整个行业设计出的芯片愈发精巧和复杂。

图 6-1 展示了一个典型的基于平头哥玄铁 C910 处理器的 SoC 架构。从图 6-1 中可以看出，整个 SoC 包含大量的芯片组件，这些芯片组件相互合作以实现各式各样的功能。例如，C910、C860、C810、GPU 为处理器核，DDR 为内存接口，SRAM 为片上存储器，还配有其他外设及相应的接口。

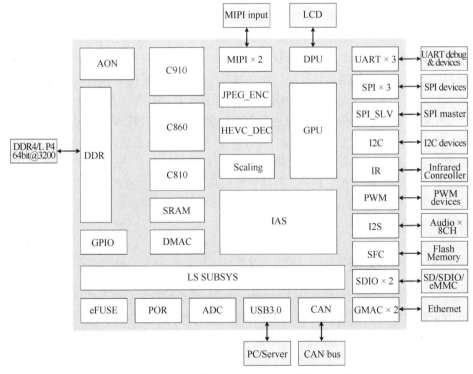

图 6-1 一个典型的基于玄铁 C910 处理器的 SoC 架构

6.1.2　SoC 的基本组成

SoC 是一个完整的系统，包含大量不同的芯片组件。SoC 的组成中既有通用的芯片组件，也有专用的芯片组件，即为特定的用途而专门配置的组件。

一个基本的 SoC 一般可分为处理器、存储器、外设、互连总线及软件架构五大部分。在进行 SoC 设计时，需要综合考虑各部分的作用及各部分之间的影响，选择合适的实现方式。

前面的章节已对处理器和存储器进行了相关介绍，此处再结合 SoC 的概念对其进行简单回顾。

一个复杂的 SoC 往往需要根据需求实现大量不同的功能，处理器的软件可编程性提供了快速开发和迭代各类功能的途径。开发者通过开发功能各异的软件程序，并结合一些固定功能的硬件，即可令 SoC 实现预期的功能，满足相应的需求。因此，处理器的性能直接决定了整个 SoC 的性能，处理器也是 SoC 中最为重要的组件。

SoC 中常用的处理器包括 CPU、DSP 及专用指令集处理器（application-specific instruction set processor，ASIP）。CPU 是最常见的处理器之一，通常用于程序控制等，但因其计算能力有限，不适用于计算密集的环境。相较于 CPU，DSP 利用了指令间的并行性，并扩展了浮点运算能力，弥补了 CPU 计算能力较差的缺点，可以与 CPU 共同完成一些流程复杂且计算密集的任务。顾名思义，ASIP 是基于某种用途定制指令集的处理器，在特定的工作环境下有着比 CPU 更好的性能表现。目前常见的 SoC 中使用的处理器大都是基于 RISC 指令集的处理器。相较于 CSIC 处理器，RISC 处理器更易于满足 SoC 低功耗、小面积的设计需求。图 6-1 就展示了一款基于 RISC 指令集的 SoC 架构。

SoC 有着与计算机系统类似的存储层次，从顶到底拥有包括寄存器堆、缓存、主存等存储结构。对于多核处理器而言，整个处理器可能拥有不止一级缓存，例如对于一个三级缓存的多核处理器，第一级缓存可能为每个核独占，第二、三级缓存则由所有核共享。SoC 中还可能包含小容量的片内只读存储器，用于存储一些有固定用途的程序，例如操作系统的启动程序，甚至可能包括大容量的片外存储器，用于存储操作系统主体等。图 6-1 中的 SRAM 模块就是一块片内缓存，而 DDR 接口模块用于连接片外的主存。

SoC 中的外设会根据 SoC 的用途进行配置。例如，视频处理需要 CODEC 等编码解码 IP 模块，与外界通信需要 USB、UART 等接口 IP 模块，网络通信需要以太网 IP 模块等。SoC 中的互连总线提供了系统中每个模块之间进行通信的方式，互连总线的传输效率在极大程度上影响着 SoC 的性能。此外，软件架构也是 SoC 设计中的重要组成部分，软件架构的设计决定了硬件能否发挥出设计的预期性能。本章后两节将对互连总线和软件架构的内容进行更细致的介绍。

6.1.3　SoC 的优势

相较于传统的 ASIC 芯片，SoC 在性能、功耗、成本等多方面更具优势。因此，SoC 自推出以来就迅速受到市场的青睐，得以快速发展，并在几十年间进行了多次迭代。总而言之，SoC 具有更复杂的功能、更小的面积、更低的功耗、更低的成本和更短的开发周期等。

1. 更复杂的功能

随着集成电路行业的发展，芯片的功能愈发复杂。SoC 能够在单个芯片上集成大量不同功能的芯片组件，可以满足日益增长的功能需求。如图 6-1 所示的 SoC，以系统与外界的数据交互需求为例，需要配置模数转换器和数模转换器以实现数字信号和模拟信号间的相互转换，以满足部分模拟信号的接口需求。同时还需要实现 I/O 子系统，以支持不同类型的 I/O，例如不同电平标准的 LVDS I/O、TTL I/O 等。

前文介绍了 SoC 的 5 个基本组成部分，其中处理器、存储器和总线可以依据 SoC 的实际用途进行选择，例如可以选择低功耗处理器满足低功耗需求，选择大容量存储器满足大规模数据的存储需求，选择高带宽总线满足带宽需求，等等。外设同样可以依据 SoC 的用途进行选择，可以选择已设计完成的可复用 IP，也可以选择自行设计 IP。例如，对于面向视频编解码的应用，SoC 会配备相应的 DSP IP 及 CODEC IP；对于面向物联网的应用，SoC 通常会配备一些射频模块用于无线信号的发送和接收。近几年来，传感器及一些光电器件也被集成到 SoC 中，使得 SoC 的功能更加复杂和强大。正是因为在一块芯片上集成了种类如此丰富的硬件 IP，SoC 才得以完成普通芯片所不能完成的复杂任务，能够轻松实现更多元化、更复杂的功能。

2. 更小的面积

现代社会人们对可穿戴设备的需求越来越强，这意味芯片也需要进一步缩小面积以满足相应的需求。SoC 通过使用总线将各个模块互连，并通过优化设计和布局布线，能够有效地提高晶圆的利用率，从而减少整个产品的面积开销。

3. 更低的功耗

除了能够减少面积开销，SoC 的设计方式还能有效降低整个芯片的功耗。随着芯片的规模扩大、集成程度和性能要求不断上升，芯片的能耗也逐渐成了一个问题。特别是对于移动端设备及物联网设备，低功耗已成为边缘端应用芯片的一个重要的衡量指标。而在 SoC 的设计方法中，已经出现了较多成熟的降低 SoC 功耗的技术，例如动态电压频率调节（dynamic voltage and frequency scaling，DVFS）技术及时钟门控（clock gating）技术等，另外，一些先进的技术，例如功耗检测和功耗自优化等也逐步投入应用。

4. 更低的成本和更短的开发周期

SoC 提出了一种基于 IP 核的设计方法，极大地提高了工程师的设计效率。图 6-2 总结了一个典型的 SoC 的开发流程。

SoC 开发流程的精髓在于"复用"二字，一个成熟的 IP 模块在经过验证后就可以被重复使用多次，这大大降低了设计成本。IP 复用技术就是将已经验证的各类超级宏单元模块电路制成芯核，以便在日后的设计中使用。芯核通常分为 3 种：第一种是硬核，具有和特定工艺相关联的物理版图，已被流片测试验证，硬核可作为特定的功能模块被直接调用；第二种是软核，采用硬件描述语言或 C 语言完成设计描述，不具有物理信息，通常用于功能仿真；第三种是固核（firm core），它基于软核开发而来，是一种综合的并带有布局规划的软核。目前，SoC 设计中大多采用基于固核的 IP 复用，首先根据 RTL 描述并结合具体标准单元库进行逻辑综合优化，形成门级网表，再通过布局布线工具形成设计所需的硬核。这种 RTL 的综合方法提供了一些设计灵活性，使得工程师可以结合具体应用适当修改芯核的 RTL 描述，并重新验证，以满足具体的应用要求。

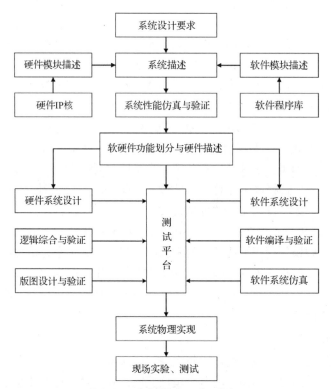

图 6-2　一个典型的 SoC 的开发流程

　　SoC 基于 IP 核的设计方法解放了工程师的生产力，缩短了芯片的开发周期，节约了芯片开发的人力成本。因此，SoC 基于 IP 核的设计方法也被全世界范围内的众多研究机构和公司采用。

6.1.4　SoC 面临的挑战

　　SoC 发展至今，同样遭遇到一些瓶颈。这些瓶颈一部分来源于设计方法上的问题，一部分来源于物理限制的问题。其中，SoC 面临的主要问题来源于软硬件协同设计和低功耗设计。软硬件协同设计复杂化的问题限制了 SoC 的开发效率，低功耗设计问题限制了 SoC 在市场中的应用。

1. 软硬件协同设计

　　SoC 是一个异常复杂的系统。在设计一个 SoC 之前，设计者需要充分考虑芯片的应用场景，将计算模式密集且固定的部分划为硬件部分，将数据调度及全局控制的部分划为软件部分，这也就是所谓的软硬件划分。软硬件划分看似简单，实则相当考验设计师的能力，一个对系统整体把握准确且有分寸的设计师才能对系统做出合适的软硬件划分，从而使整个系统达到最优的状态。

　　软硬件协同设计相较于软硬件划分更为复杂，它要求在软硬件划分的基础上进行软硬件的优化，使两者的合作状态同样达到最优。SoC 设计中的优化实现、软硬件划分及功能映射等问题都属于架构探索范围的问题，可以采用人工方式或使用自动化工具，两者各有利弊。使用人工方式探索时，探索的粒度较粗，难以得到精确的平衡点。使用自动化工具探索时，收敛的平衡点因目标和约束的不同而不同，探索耗时较长。另外，在实际探索过程中，要实现软件优化和硬件优化的联动，即将算法实现、硬件架构和映射方法等都当作探索变量进行优化，也是难点之一。

随着 SoC 设计技术的不断进化，软件在整个系统中逐渐占据主导作用，硬件则起到辅助配合软件的作用。因此，未来的硬件设计可能更加趋向于简单和同构。例如，张量虚拟机/多功能张量加速器（tensor virtual machine/versatile tensor accelerator，TVM/VTA）就是一种全新的软硬件协同设计的方法，先设计软件栈，并由软件栈的特点导出硬件设计。在这种模式下，所谓的协同更多地偏向于软件，软件占据绝对的主导权，这也是一种较为极端的设计模式。另一种设计模式称为软件定义硬件（software defined hardware），相较于前者，该设计模式没有这么极端。在软件定义硬件的设计模式下，硬件主要考虑如何提供一个效率和性能的平衡点，而更细节的面向应用需求的优化则依靠软件完成。

总而言之，软硬件协同设计是一个需要多方面、多角度考虑的难题。一般情况下，在粗粒度优化层面上由经验丰富的架构师把握方向，而在细粒度优化层面上则交由算法自动完成。

2. 低功耗设计

低功耗是 SoC 最为显著的优势之一，但在实际中如何完成低功耗设计同样是 SoC 设计的一个难点。功耗作为芯片的重要衡量指标之一，如何降低系统功耗也是集成电路设计的一个关键点。近些年来，随着物联网技术的进步及 5G 技术的发展，低功耗再次成为业界和学界关注的焦点。手机待机时间短，物联网节点工作时间短，这些问题正切切实实地阻碍着人们生活的便利。除去在电池技术上的不断突破和创新外，SoC 开发者需要在算法级、芯片级等宏观层级进行相应的低功耗技术创新。

微观层面上，集成电路的总体功耗主要来源于动态功耗和静态功耗两部分。对于工艺制程较大的芯片而言，动态功耗占总体功耗的绝大部分。然而随着工艺尺寸的不断缩小，以泄漏电流消耗为主的静态功耗在总体功耗中所占的比例越来越大，逐渐成为集成电路功耗的主要来源。因此，如何降低泄漏电流功耗成为目前研究的重点，同时，设计人员需要对不同的低功耗方法进行兼顾和权衡。

6.2　系统总线

SoC 的系统总线用于连接 SoC 的各个功能模块，包括处理器、存储器、外设等。系统总线可以实现不同模块间的数据传输，是不同模块间协同工作的基础。总线的传输效率很大程度上影响着系统的整体性能，而传输效率主要取决于传输延迟和传输带宽。目前，在 SoC 设计中也存在大量不同的总线协议可供选择，高级微控制器总线架构（advanced microcontroller bus architecture，AMBA）是 SoC 中常用的一类总线，本节将以 AMBA 总线为例进行介绍。

6.2.1　总线概述

一个单独的微处理器必须与各式各样的外设进行互连才能发挥作用。然而，如果对每一个外设与处理器的互连都进行单独设计，那么整个系统的连线将变得异常复杂且难以实现。为了简化系统结构与硬件设计，设计者通常会

总线的伸裁机制
和传输类型

采用一套预先设计好的互连与接口规范，依照这个规范将各个部件依次连接。这种预定义好的互连规范就称为总线。另外，采用总线结构的系统有着更好的扩展性，有利于外设的删减与扩充，为设计者的开发提供了便利。

总线的种类很多，按照连接层次可大致分为片内总线、系统总线和外部总线。片内总线指处理器的内部总线，用于处理器内各元件（寄存器、ALU 等）的互连。系统总线有时也被称为内部总线，用于系统内各元件（CPU、存储器、I/O 设备等）的互连，例如 AMBA 总线。外部总线也被称为通信总线，它是计算机与外设之间的总线，例如 USB 总线。其中，系统总线按功能可细分为数据总线、地址总线和控制总线。本章所讨论的 SoC 层级的总线也是芯片层级的系统总线。

总线的传输带宽取决于总线频率和数据位宽。其中，总线频率决定了每秒可以传输的数据个数，而数据位宽决定了单个数据的位宽大小，总线传输带宽与总线频率和数据位宽的乘积成正比。除总线传输带宽外，总线传输延时也是总线的一个重要参数，单一总线协议的传输延时主要取决于具体的物理实现。

对于 SoC 中总线连接的设备，依据功能的区别可划分为主设备和从设备，主设备和从设备对总线进行的操作不同。在图 6-3 所示的主从结构的总线架构中，主设备可以向总线发起传输事务（读或写操作），从设备负责对总线上的传输事务进行回应。主从结构的总线架构中允许存在多个主设备或者从设备。

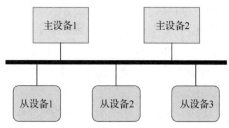

图 6-3　主从结构的总线架构

总线协议还具有另外两个重要的特点，即仲裁机制和传输类型。

仲裁机制指当多个主设备同时访问总线上的某个从设备时，依照某种预设的仲裁算法决定主设备的访问次序。一般情况下，主设备在总线上发出事务申请，相应的从设备对主设备做出回应。而当总线上存在多个主设备时，这些主设备可能在一段重叠的时间段内竞争总线的使用权，此时就需要仲裁机制来决定总线的使用。仲裁机制的不同会影响总线的使用效率及主设备访问的延迟。常见的仲裁机制包括轮询机制和优先级仲裁机制。

轮询机制会赋予每个主设备相同的优先级，当需要总线仲裁时，算法按照轮询的方式依次赋予主设备总线的使用权。轮询机制在各个主设备对总线的访问需求比较相近时可以取得较好的性能。优先级仲裁机制则会赋予每个主设备不同的优先级，优先级更高的主设备在总线仲裁中更容易胜出。如果经常访问总线的主设备能够获得较高的优先级，这种情况下显然优先级仲裁机制会优于轮询机制。

优先的仲裁机制还需要有配套的保护机制。保护机制会在某个主设备正在进行总线访问时对总线进行锁定，禁止其他主设备对总线进行访问。保护机制确保了数据传输的正确性和完整性。

复杂的总线可以支持多种不同类型的数据传输。采用不同的数据传输类型的好处是可以适应不同的应用场景。绝大多数总线协议均支持固定大小的数据块传输和可变大小的数据块传输，一些先进的总线还引入了分离传输、突发传输等传输类型，用于满足复杂场景的需求。

在某些特殊情况下，从设备需要较长的时间来处理主设备的数据传输，此时主设备在等待过程中仍一直占用总线，这会造成总线资源的浪费。此时，可将总线的控制权暂时交给其他主设备，当从设备完成数据的处理后再通知先前的主设备继续完成上次未完成的数据传输处理，这就是分离传输的概念。分离传输可以提高总线的利用率。

突发传输主要用于单次数据传输请求进行大量数据传输的情况。例如，系统要将以某个地址为起始的大量数据传输到另一个固定地址，就可以采用源地址递增-目标地址固定的突发传输方式。突发传输可以减少大量数据传输中的数据请求次数，这在一定程度上间接地减少了传输时间。

典型的片上总线标准包括 ARM 提出的 AMBA 总线，IBM 提出的 CoreConnect 总线，Silicore 公司推出的 Wishbone 总线等。6.2.2 小节将以 AMBA 总线为例对总线的具体细节进行更细致的介绍。

6.2.2　AMBA 总线

AMBA 是一个开放的、标准的、针对 SoC 设计中片上互连的总线标准。采用 AMBA 总线有助于开发具有大量控制器和具有总线结构的外设的多处理器设计。AMBA 总线自 1996 年由 ARM 提出以来，经过数十年的发展已经被广泛运用于 ASIC 及 SoC 设计之中。截至目前，AMBA 总线已经发展至第五代，并仍在继续演进。AMBA 总线标准发展至今，在初始协议的基础上扩展了大量新的总线标准。在 SoC 设计中常用的 AMBA 总线标准包括高级外围总线（APB）、高级高性能总线（advanced high-performance bus，AHB）及高级可扩展接口（advanced extensible interface，AXI）总线。下面对这 3 种总线逐一进行介绍。

1. APB

APB 最早于 AMBA 第二代标准中提出，主要面向总线连接的低速低功率外设，例如 UART 接口、键盘、时钟模块等。APB 没有复杂传输事务的功能，且为非流水线操作，这种模式能够极大限度地降低功耗，同时也更易于使用。APB 中包含的信号如表 6-1 所示。需要注意的是，PREADY 为 APB 3.0 扩展的信号，故在表 6-1 中未出现。

表 6-1　　　　　　　　　　　　　　　APB 中包含的信号

名称	描述
PCLK	全局时钟
PRESETn	全局复位信号
PADDR	地址信号
PSELx	选择信号
PENABLE	系统使能信号
PWRITE	系统传输方向，1 表示写，0 表示读
PRDATA	读数据信号
PWDATA	写数据信号

APB 上的数据传输流程可以使用图 6-4 所示的状态转移图表示。

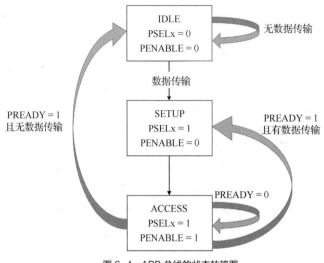

图 6-4　APB 总线的状态转移图

（1）IDLE：系统默认的初始状态，该状态表示此时没有传输操作。

（2）SETUP：系统的启动状态，当需要进行数据传输时系统进入此状态，在该状态下，对应的选择信号 PSELx 被置位。系统只会在 SETUP 状态下保持一个周期，并在下一个时钟的上升沿进入 ACCESS 状态。

（3）ACCESS：系统的传输状态，在该状态下，使能信号 PENABLE 被置位。当系统从 SETUP 状态进入 ACCESS 状态时，包括地址信号、写信号、选择信号、数据信号在内的其他相关信号必须保持稳定。如图 6-4 所示，从 ACCESS 状态退出的操作由 PREADY 信号控制。当 PREADY=0 时，系统保持在 ACCESS 状态；当 PREADY=1 时，若接下来没有数据传输，系统将退出到 IDLE 状态，否则退出到 SETUP 状态。

2. AHB

与面向低速低功耗领域的 APB 不同，AHB 的设计初衷是面向高性能系统模块的互连，例如处理器、DMA 控制器、片内存储器、外部存储器接口等。这些高性能设备往往在较高的时钟频率下工作，与整个系统的性能密切相关。基于以上考虑，AHB 扩展支持了大量高级特性，包括总线仲裁、突发传输、分离传输、流水操作等复杂事务。

在一个典型的采用 AMBA 总线架构的 SoC 中，通常会同时存在 AHB 和 APB。AHB 负责连接 CPU、DMA、片上 RAM 等，并通过转换桥连接到 APB。基于 AMBA 总线的一个典型的 SoC 总线结构示意如图 6-5 所示。

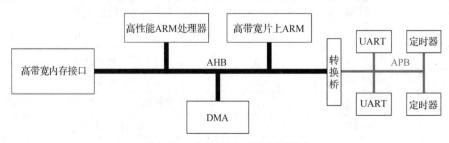

图 6-5　一个典型的 SoC 总线结构示意

一个包含 AHB 的系统中，除了包含总线连接的主设备和从设备外，还需要一些配套的硬件设备为 AHB 的正常传输提供支持，例如总线仲裁器、地址译码器、多路复用器等。如图 6-6 所示，主设备发出读写请求后经过总线仲裁器、地址译码器和多路复用器的处理后才能正确传到对应的从设备上。总线仲裁器会依据某种仲裁算法来调度主设备对总线的控制权，AMBA 总线并没有规定仲裁算法的具体实现，设计者可以根据自身需求设计相应的仲裁算法。地址译码器对数据传输的地址进行译码，并通过 HSELx 信号片选设备进行传输。

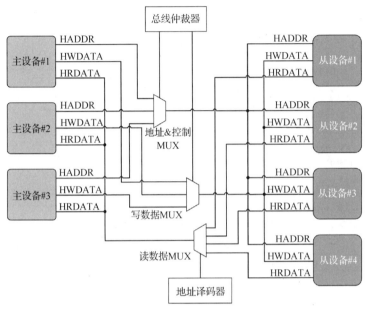

图 6-6　AHB 的详细结构

AHB 的信号说明如表 6-2 所示。

表 6-2　　　　　　　　　　　　　　AHB 的信号说明

名称	来源	描述
HCLK	时钟源	全局时钟
HRESETn	复位信号	全局复位
HADDR	主设备	地址总线
HTRANS	主设备	传输类型：不连续、连续、空闲、忙
HWRITE	主设备	读写控制信号，1 表示写，0 表示读
HSIZE	主设备	传输大小：字、半字、字节
HBURST	主设备	突发传输类型
HPORT	主设备	保护类型（cacheable、bufferable）
HWDATA	主设备	写数据总线
HSELx	译码器	从设备片选信号
HRDATA	从设备	读数据总线
HREADY	从设备	传输完成信号
HRESP	从设备	传输响应

下面以 AHB 的突发传输为例来说明 AHB 的传输过程。普通的数据传输只能一次传输一份固定大小的数据，若要进行多份数据的传输，则需要主设备多次向从设备发起请求，这将会降低数据的传输效率。出于以上考虑，AHB 引入了突发传输模式。所谓突发传输，是指主设备发起一次事务请求后，在事务的处理阶段，数据将会按照主设备的要求源源不断地进行传输而无须进行新的事务请求。突发传输的地址信号变化有多种模式。以 increasing 模式为例，地址信号在每次单个数据的传输完成后增加，直到突发传输长度所规定的数据量均完成传输后，整个事务才结束。其具体的时序图如图 6-7 所示，可以发现地址信号从 0x38 一直增加到 0x44，步长为 4，传输大小为 4B。

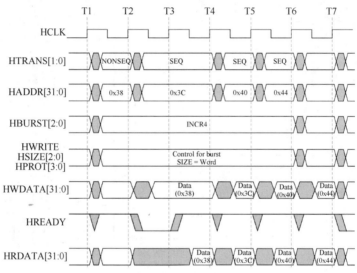

图 6-7　increasing 模式下突发传输的时序图

3. AXI 总线

随着集成电路技术的不断发展，人们对 SoC 的性能要求越来越高，这也导致片上总线的带宽需求和延时需求也不断增加。AHB 虽然可以不断增加总线位宽，但高位宽带来的资源消耗并不符合追求高能效比的发展趋势。出于对更高性能的追求，ARM 于 2003 年推出了第三代 AMBA 总线协议，第一次引入了 AXI 总线来满足更高数据带宽的应用需求。到目前为止，AXI 总线已经发展到了第五代。

AXI 总线是一种多通道传输的总线，它将地址、读数据、写数据、握手信号分离在不同的通道中发送，并且不同访问的顺序可以打乱，用 BUS ID 来表示各个访问的归属。直观来看，完整的 AXI 总线有着数量庞大的接口、复杂的握手机制、极高的总线位宽，并支持读写并行、乱序、非对齐操作等高级特性。表 6-3 所示为 AXI 总线、AHB、APB 这 3 种总线的特性比较。

表 6-3　　　　　　　　　AXI 总线、AHB、APB 这 3 种总线的特性比较

类别	数据位宽	通道特性	结构	传输方式及数据协议	时序
AXI 总线	8、16、32、64、128、256、512、1024	读写地址通道独立，读写数据通道独立	多主/多从，仲裁机制	并行读写，流水/分离传输，突发传输，乱序传输，字节/半字/字，大小端对齐，非对齐操作	同步

续表

类别	数据位宽	通道特性	结构	传输方式及数据协议	时序
AHB	32、64、128、256	读写地址通道共用，读写数据通道独立	多主/多从，仲裁机制	流水/分离传输，突发传输，乱序传输，字节/半字/字，大小端对齐	同步
APB	8、16、32	读写地址通道共用，读写数据通道独立	单主/多从，无仲裁机制	一次读/写操作需两个时钟周期	同步

AXI 总线虽然拥有比 AHB 更多的高级特性，以及在某些设备之间的互连中有更好的适用性和更高的性能，但随之而来的弊端是 AXI 总线协议相当复杂。AXI 总线协议簇可以分为 AXI-Lite、AXI-Stream、AXI-Full 这 3 种协议，其中 AXI-Full 是完整的 AXI 总线协议，支持所有的 AXI 总线协议特性。AXI-Lite 是 AXI-Full 的简化版，适用于设备间简单、低吞吐量的通信。AXI-Stream 是一种精简的，没有地址总线的数据流式接口协议，常用于对延迟敏感的点对点通信。完整的 AXI 总线协议的接口数量过多，本书中不再展开介绍，有兴趣的读者可自行查阅 AXI 总线协议规范。下面对 AXI 总线支持的一些高级特性进行介绍。

（1）AXI 总线的 outstanding 传输：在一个以 AXI 总线互连的系统中，主设备可以在当前发出的传输请求未完成前发出下一次传输请求，这样的特性称为 outstanding。

（2）AXI 总线的乱序传输：主设备发出的不同的传输请求的对应结果可乱序返回。

（3）AXI 总线的窄带非对齐传输：AXI 总线中存在 wstrb 信号，用于标识当前传输数据的有效字节，当传输地址非对齐时，可以据此进行非对齐传输。例如，起始地址为 0x06，传输位宽为 4B，此时 AXI 总线实际会从起始地址 0x00 开始传输，同时在有效传输数据前面填充数据并用 wstrb 信号进行掩码，wstrb 信号保证了前 6B 的数据无效。之后，再从对齐的地址 0x08 继续未完成的传输。对于 AXI 总线而言，主设备在没有得到从设备的返回数据之前可以再次发出读写事务请求，从设备返回的数据顺序可以被打乱，也支持非对齐的数据访问，这些特性提高了总线的传输效率。AXI 总线中各个传输之间仅依靠传输 ID 来互相识别，不存在时序上的依赖关系，因此可以通过流水的方式提高总线的吞吐率。

进一步考虑到 SoC 低功耗设计的特殊性，AXI 总线协议还定义了进入/退出低功耗节电模式前后的握手协议，规定了如何通知进入低功耗模式、何时关断时钟、何时开启时钟及如何退出低功耗模式。这种模式使得所有 IP 在进行功耗控制的设计时有统一的标准可以参考，便于将它们集成在统一的系统之中。

总之，作为 AHB 的改进版，AXI 总线不仅集成了 AHB 便于集成、便于实现和扩展的优点，还在设计上引入了 outstanding 传输和乱序传输等机制，使得总线带宽得到了最大限度的利用，可进一步满足高性能系统中对大量数据的存取要求。目前，AXI 总线协议被广泛应用于各种高性能 SoC 之中。

6.3 SoC 软硬件协同开发

硬件在某种程度上可以认为是 SoC 的"肉身"，它使得 SoC 具有能够工作的能力；软件可以认为是 SoC 的"灵魂"，它直接决定了 SoC 是否能够工作。进行 SoC 设计时不仅需要应对复杂的硬件设计所带来的挑战，更需要应对系统层面上的挑战。为了在尽可能低的成本下实现更高的性能，设计者需要综合考虑软硬件两个方面，按照功能对整个系统的各部分进行软硬件划分，并在此基础上实现软硬件的协同工作。

6.3.1 SoC 的软件环境

软件结构是 SoC 重要的组成部分之一，其实现依托于硬件，但却决定了硬件性能的发挥。在许多 SoC 中，软件部分设计的复杂度和开发周期甚至都超过了硬件部分的设计，这表明了软件部分的设计的重要性。

SoC 上的软件，即应用程序，需要在一定条件下的软件环境中才能运行。软件环境包括软件的开发环境和软件的运行环境。

一个完整的软件开发与运行环境如图 6-8 所示。其中开发环境包括软件源码、编译器、汇编器、连接器及硬件调试接口等。软件源码位于抽象层次的最高层，它经过编译、汇编、连接等步骤后转换成系统能够运行的二进制代码。硬件调试接口位于抽象层次的底层，它可以将一些硬件的细节暴露给软件代码，为程序的调试提供便利。软件的开发环境细节主要取决于 SoC 的处理器指令集架构，目前主流的 MIPS、ARM 和 RISC-V 等架构都具有相当完善的软件开发环境，例如编译器 GCC、LLVM，调试器 GDB，指令仿真器 QEMU、gem5 及片上调试工具 OpenOCD 等。

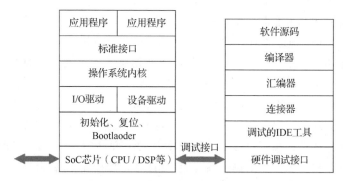

图 6-8　一个完整的软件开发与运行环境

软件的运行环境一般包括以操作系统为核心的软件结构。具体而言，主要包括顶层的应用程序、标准接口、操作系统内核、I/O 驱动及芯片的底层硬件。如果 SoC 面向的应用比较简单，可能无须操作系统就能够实现所需的功能，此时操作系统对于 SoC 是不必要的。在操作系统上层有着各种地址空间隔离开的应用程序，它们可以实现所需的各种功能，例如图像处理应用或人工智能应用。应用程序通过操作系统提供的各种预定义接口对硬件进行控制，从而完成程序任务。

一般情况下，应用程序相互独立，但可以通过某种标准协议（如网络协议）实现不同应用程序间的通信。这种基于消息传递的通信方式十分可靠，但性能可能较差。为了解决这个问题，操作系统内核可以通过存储器共享的方式提高通信速度，例如应用程序将想要传递的数据写入内存的某个地址，接着将这个内存地址的指针传递给另一个应用程序，从而实现数据的通信。但值得一提的是，这种方法在安全性上存在问题，数据指针的暴露可能会引来恶意攻击。

6.3.2　SoC 的软硬件协同设计

前文提到，SoC 的软硬件协同设计是目前 SoC 设计中面临的主要挑战之一，如何进行高效的软硬件协同设计是 SoC 设计者需要考虑的关键问题。完整的软硬件协同技术大致包括软硬件协同分析、软硬件协同设计、软硬件协同模拟和软硬件协同验证。本小节主要对 SoC 的软硬件协同设计流程中的一些通用的重要步骤进行介绍。这些步骤主要包括软硬件划分、地址映射、硬件设备集成、中断控制、程序调试等。有兴趣的读者可自行查找相关资料对高级的软硬件协同设计技术进行进一步探索。

1.　软硬件划分

SoC 是一个相当复杂的系统，系统中的各个部分都可以采用硬件或者软件的方式实现。某些部分，例如复杂的流程控制或迭代速度快的功能，采用软件实现更为高效；另一些部分，例如计算密集的功能或规模大且固定的功能，采用硬件实现可能更有利于提升系统的整体性能。例如，当下面向人工智能领域应用的 SoC，大部分会采用硬件来实现一种神经网络加速器（accelerator），将神经网络的训练和推理步骤中包含大量计算的过程交由硬件完成，处理器只需要对神经网络的输入输出数据流进行调度，这种情况不会对处理器造成太大负担，可以减小整个 SoC 对处理器的性能需求。

如果要实现良好的软硬件划分，就要求设计师对整个系统的功能有充分的了解，根据系统提供的软硬件资源考察系统各个部分的软硬件可实现性，并比较软件和硬件两者实现的优缺点。高效的软硬件划分能够大大提高 SoC 设计的效率，并在一定程度上降低设计成本及提升系统性能。图 6-9 示意了一个较为简单的系统的软硬件划分。

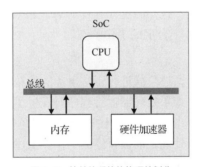

图 6-9　简单的系统的软硬件划分

2.　地址映射

SoC 中有大量不同功能的设备，包括存储器及各种外设等，这些设备大都需要对处理器运行的应用程序可见。地址映射指将这些应用程序可见的设备映射到固定的独立地址空间，应用程序通过这些事先规定好的地址即可对映射的特定设备进行控制。

地址映射过程中会涉及对 SoC 中的设备分配地址空间。一般情况下会将 SoC 中存在的各种硬件设备划分到统一的连续地址空间，每个设备独占全部地址空间中的某一段地址空间，处理器通过这一地址空间控制相应的设备。需要注意，一段地址空间仅映射到单个设备，而不会映射到多个设备。地址映射关系是固定的，对于软件和硬件是协调一致的，在采用总线架构的 SoC 中，一般由总线控制器具体实现这一地址映射关系。当总线上有数据传输请求时，总线根据地址选择向哪个设备传输这一请求。设计 SoC 的软件部分和硬件部分时都需要遵守这一地址映射关系。一个示例的 SoC 地址映射关系如图 6-10 所示。

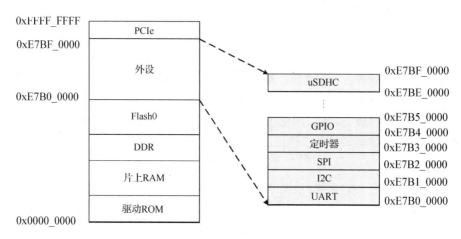

图 6-10　一个示例的 SoC 地址映射关系

3．硬件设备集成

　　SoC 中的各个设备通过总线连接，想要在现有的 SoC 中增加一个新的硬件设备，一般通过总线将该设备集成到系统中。总线是一套预先设计好的互连规范与接口规范，设备若要通过总线进行正常的控制和数据传输，必须满足这一特定的总线协议，再进行设备设计，尤其是进行设备的接口设计时，需要考虑到这一点。

　　硬件设备集成的位置和地址映射关系息息相关，已经被其他设备占用的地址不能用于新的硬件设备集成。对于一个基础的 SoC 平台，其总线上一般会预留一些额外的设备扩展接口，用于新的硬件设备集成。这样的设计方式与基于 FPGA 的硬件验证相结合，可以快速验证一个新设备在基础 SoC 平台上的工作状态。

4．中断控制

　　处理器和硬件设备间除了通过总线进行正常事务的发送和接收外，还需要依靠中断机制完成一些紧急事务的请求。如果处理器运行程序时发生了紧急情况，此时中断信号会发送到处理器并要求处理器暂停当前的工作，优先处理该紧急事务。当紧急事务处理结束后，处理器将恢复原状态，并继续处理之前被暂停的工作。上述紧急事务发生后，系统的整个工作过程称为中断。一旦触发中断，首先需要保存处理器的当前状态，之后处理器的 PC 地址会指向中断服务程序（interrupt service routine，ISR）的入口地址，从而运行对应的中断服务程序，各类中断服务程序的入口地址均存放在中断向量表中，中断向量表存储在固定的地址空间中。

　　中断信号是由硬件或软件发出的指示处理器的信号，指示需要立即注意的事务。中断过程中，处理器会挂起其当前活动，保存当前状态并执行中断服务程序来处理事件并完成响应。中断过程是暂时的，在中断处理程序完成后，除非处理中断的过程发生致命错误，否则处理器将恢复正常活动。

　　根据触发方式的不同，中断可分为硬件中断和软件中断。硬件中断用于 SoC 平台内处理器和硬件设备的通信，此处只讨论硬件中断。

要实现硬件中断，需要选择作为中断源的硬件设备的某一接口信号作为中断信号，该中断信号最终发送到处理器，告知处理器中断的发生。由于中断屏蔽、中断优先级、中断嵌套等高级需求，一般不会把中断信号直接发送到处理器，而是首先发送到中断控制器。常见的中断控制器有内嵌向量中断控制器（nested vectored interrupt controller，NVIC）、平台级别中断控制器（platform-level interrupt controller，PLIC）等。

发起中断的行为称为中断请求（interrupt request，IRQ）。发生中断时，中断信号会发生固定动作（例如上升沿、高电平等）。一般情况下，系统会为不同的设备分配与某个中断服务程序关联的唯一中断序号，以便处理器区分不同的中断来源。发生中断时，根据中断序号，处理器可以通过查询中断向量表获取对应的中断服务程序的入口地址，并据此运行对应的中断服务程序。

中断具有优先级，优先级决定了发生多个中断冲突时的处理顺序。如果系统内同时发生了多个中断，那么将会按照中断优先级的高低顺序，先处理优先级高的中断，再处理优先级低的中断。

中断程序之间也可以相互嵌套，即系统在处理一个中断程序时可以被另一个中断影响，转而执行新的中断程序。需要注意的是，只有低优先级的中断程序可以被高优先级的中断程序嵌套，而优先级相同的两个中断程序之间不存在嵌套关系。在某些设计中，为了区分优先级相同的中断同时发生时的处理顺序，将中断程序的优先级细分为抢占优先级和响应优先级。其中抢占优先级类似于前述的优先级，响应优先级专门用于处理抢占优先级相同但中断同时到达的情况。此时系统将先处理响应优先级更高的中断。图6-11展示了一个嵌套的中断程序的处理过程。该例中有两级嵌套的中断程序，并且一级中断程序被二级中断程序嵌套了两次。

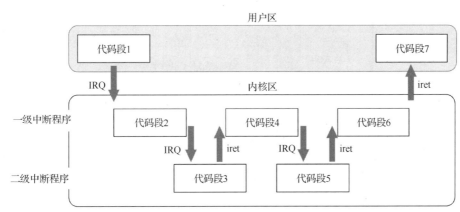

图 6-11　一个嵌套的中断程序的处理过程

SoC中需要中断的场景很多。例如，对于一个需要长时间处理的硬件设备，当处理器向其发送数据并控制其开始处理后，处理器可以通过该硬件设备处理结束后发出的中断信号来获悉该设备处理结束，而不必进行长时间的查询。处理器也可以根据该中断来执行相应的中断服务程序，对设备产生的结果及相应事务进行处理。

5．程序调试

当SoC的硬件部分搭建完成后，需要编写相应的应用程序对各个硬件设备及总线进行调试，保证其能够正常工作。在硬件工作正常的前提下，可以开始编写应用程序来操控硬件协同完成设计所需的功能。以上这些步骤都离不开程序调试。如图 6-8 所示，程序调试主要依赖的是调试的集成开发环境（integrated development environment，IDE）工具和硬件调试接口，两者相互协同工作。

调试的 IDE 工具是一个便于用户执行各种程序调试操作，以及观察各种硬件信息的软件工具，它将硬件调试接口暴露的硬件信息转换成易于阅读的形式，同时通过硬件调试接口对处理器进行一定程度的控制，例如修改 PC 和寄存器值等。实际使用中，软件的开发环境中的软件源码、编译器、汇编器、连接器、调试的 IDE 工具一般都会被集成到一个软件中，称为软件开发套件（software development kit，SDK）。SDK 提供了源码的编写环境、各种运行库和软件包的支持、大量的应用程序接口（application program interface，API）、各种示例代码，以及方便编译和调试的各种工具等。不同公司设计的处理器会为其配备相应的 SDK，例如较为知名的 SDK Keil，支持 51 系列的微控制单元（microcontroller unit，MCU）及 ARM 的内核。

硬件调试接口是与处理器紧耦合的一套接口规范。通过硬件调试接口可以获取处理器及 SoC 平台内部的一些硬件信息，也可以对处理器进行简单的控制。当设计者需要对 SoC 进行调试时，需要通过硬件调试接口将 SoC 设备和上位机（一般是 PC）连接，处理器核上的硬件调试接口在 SoC 上会转换成一些常用的通信总线（例如 USB），如图 6-12 所示。调试的 IDE 工具基于硬件调试接口开发而成，实际上该 IDE 工具的主要功能就是控制数据在硬件调试接口和上位机之间传输。

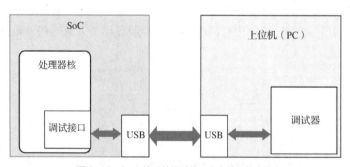

图 6-12　SoC 的硬件调试接口和上位机的连接

常用的硬件调试接口有联合测试工作组（joint test action group，JTAG）和串行调试（serial wire debug，SWD）接口等。不同的调试接口的传输速率和实现代价各不相同，有各自的优缺点，例如 JTAG 有 20 个引脚，使用并行接口，速度更快；SWD 接口有 4 个或 5 个引脚，使用串行接口，可靠性更强。

6.4　案例学习：wujian100 SoC 平台

第 5 章介绍了平头哥 wujian100 中 USI 模块的基本情况。本节将详细介绍 wujian100 整体 SoC 的组成结构，以令读者对 SoC 有更直观的认识。

图 6-13 展示了 wujian100 的系统结构层次，wujian100 中的各级硬件组件按照图中的逻辑关系进行连接。

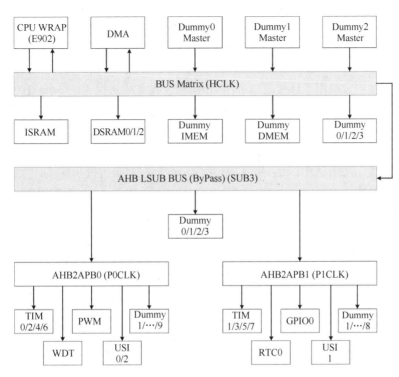

图 6-13　wujian100 的系统结构层次

wujian100 是基于微控制器的 SoC，其处理器核是平头哥的 E902 CPU，作为平头哥推出的 E 系列 CPU 中较新的一款，E902 主要面向对功耗和成本极其敏感的物联网等领域。E902 的主频只有 100MHz，难以支持需要高强度计算的应用领域，主要适用于轻量级计算和程序控制任务。如果使用 wujian100 SoC 开发存在大量计算过程的应用，可以考虑通过增加硬件加速器 IP 的方式加速计算部分。E902 采用 RISC-V RV32E[M]C 指令集架构。出于功耗和成本的考虑，E902 只实现了部分 32 位的 RISC-V 指令子集和平头哥自研的 MCU 性能增强扩展指令子集。wujian100 中使用的中断控制器包括 CLINT（core-local interrupter）、CLIC（core-local interrupt controller）和 VIC（vectored interrupt controller）。其中 CLINT 和 CLIC 是核内局部中断控制器，位于处理器 E902 的内部。CLINT 仅实现了机器模式软件中断和机器模式计时器中断，是一个极其简单的中断控制器；而 CLIC 实现了处理器各个模式下触发的中断。CLIC 最多支持 240 个外部中断源可配置，支持电平中断、脉冲中断，并兼容 CLINT 的至多 16 个中断。CLIC 总共支持 256 个中断处理。CLIC 支持最多 32 个级别的中断优先级，并可以对不同来源的中断进行仲裁。VIC 用于控制核外的中断，支持 64 个中断及相互嵌套，每个中断拥有独立的优先级。开源的 wujian100 SoC 平台中提供 0～39 这 40 个中断序号供系统和各种外设使用，剩余 40～63 这 24 个中断序号用作扩展的中断源。当使用了某一中断序号，并将其代表的中断信号线连接到作为中断源的设备上时，就需要在程序的起始文件的中断向量表上增加对应的中断句柄（中断服务程序入口），并实现相应的中断服务程序，这样才能保证该序号的中断过程正常工作。

wujian100 的存储系统除处理器 E902 的内部缓存外，在外部只有一个大小为 64KB 的指令 SRAM（instruction SRAM）和 3 块大小为 64KB 的数据 SRAM（data SRAM）。wujian100 采用哈佛架构，将 64KB 指令存储和 192KB 数据存储分离，便于嵌入式应用的内存地址管理和实现。

如图 6-13 所示，wujian100 拥有两级 AHB 结构。其中一级 AHB 为系统总线，实现了 wujian100 中核心组件（包括处理器、SRAM、DMA 等）的互连。另外，系统总线还预留了大量的扩展接口，可用于连接支持 AHB 协议的主设备或从设备。wujian100 同样为这些扩展接口预先分配好独立的地址空间，处理器可以通过这些地址访问对应的接口（设备）。用户可以自行设计符合 AHB 协议规范的 IP，将其集成到系统总线上，以完成 wujian100 的功能扩展。二级的 AHB 距离处理器及其他系统主设备较远，有着较长的访问延迟，也被称为低速总线。二级 AHB 和一级 AHB 之间一般通过同步桥进行连接，二级 AHB 对应的地址空间需要在一级 AHB 中事先分配，分配结束后，二级 AHB 再将得到的全部的地址空间分配到其上的各个设备上。在 wujian100 SoC 中，二级 AHB 设备接口主要是通过转换桥转换成 APB 设备接口，而后连接到外围、低速的 APB 设备上，包括定时器（timer，TIM）、实时时钟（real time clock，RTC）、通用 I/O 口（general purpose input/output，GPIO）、串行接口（universal serial interface，USI）模块、脉宽调制器（pulse width modulation，PWM）、看门狗（watchdog timer，WDT）等。二级 AHB 及转换后的 APB 上也预留了大量扩展接口，为用户自定义 IP 的集成提供空间。

wujian100 中的大部分外设，包括 DMA、TIM、WDT 等，都是 SoC 中通用的常见外设。此处对部分外设进行简单的介绍。

DMA 技术在第 5 章中已有介绍，此处进行简单回顾。DMA 是加快存储器访问的一种技术，能够有效减小 CPU 负载。在拥有 CPU 的系统中，传统的数据传输方式是通过 CPU 进行控制的。在传输过程中，CPU 向总线发送数据访问请求与对应的地址，请求经由总线传输到对应存储器，存储器返回对应地址的数据到总线中，最后 CPU 通过总线接收所需的数据。CPU 接收到某一地址的数据后，需要在 CPU 内部进行计算或者将其写入另一个地址（复制操作）。对于后一种情况，CPU 相当于数据传输的中介，如果需要进行大量的数据移动，CPU 会被长期占用，导致 CPU 利用效率的降低。

DMA 技术的出现缓解了这一问题。如图 6-13 所示，DMA 同 CPU 一样，是总线的主设备，可以向总线发起请求。当需要进行大量数据传输时，例如要将从某个固定地址起始的大量整型数据（数组）传输到另一个固定地址起始的空间，可以通过 DMA 传输便利地实现。对于 DMA 传输，首先需要对 DMA 进行配置，包括源地址、目的地址、传输方式等，然后发起 DMA 传输请求以进行传输，传输过程中，CPU 需要让出对总线的控制权。此时 DMA 占用总线，传输结束后 DMA 产生硬件中断，告知处理器传输完成，CPU 重新获取总线的控制权。通过 DMA 传输可以大大减小 CPU 的负载。在 DMA 传输的过程中，CPU 处于空闲状态，可以执行其他不使用总线的运算操作，提高了 CPU 的利用效率。

WDT 是一个简单的定时器电路，设置 WDT 的目的是防止 CPU 陷入死循环等死机状态。一旦定时器计时超过一定时间，WDT 就会对处理器进行复位。

RTC 的中文翻译为实时时钟，顾名思义，主要用于提供精确的实时时间和时间基准。

wujian100 中的 USI 模块实际是一个兼容支持 UART、SPI 和 I2C 这 3 种串行总线的接口模块。接口是芯片上一种十分紧缺的资源，串行总线由于其可以使用较少的接口实现高可靠性的数据传输的优势而被广泛应用。上述 3 种串行总线都是通用的规范串行总线。通过串行总线，可以实现 wujian100 与其他设备（例如 PC）间的数据传输。

wujian100 上的低功耗处理器 E902 和较少的存储空间并不足以支持在其上运行操作系统，实际上，wujian100 通过在其系统中运行裸机程序来实现所需功能。处理器 E902 中集成了对外的调试接口，可以向软件暴露部分硬件信息（例如通用寄存器值、内存空间存储的数据）。E902 的调试接口包括两线通信协议、两线接口控制器。E902 支持平头哥自定义的两线调试接口，调试接口使用自定义的两线接口协议与外部的调试器通信。E902 的调试工作是调试软件、调试代理服务程序、调试器和调试接口一起配合完成的。调试接口在整个 CPU 调试环境中的位置如图 6-14 所示。

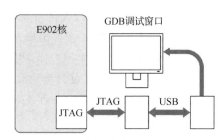

图 6-14　E902 的调试接口在整个 CPU 调试环境中的位置

平头哥为 wujian100 提供了配套的集成开发环境 CDK，CDK 中集成了支持平头哥自定义 RISC-V 扩展指令集的定制 RISC-V GNU 工具链，并提供了 wujian100 中各种外设的驱动程序和相关例程，以便用户复用和学习。用户可以直接在 CDK 的图形界面上编写应用程序源码，并通过可视化工具便利地进行编译和调试。CDK 的图形界面如图 6-15 所示。CDK 将 GDB 调试窗口通过各种中间连线最终连接到 E902 的调试接口上，用户可以通过 CDK 提供的调试窗口对应用程序进行上板调试。

图 6-15　CDK 的图形界面

本书在后续的实验部分中也设置了基于 wujian100 SoC 设计的相关实验。通过实验，读者可以更好地理解 SoC 的组成原理和开发过程。

6.5　本章小结

SoC，即片上系统或系统级芯片，其自诞生以来就展现了强大的发展潜力，并受到了人们广泛的关注。随着 SoC 的不断发展，在当今的芯片行业，许多不同领域中都出现了 SoC 的身影。本章首先对 SoC 进行了明确的定义，并论述了 SoC 在"后摩尔时代"所具有的优点和挑战。一个 SoC 通常包括处理器、存储器、各种外设和 IP。为了实现处理器与外设的高效率互连，需要设计规范且高效的总线协议。本章以应用广泛的 AMBA 总线为例，集中介绍了 APB、AHB、AXI 总线这 3 种总线，以便读者理解 SoC 中的总线互连。软件作为 SoC 的重要部分，设计恰当的软件能够使 SoC 发挥出最大的硬件效能。本章后续简单介绍了 SoC 的软件结构，从底层的引导程序、各种 I/O 驱动程序和设备驱动程序，到操作系统内核及其标准接口，再到最上层的应用程序，使读者对软件在硬件上的运行原理有更深入的认识。最后，本章展示了一个业界的 SoC 实例——平头哥 wujian100，并对 wujian100 的组成结构和部分核心组件进行了简单介绍。

第 7 章
嵌入式操作系统

操作系统是现代计算机系统中引人入胜的内容，它构建了用户软件和硬件的桥梁，并始终伴随着计算机软硬件的发展而蓬勃发展。操作系统与本书已经介绍的指令集架构、存储系统和 I/O 系统等紧密关联，为用户提供了计算机系统的高层次抽象。本章将对操作系统的核心概念做简要介绍，包含操作系统的发展和特点、进程和进程保护、进程调度及文件系统。

本章学习目标
（1）了解操作系统的概念、基本特点和主要分类。
（2）掌握进程的概念，掌握进程保护和进程调度的主要技术。
（3）掌握文件系统的概念，掌握操作系统中目录和文件的组织形式。
（4）了解嵌入式设备上启动 Linux 操作系统的基本流程。

7.1 操作系统简介

本节对操作系统做概括性介绍，内容包括操作系统的主要功能和特点、操作系统的历史与主要类别、嵌入式操作系统的主要特点等。

7.1.1 操作系统的基本概念

操作系统（operating system，OS）是应用程序和硬件之间的一层软件，它帮助用户和程序管理计算机资源，是现代计算机系统的核心概念之一。当一个应用程序在命令终端中被加载、运行乃至输出信息到屏幕上时，无论是终端还是被运行的应用程序本身都不会直接访问存储器、显示器等硬件设备，它们仅仅是利用操作系统暴露出的接口，依赖操作系统的服务与硬件交互。如图 7-1 所示，操作系统可以被视为计算机底层的软件，应用程序使用系统库提供的函数调用，在内核提供的上下文（context）中运行，同时操作系统提供隔离和保护功能，保证应用程序之间不发生错误的干扰。

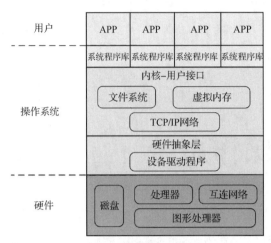

图 7-1　操作系统所处的层次

操作系统主要扮演以下 3 个角色。

（1）仲裁和保护：在同一台机器上同时运行着许多程序，而操作系统管理着这些程序之间共享的资源。操作系统决定了硬件资源在用户程序之间的分配和调度，也负责管理程序间的数据共享和数据隔离，避免程序间的相互干扰，同时阻止恶意程序的非法访问。

（2）软硬件接口：操作系统将具体的硬件实现和软件开发解耦，为用户软件提供了硬件抽象以简化软件设计的复杂程度。软件编程者不再需要知晓具体的硬件构造，而通过文件系统、虚拟内存、进程及系统调用等抽象表示就可以实现对系统资源的调度。操作系统给每个用户程序提供了一种假象：仿佛每个程序能够使用无限的内存，以及独自占用所有的计算机资源。

（3）应用间通信：在提供应用间数据隔离的同时，操作系统也必须提供一种机制来支持应用间交换信息。Linux 系统以信号（signal）的机制允许进程和内核中断或者终止其他的进程，操作系统维护的文件系统抽象也可以让不同的进程以文件名的形式读写相同的文件。

7.1.2　操作系统的发展历史

操作系统的发展与软硬件的发展息息相关。早期的大型电子计算机没有操作系统的概念，用户使用控制台按键启动计算机，并通过打孔纸输入程序及数据，计算机依次完成计算任务，没有程序调度。20 世纪 60 年代，一些系统管理工具和简化硬件流程的微程序逐渐流行，商用计算机供应商开始推出批处理（batch processing）系统。这类系统的特点是能够接收一系列用户提交的作业加入某个队列中，根据特定的作业调度算法，将队列中待执行的程序逐个调入内存，完成后将结果返回给用户。批处理系统将程序的调度和运行序列化，有效地提高了计算机执行多任务时的自动化程度。但当时的每台计算机都拥有不同的批处理系统，导致程序无法迁移到其他计算机上运行。

1964 年，IBM System/360 改变了策略，为其系列不同型号和用途的大型机推出了一套统一的 OS/360 系统。这一划时代的产品为后继者提供了两个开创性的贡献：一是让单一的操作系统在整个系列产品的不同型号计算机之间具有通用性，使得用户可以轻松地编写出高兼容性的程序；二是提出了分时系统（time sharing operating system）的概念，即将 CPU 运行的时间分成若干个时间片（tick），各个进程轮流竞争和使用时间片来获得 CPU 的使用权。分时策略和当今的多核并行有本质的不同，因为在微观上分时系统在任意时间点依然只有单个程序在使用 CPU，只是由于计算机的频率足够高，分时可以让用户感受不到进程间歇，从而为用户营造一种自己正在独占整个计算机资源的假象。分时系统的抢占性和高交互性的特点使 IBM 的 OS/360 大获成功。

1975 年，CP/M 系统首次引入了一种只读存储器，称为基本输入输出系统（basic input output system，BIOS），用以初始化显示器、键盘、软盘等设备。BIOS 为计算机提供底层的硬件抽象和控制，为作业系统提供抽象化的系统参数。用户可以使用 BASIC 语言直接操作 BIOS，并撰写程序，间接控制硬件。这种构建程序与硬件设备"桥梁"的理念已经发展成为当今计算机操作系统的核心概念之一。不过，彼时的 BIOS 不存在内核隔离及硬件保护机制，使得编程者可以轻易忽略 BIOS 提供的抽象层而直接控制硬件，这也导致早期的 BIOS 很容易成为病毒、木马的攻击目标。

随着计算机由大型机向小型化发展，商用微型计算机打开了市场。20 世纪 80 年代，家用计算机开始逐渐普及。此时软盘（floppy disk）取代磁带成为主流的存储设备。为了支持这种新型存储器上的文件读写，磁盘操作系统（disk operating system，DOS）应运而生。DOS 可以在磁盘片上放置任意数量、任意大小的文件，并向用户提供一种文件系统抽象，文件之间以文件名区分。微软公司和 IBM 在此背景下合作推出的 MS-DOS 是 Intel x86 个人计算机上最为成功和普及的 DOS。MS-DOS 让程序可以操控 BIOS 和文件系统，并从 Intel 80286 处理器起加入了对存储设备的保护，以提高安全性。该系统正式让微软公司成为全世界最赚钱的商业软件公司之一。

操作系统历史上的另一个里程碑式革新是图形用户界面（graphical user interface，GUI）的引入。1984 年，苹果公司为麦金塔（Macintosh）系列计算机推出了麦金塔操作系统，该系统在 1996 年更名为 macOS，为图形用户界面的风行起到了重要的推动作用。微软公司在 1983 年也计划为 MS-DOS 构建一个图形应用程序，并由此诞生了 Windows 系统。早期的 Windows 完全基于 MS-DOS，还不能称为一个独立的操作系统。20 世纪 90 年代，微软逐渐由 MS-DOS 转向了 Windows NT，在底层硬件之上提供了一个内核直接接触的硬件抽象层（hardware abstraction layer，HAL），不同的驱动程序以模块形式在内核上挂载，位于 HAL 之上的系统服务层则使用统一的函数调用库为用户模式提供服务，由此实现用户与内核的隔离。Windows 是当今最成功的个人台式计算机图形操作系统之一。

除了众多成功的商业系统，UNIX 系统及开源的类 UNIX 系统也是操作系统发展历史上不可不介绍的瞩目成就。UNIX 受到 Multics 启发，由贝尔实验室在 1970 年前后开发，并由 AT&T 公司在 UNIX 发展早期向学术机构提供廉价授权，因此大受欢迎。早期 UNIX 所使用的 PDP-7 汇编语言和 B 语言在进行系统编程时不够强大，这直接催生了 C 语言的诞生。1973 年，UNIX 被肯尼思·汤普森（Kenneth Thompson）和丹尼斯·里奇（Dennis Richie）用 C 语言重写，使得系统代码比过去简洁紧凑，可读性和可移植性大大提高，这成了 UNIX 广泛发展的重要基础。

UNIX 在此后数十年里著作权所有者不断更迭，众多商业公司拥有自己的 UNIX 变体，知识产权和专利权方面的争端限制了 UNIX 的自由传播和使用，由此催生了 20 世纪最为重要的几个开源代码项目的诞生。一方面，GNU（取自 GNU's Not Unix 的递归缩写）及其通用公共许可协议 GPL（GNU general public license）提供了完全开源的编辑器、编译器和 Shell 程序，但缺少一个自由的操作系统内核。另一方面，1991 年横空出世的 Linux 系统很好地弥补了 GNU 的这个空缺。Linux 的初衷是开发一个兼容 MINIX 系统（一种只能用于教学用途的类 UNIX 系统）软件的标准可移植操作系统接口（portable operating system interface，POSIX）内核，后来得益于 GNU 项目源码完全开放、可自由修改的特点，Linux 快速"拥抱"了 GNU 软件，并迅速获得了相当可观的开源操作系统市场份额。GNU 和 Linux 相得益彰，是计算机科学历史上开源软件的典范。当今，Linux 是科学计算、超级计算机、数据中心和服务器等领域的主流操作系统。

7.1.3 嵌入式操作系统的主要特点

操作系统受到硬件结构、编程模型等诸多因素的影响，难以对其进行界限明确的归纳。不同的教材对操作系统的分类可能有所不同。大体而言，从工作方式上，操作系统可以划分为早期的批处理系统和现在流行的分时系统、实时系统等。根据运行环境和计算机结构，操作系统可以分为桌面操作系统、嵌入式操作系统、分布式操作系统等。基于同样的理由，准确地定义"什么是嵌入式系统"同样是困难的，大体而言，嵌入式系统一般具有以下几个特点。

（1）面向专门应用：传统意义的嵌入式系统通常是专门面向某种应用而开发的系统，如温度监控器和阀门控制器等。随着智能手机的普及，移动设备搭载的操作系统的功能愈加齐全和强大，已经具有良好的通用性。虽然传统意义上，移动端设备被视为嵌入式设备的一种，但如今这已经是一个相当独立的细分市场。

（2）低功耗系统：许多嵌入式设备是电池驱动的，因此需要严格控制功耗以增加续航，如智能手机、智能手表等。但该特点也并不绝对，例如高性能路由器、交换机这类设备，它们需要强大的处理能力来转发海量数据包，这类嵌入式设备的功耗控制相对没有那么重要。

（3）可能是其他系统的子系统：某些嵌入式系统可能进一步嵌入在其他更复杂的系统中，例如汽车的引擎管理系统，它只构成汽车系统管理的一个环节。但实际上也有许多嵌入式系统是独立工作的，例如路由器、机顶盒中的系统等。

（4）需要专门设计：早年嵌入式设备通常只拥有有限的运算能力和内存资源，因此只有经过特别定制的操作系统才能运行。但随着处理器算力和内存容量的增长，像 Linux 这种通用的操作系统也已经可以在很多嵌入式设备上运行了。

从上述讨论可以看到，许多传统意义上嵌入式系统具有的特点如今并不尽然成立。随着软硬件技术的发展，嵌入式系统与通用系统之间的界限是模糊的。尽管本书的某些概念是针对嵌入式处理器的，但嵌入式操作系统的问题通常也是通用操作系统问题的一个子集。受到篇幅限制，本书无法面面俱到地讲述嵌入式操作系统的所有方面。本章将以 Linux 系统为基础，简单介绍操作系统中进程与进程保护、进程调度、文件管理的基本内容。

7.2 进程与进程保护

本节对进程与进程保护的基本概念做简要介绍。

7.2.1 进程的基本概念

进程是操作系统中最重要、最核心的抽象之一，是现代操作系统的创举。进程是应用程序的一个实例,进程与应用程序之间的关系类似于面向对象程序设计中类和对象的关系。程序开发人员使用高级编程语言编写了程序的源码,由编译器将源码转换为程序的执行镜像,其结果通常是一种二进制格式的文件。二进制文件除程序指令流,一般还包含程序的静态数据、变量初始值等,并指导程序在内存中的加载位置。在执行程序时,操作系统依照执行镜像,为程序生成地址空间映射,将指令和数据复制到内存中的特定位置,在内核中维护相关的数据结构,并由此生成一个运行中的进程。每一个运行中的程序都对应于一个独立的进程,并通过进程号(process ID,PID)进行标识和区分。在各自数据上执行的同一个执行镜像的两个副本构成两个不同的进程。进程为用户提供了至少两个核心的抽象视角:独占性和并发性。

1. 进程的独占性

在一个操作系统上,可以同时运行很多不同的进程。每个进程都仿佛在独占地使用硬件资源,包括主存、I/O 资源、处理器资源等,就好像系统中不存在其他程序一样。从内存的角度看,则仿佛每个进程都在独占地使用内存,并看到一致的内存空间。这种特性与第 5 章介绍的虚拟内存的概念密不可分。操作系统在将执行镜像加载到内存时,为每个新进程划分一个独立的物理内存区域,用来存放该进程所需各种代码、数据和信息。如图 7-2 所示,操作系统为进程维护统一且连贯的虚拟地址空间,不同进程数据的实际存放位置则被映射到不同的物理地址,以达到数据隔离的目的。共享库和内核区域通过映射到相同的物理位置以实现资源共享。

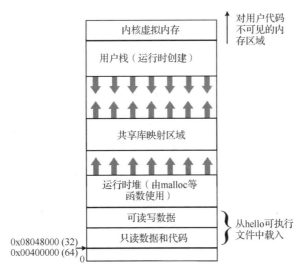

图 7-2 进程的虚拟地址空间

在 Linux 系统里,该虚拟内存视角包括以下内容。

(1)内核(kernel):内核通常位于虚拟内存的最高地址空间。由下一节介绍的权限等级提供隔离和保护,内核区域能够阻止用户程序对该区域的读写。内核区域除了维护系统和进程的关键信息外,还定义了多种系统调用函数,用户程序通过内核完成和硬件的交互。通常同一处理器上的进程均有相同的内核地址映射,这种传统的为所有用户进程保留内核地址映射的做法已经被证明具有某些安全隐患,自 Linux 4.15 系统加入的内核页表隔离(kernel page-table isolation,KPTI)机制已经移除了多数内核地址在用户进程空间里的映射。

（2）执行栈（stack）：栈是实现过程调用的核心结构。栈在发生过程调用时动态地生长，以存放局部变量信息。过程调用返回时，栈就会释放和收缩。编译器使用执行栈来确保嵌套执行的程序具有正确的数据和控制流。栈通常位于虚拟内存中用户可访问区域的顶端，并向"低地址"生长。

（3）共享库（shared library）：尽管进程的抽象让每个加载到内存的程序都拥有独立的代码和数据空间，但是某些库函数如标准输出函数（printf 函数）可能被几乎所有的程序使用，把这些函数的实现复制到每个进程的物理空间中是对存储空间的一种浪费。共享库用以让所有的进程共享一个单一的函数实现，即所有进程对共享库的调用都指向内存中相同的物理区域，执行时进程可以动态地连接和加载这些库函数。

（4）运行时堆（heap）：某些情况下，程序所需的内存空间在编译时无法确定，而需要推迟到执行时（runtime）决定，典型的如动态内存分配所使用的 malloc 函数和 calloc 函数。运行时堆用于在进程执行时为程序动态提供临时的数据空间。与栈不同的是，堆通常位于虚拟地址空间的较低地址，并向"高地址"生长。

（5）代码和数据：对于使用冯·诺依曼架构的 x86 计算机而言，虚拟内存的低地址空间从一个固定位置开始存放程序的代码段（.text）和数据段（.data）。对于 64 位的 Linux 系统而言，这一起始位置通常是 0x400000，低于该地址的空间默认不做任何映射，用于确保空指针可以触发 SIGSEGV 异常。

同一个执行镜像产生的所有进程具有相同的虚拟内存视角，但是虚拟内存和物理内存之间映射的多样性又维持了进程在操作系统中的良好特性。一方面，每个进程独立的代码和数据空间、栈和堆等被映射到不同的物理内存上，以确保不同进程运行时不会互相干扰。另一方面，内核和共享库区域可以指向相同的物理内存区域，以享受动态连接带来的灵活性，有效节省存储资源。

2. 进程的并发性

尽管在进程的视角上，每个进程都独占地使用硬件而互不干扰，但事实上处理器中不同进程的指令之间是交错执行的。在早期的批处理系统里，任务按照其被调度的顺序依次执行，同一时刻只能运行单一的程序，前一程序执行完成后才可以开始执行下一程序。而对于现在的分时操作系统而言，在没有超线程的单核处理器中，微观上讲同一时刻仍然仅有一个进程处于活跃状态，但每个任务不再是连续无间断地完成执行，而是竞争性地抢占 CPU 资源，并采用分时的方式交替完成。宏观视角上，由于时间片的持续时间小到用户无法感知程序间的交错，用户会认为所有的进程似乎在同时执行，这就是进程的并发。

并发（concurrent）与并行（parallel）有本质的不同，并行通常是由于多核处理器在事实上具有同时运行多个程序的能力，而进程在单核处理器上的并发运行性能依然受到处理器每周期能执行的指令上限的影响。并发机制的核心优势在于提高了操作系统响应用户操作的实时性和可交互性，用户不再需要等待其他程序执行完成就可以开始执行新的程序。并发依赖操作系统的上下文切换来实现。如图 7-3 所示，上下文代表了一个进程的运行环境和执行信息，例如当前的 PC 寄存器值、寄存器堆信息等。当一个进程的连续执行时间到达阈值，或者进程要发起系统调用等情况出现时，内核将开始进程切换，旧进程的上下文信息将被保存起来，新进程的上下文信息将被恢复，以将控制权转移到新进程并重新从它上次暂停的位置继续执行。不同进程间的调度方法依赖于调度算法，相关内容将在 7.3 节中介绍。

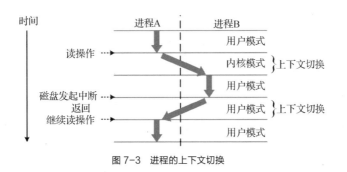

图 7-3　进程的上下文切换

7.2.2　进程保护

进程的上述抽象已经概括了内核在进程调度中扮演的角色。狭义的操作系统概念就是指操作系统内核，它在系统的启动阶段被加载并常驻内存。内核本质也是一种程序，但不能被视为一个单一的进程。它高度聚合，是操作系统用来管理和调度所有进程需要的代码和数据结构的集合体。举例而言，每个进程在内核中都包含一个进程控制块（processing control block，PCB），其中存储了包括进程在内存中的地址、进程的执行镜像在磁盘中的位置、执行进程的用户以及进程拥有的权限等信息。PCB 在内核里面通过线性表、索引表或者链表的结构组织起来，构成了内核对操作系统中全部进程的完整视角，是操作系统感知和控制进程的唯一途径。

可见，内核在操作系统提供的服务中具有核心的地位，这也引出了操作系统的另一个职责。内核中的核心数据不应当被普通的用户程序随意获取和篡改，一个用户程序也不应当自由访问不属于自身的物理内存空间。为此，操作系统还为进程提供隔离和保护功能。内核与用户程序间的特权等级划分是操作系统提供保护的核心机制，即普通的用户程序一般仅能在一定限制下获取有限的访问权限，而内核通常可以受信执行所有操作，拥有对所有硬件资源的访问权限。

Linux 在操作系统层面至少划分两种权限等级，分别是用户模式和内核模式，这要求处理器中至少增加一位，专门用来记录当前所处的模式。注意，具体的硬件实现因指令集和微架构的定义往往有更多的复杂性，但最终都会映射到 Linux 的这两种基本的权限等级上。

在硬件上，一般至少需要增加 3 种设计，以支持操作系统实现不同权限等级下的隔离和保护。

（1）特权指令：只允许在内核模式下执行，而不允许在用户模式下执行的指令称为特权指令。针对 RISC-V 指令集的特权指令已经在第 2 章中有所介绍。操作系统内核通过执行特权指令来对系统进行管理，比如模式切换、内存访问控制及中断使能控制等。如果一个处于用户模式下的程序尝试执行特权指令，则应当引发一个处理器异常。触发处理器异常后，处理器会将控制权转交给操作系统的异常句柄来处理，结果通常是结束程序的运行。

（2）内存隔离和保护：内核是常驻内存的，而进程运行时相关的代码和数据也会载入内存特定的物理位置。为了使得内存共享更加安全，操作系统必须能够为不同的内存地址区域划分不同的访问权限，这同时需要硬件结构的配合才可以实现完整的权限检查。有关操作系统具体是如何控制一个进程可访问的内存空间的，在本书第 2 章中已有描述。对于 RISC-V 指令集而言，其物理内存保护（PMP）机制利用相关的控制寄存器为不同的地址范围划定访问权限。对于处理器的取指操作而言，应当检查程序计数器的地址是否是可执行的，具备可执行标志的地址上的内容才可以视作一条合法指令被处理器执行，否则应当引发一个硬件异常，并将控制权交回给操作系统内核。与之类似的是，对于访存类指令，处理器需要检查引用的内存地址是否具有相应的读/写权限，否则也会产生异常。

（3）中断和异常处理：运行于用户模式的进程要进入内核模式，通常仅能通过诸如中断（interrupt）、陷阱（trap）和异常（exception）等机制进行特权等级的切换。不同系统对这类概念的阐述有所不同，这里用中断代表来自处理器外部的 I/O 设备等外设的异步事件，而用异常代表处理器内部引发的同步事件。例如，由于内核具有进程调度的职责，为了合理地分配各个进程的运行时间，内核必须周期性地获得控制权。为此，几乎所有的计算机系统都包含一个被称为定时器中断的设备，用于每间隔特定的时长就向处理器发送一个中断，中断响应将导致系统陷入内核模式，以完成不同用户进程间的切换。显然，硬件需要提供相关的配置寄存器（例如 RISC-V 中的 mstatus 等寄存器）以支持权限等级的转换及相应的中断和异常处理。

内核模式与用户模式的权限隔离是进程保护的重要手段。上述传统的保护机制总是认为操作系统内核是足够可信的，内核拥有对所有用户进程充分的控制权，并能够自由访问各种硬件资源。在近年的新研究中，人们逐渐意识到对内核的无条件信任同样存在潜在的安全隐患，隐私数据和程序应当在一个更加严格的隔离环境中受到单独保护。可信执行环境（trusted execution environment，TEE）成了处理器安全领域的一个热门方向，它保证加载到可信执行环境内部的代码和数据在机密性和完整性等方面受到全面保护。主流的芯片厂商均在不断完善对 TEE 特性的硬件支持，例如 ARM 的 TrustZone、Intel 的 SGX 及 AMD 的 PSP 等技术。

7.3　进程调度

7.2 节提到，操作系统通过并发交错地执行不同进程。系统中同时存在着许多进程，有些进程正在执行，而有些进程由于各种原因处于阻塞状态，还有一些是在排队等待执行的过程中。分时系统中，一个进程可以包含的基本状态如图 7-4 所示。几种基本状态及其转换关系如下。

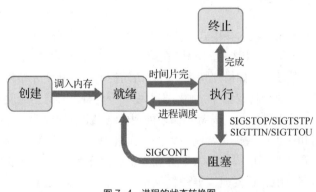

图 7-4　进程的状态转换图

（1）创建状态：该状态包含操作系统创建一个进程所需要的准备工作，包括在内核申请一个空白的 PCB、向 PCB 写入控制和管理信息、分配进程运行时所需要的系统资源等。

（2）就绪状态：当准备工作完成后，进程就会正式被调入内存，进入就绪状态。此时进程已经拥有了自己的控制信息和数据，但尚未获得处理器资源，因此处于等待执行的状态。

（3）执行状态：进程拥有 CPU 资源，当前正在处理器上运行。对于没有超线程的单核处理器，同一时刻下仅有一个进程可以处于执行状态。当运行中的进程已经用完了当前的时间片时，调度算法会调入新的就绪进程，而把当前进程转入就绪状态。

（4）阻塞状态：进程由于在等待某一个事件的完成，例如 I/O 操作、DMA 传输或者用户人为的控制信号等而暂时处于挂起（suspended）状态。与就绪状态不同，即使处理器空闲，阻塞状态的进程也无法执行，而要等待阻塞结束的控制信号到来。在 Linux 系统中，进程收到 SIGSTOP、SIGTSTP、SIGTTIN 或者 SIGTTOU 信号时，就会自动进入阻塞状态，直到它收到一个 SIGCONT 信号以恢复运行。当我们在键盘上按 Ctrl+Z 组合键暂停一个程序的执行时，实际上就是给该进程发送了一个 SIGTSTP 信号。

（5）终止状态：进程正常结束、发生无法恢复的错误或者收到终止信号时，进程将彻底结束运行，并由操作系统释放和回收进程占用的系统资源。在 Linux 系统中，会导致进程终止的信号很多。当我们在键盘上按 Ctrl+C 组合键终止一个程序时，实际上是给该进程发送了一个 SIGINT 信号；而使用 kill-9 命令强制"杀死"一个进程时，则是给该进程发送了一个 SIGKILL 信号，它们的作用都是要求进程结束执行。

一个操作系统中创建的进程数可能远远大于处理器的逻辑核心数量，因此当有多个进程同时等待执行时，需要进程调度机制决定下一个要执行的进程。进程调度是操作系统最重要的功能之一。

本节主要关注嵌入式系统中经常遇到的两种情况下的进程调度：一是单处理器进程调度，二是实时进程调度。

7.3.1 单处理器进程调度

一般嵌入式处理器大都是单核的，因此可以从单核处理器的进程调度入手，这里主要介绍 3 种最经典的基础调度策略：先入先出、短任务优先、循环制。

1. 先入先出

先入先出（first in first out，FIFO）是最简单的调度算法，即按照任务到达的次序来执行。一个任务开始以后，它就一直在处理器中执行，直到它执行完毕为止，再换下一个任务执行。这与早期的批处理操作系统比较类似。

先入先出策略的好处是它最大限度减少了任务之间切换所需的开销。假设有固定数量的任务，而它们只需要通过 CPU 计算而不需要访问磁盘等 I/O 操作，那么先入先出策略将会达到最大的吞吐量，即不需要频繁地上下文切换而能够在单位时间内完成最多的任务。而且表面上看先入先出策略也是一个"公平"的策略，每个任务都按照"先来后到"的原则，等待轮到自己即可。

然而，先入先出策略最大的问题在于，当所需时间很少的任务安排在一个所需时间很长的任务后面的时候，这个新任务需要等待很久才能得以执行。每个任务从进入就绪状态到结束运行的延时（latency）或者说平均等待时间会变得很长。如图 7-5 所示，假设队列中的第一个任务所需时间为 1s，而接下来的 4 个任务只需要 1ms，后面 4 个任务必须等待第一个任务完成后才能开始。这样一来 5 个任务的平均等待时间就会超过 1s，显而易见的是，如果把执行时间最长的任务放到最后执行，则平均等待时间会远远小于这个数值。

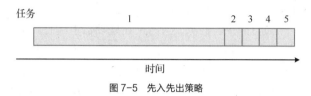

图 7-5　先入先出策略

另外，先入先出策略会降低用户的交互体验。某些具有交互性或者实时更新信息的程序从用户提交执行，到它真正被操作系统处理经历漫长的等待时间，用户没有办法立即得到程序反馈，导致系统的交互性下降。

2．短任务优先

短任务优先（shortest job first，SJF）是一种基于全局信息的算法，旨在减少任务的平均响应时间。其基本思路是如果系统能够事先知道每个任务所需的处理时间，并总是优先处理剩余执行时间最短的任务，就可以显著减少平均响应时间。

图 7-6 所示是和先入先出策略中相同的例子，如果一个所需时间较长的任务先行到达，那它会先得到处理。之后一个较短的任务到达时，调度器会暂停当前的任务，从而开始较短任务的执行，之后到达的较短的任务也将依次得到处理，最后才执行时间较长的任务。

图 7-6　短任务优先策略

实际的系统不可能提前得知每个任务所需的具体执行时间，所以短任务优先策略只能以某种程度的近似进行实现。短任务优先策略的主要缺点是会增加任务之间响应时间的差异性。一方面短任务优先策略使得较短的任务尽快做好，另一方面也使得较长的任务要等待更长的时间。

在极端情况下，如果一个系统中短任务接连不断地到来，那么长任务将永远得不到执行的机会。这违背了进程调度的公平性，应该在平均响应时间和最大响应时间的平衡性之间折中考虑。

3．循环制

在循环制（round robin）策略中，各个任务轮流在处理器中执行一段时间。调度器首先安排处理器执行第一个任务，设置一个定时器中断，当定时器超时后，如果任务还没有完成，这个任务就会被暂停，处理器开始执行下一个任务。被暂停的任务则回到排队队列之中，等待下一次的执行。在循环制策略中，在排队队列中的每一个任务都有执行的机会。

显然，定时器需要选择一个合适的超时时间，如果这个时间设置得过短，处理器就会将大量时间花费在任务切换上，从而减少执行任务的有效时间；如果这个时间选取得过长，任务就会在排队队列中等待过长时间。图 7-7 展示了图 7-5 所示的例子在循环制策略下选用较长超时时间的情况。可以看到在这种情况下，不恰当的超时时间可能导致短任务拥有很长的等待时间才得以执行。

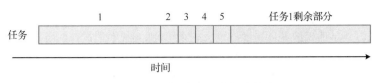

图 7-7 循环制策略（采用较长超时时间）

循环制可以看作先入先出策略和短任务优先策略的一种折中。在极端条件下，如果超时时间是无限长的（或者比最长单个任务所需时间还要长），那么循环制就等同于先入先出策略；相反，假设系统可以在没有开销的情况下切换任务，我们就可以选择一个超时时间，使得任务与短任务优先策略一样，按照剩余时间长短的顺序依次完成。

虽然循环制看起来更加公平也较为灵活，但它也不是完美的。由于循环制相较先入先出或短任务优先存在更高频率的上下文切换，尤其在时间片选得较短时更为明显，如果上下文切换开销占据相当比例的运行时间，循环制就降低了处理器的运行效率。例如，当以 I/O 为主的任务和以计算为主的任务混合在一起时，I/O 类任务可能只需要很少的 CPU 计算时间，而大多数时间都处于等待 I/O 响应的状态。理想情况是优先处理以 I/O 为主的任务（它们所需的 CPU 处理时间很短），然后利用这些任务等待 I/O 的时间来处理以计算为主的任务，此时采用短任务优先策略就可以达到理想情况。然而在采用循环制策略时，如图 7-8 所示，I/O 任务要参与轮转，直到轮到自己的时候才能处理并发送 I/O 请求，导致 I/O 设备的性能严重下降，从而拖慢整个系统的速度。

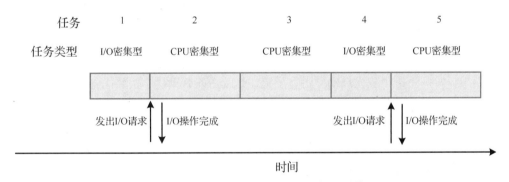

图 7-8 循环制策略处理 I/O 任务和计算任务混合的情况

7.3.2 实时进程调度

7.3.1 小节中已经介绍了几种基本的调度策略，这几种策略在等待时间长度和均衡性上各有优劣，但是极端情况下均可能让某个程序花费极长的等待时间才能完成执行。

然而在一些系统中，某些特定进程的执行是有时间限制的，系统必须在规定时间之前完成该进程的执行，比如汽车的刹车操作、传感器的控制操作等。这实际上意味着进程之间是存在优先级区别的，某些高优先级的紧急任务应当得到优先响应，某些对等待时间不敏感的任务则可以推迟响应。

为了满足更加复杂的实时性需求，现代操作系统需要引入实时调度技术来协调不同优先级进程间的响应次序。这里简要介绍 3 种技术，分别是过度供应、最早截止优先和优先级捐赠。

1. 过度供应（over-provisioning）

最简单的方式是让系统硬件资源"供大于求"。即系统中要运行的所有实时性任务加起来仅占用计算机峰值性能的一小部分，这样各种实时任务就可以快速得到调度和执行，而不用去考虑优先级和资源争用的问题。这本质上是一种用富裕的计算机资源来减轻调度压力的方法。

2. 最早截止优先（earliest deadline first）

最早截止优先将任务按照截止时间的先后排序，先截止的程序优先执行。当所有的任务都是计算型任务时，它可以保证理论最大限度地满足实时性要求。

但是对于一些复杂的任务，最早截止优先可能会产生不理想的结果。假设有两个任务，第一个任务的截止时间为 14ms，需要 2ms 进行计算及 10ms 完成 I/O 请求；而第二个任务的截止时间是 10ms，但它只需要 5ms 进行计算。尽管先进行第一个任务的计算，并在其等待 I/O 请求完成期间进行第二个任务，即可满足两个任务的实时性要求，但是按照最早截止优先，将先安排进行第二个任务，导致第一个任务无法按时完成。

这个问题的一个解决方法是将任务划分为小部分，每个小部分安排单独的截止时间。在上面的例子中，第一个任务的计算部分真正的截止时间是 4ms，因为如果到 4ms 时还没有完成计算，后续的 I/O 请求肯定不能按时完成。

最早截止优先有一些变体，比如 LLF（least laxity first）算法，它把优先级赋予在截止时间前最"难"完成的任务，而非单纯比较截止时间的绝对大小。

3. 优先级捐赠（priority donation）

假设有 3 个任务，它们有不同的优先级。任务 A 具有实时性要求，因此拥有最高的优先级，它具有充足的计算资源来保证按时完成，但是任务 A 和最低优先级的任务 C 共享了同一块由互斥锁保护的数据，中等优先级的任务 B 则不请求这个锁。

设想，如果任务 C 首先启动并占有了锁，此后任务 B 到达，按照优先级高低，中等优先级的任务 B 将取代最低优先级的任务 C 进入执行状态。紧接着优先级最高的实时性任务 A 到达，理论上，它应该尽快进入执行状态。然而，由于该实时性任务需要获得锁，但是该数据的锁当前由任务 C 占有，因此在锁被释放之前任务 A 都不可能进入执行状态。另外，由于优先级排序，最低优先级的任务 C 必须等到执行中的中等优先级的任务 B 完成之后才可以获得执行权，这就强制要求 3 个任务必须按照 B、C、A 的顺序执行，这种调度结果可能造成最高优先级的任务 A 的等待时间过长。

绝大多数商用操作系统对这种问题的解决方案是优先级捐赠：当高优先级任务等待锁的过程中，它可以临时地将自己的优先级捐赠给占有锁的低优先级进程。在前文的例子中，任务 A 通过把优先级捐赠给持有锁的最低优先级的任务 C，任务 C 就可以获得比任务 B 更高的优先级，这就使得任务 C 能够更快地完成并释放锁，3 个任务将按照 C、A、B 的顺序进行调度，使得最高优先级的任务 A 能够尽快完成执行。

7.4 文件管理

第 5 章中已经介绍过磁盘的基本原理，本节将从操作系统的角度探讨磁盘上的文件是如何管理的。对于 Linux 系统而言，文件是对 I/O 设备的抽象表示，它不仅涵盖通常意义上的程序和数据，更代表了一种抽象意义上任意读写字节流的设备。理解文件和文件管理对了解 Linux 操作系统的工作方式至关重要。

7.4.1　文件系统

计算机必须有能力存储一些非易失性数据，最基本的例子包含需要执行的二进制程序和内核镜像本身。因为这些加载到内存的内核和进程数据在系统掉电后便会丢失，要想反复使用它们就需要以某种约定的形式将其存放在非易失性介质中。从实用角度来考虑，除了对于第 5 章中已经讨论过的存储系统的可靠性、容量、价格及性能方面的权衡外，对操作系统所使用的存储系统还有以下几个要求。

（1）共享访问控制：用户需要能够和其他用户共享文件，但是共享的过程必须是可控的。用户应当能够决定哪些人有对自己文件的读写权限，哪些人只能读不能写，而其余的人完全不能读写。

（2）方便的命名系统：用户存储的数据量很大，往往文件存在的时间比创建该文件的进程的生命周期长很多，因此存储系统必须让用户可以方便快速地指定所需的文件。一个具有良好层次系统的、使用字符串命名的存储系统抽象对于用户而言较为友好。比如有一个文件/home/pingtouge/1.txt，使用这个名字准确地从磁盘数百万个数据块中定位到这个文件，而不必关心计算机系统内部究竟如何表示和索引这个文件。

文件系统（file system）在为用户提供文件抽象时扮演了关键角色。文件系统是一套实现数据存储、分级组织、访问和获取操作管理的操作系统抽象，它明确了在特定存储介质上组织文件的方法和数据结构，对用户屏蔽了数据在物理介质中的具体存储位置和组织形式。当今常见的文件系统有 Windows 的新技术文件系统（new technology file system，NTFS）、文件配置表（file allocation table，FAT），Linux 的第四代扩展文件系统（fourth extended file system，ext4）、XFS，以及 macOS 的 Apple 文件系统（Apple file system）等。

文件系统有两个重要的部分：一个是文件，它是数据的载体，即数据保存在文件之中；另一个是目录，它定义了文件的名字和抽象位置。两者的具体概念如下。

（1）文件：文件是文件系统中的一组数据，比如系统中存储的程序的执行镜像/usr/bin/ls、文档/home/pingtouge/Documents/C910.pdf 等都被视为文件。文件提供了比底层存储设备更高层次的抽象，它使得一个文件名能够指向任意大小的数据。一个文件的信息至少包含两个部分：元数据和数据。其中，文件的元数据是操作系统管理这个文件所需要的必要信息，例如文件大小、修改时间、所有者及访问权限控制信息等。文件的数据可以是用户或者应用程序需要保存的任何信息，从文件系统的角度看，文件的数据就是一串无类型的位流或者字节流而已。但对于特定类型的应用程序，文件的数据可以被解析为特定的格式，比如把 ASCII 编码文件视为一组编码过的 ASCII 编码字符，而把 ELF 文件视为一种包含 ELF 头、节和节头表等信息的可重定位目标文件。

（2）目录：目录为文件提供文件名。目录实际上就是一组用户可读的名字，以及名字到每个文件和子目录的映射。像/home/pingtouge/hw1.txt 这种用来指定一个文件或目录的字符串叫作路径（path），在这里符号"/"用来分隔路径的各个部分，每个部分代表一个目录，比如 hw1.txt 处于 pingtouge 目录下，而 pingtouge 目录处于 home 目录下。

文件名和目录确定了该文件在抽象的文件系统里所处的起始位置，文件内容在逻辑上是该起始位置开始的连续若干字节，配合文件中的偏移量，也就是该文件数据部分的第几个字节，就可以精确地在物理存储空间中找到对应字节的数据。

尽管现在有众多不同的文件系统，但是它们从文件系统映射到物理空间的方式都基于类似的思想：目录、索引结构及可用空间映射。如图 7-9 所示，以一个磁盘文件系统为例，文件系统分两步将文件名和偏移量映射到磁盘块上。

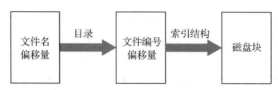

图 7-9　从文件名和偏移量映射到磁盘块

（1）利用目录将用户可读的文件名映射到文件编号。目录中存储了文件名到文件编号的映射信息。

（2）将文件名转换为文件编号以后，文件系统利用一个存储在磁盘上的索引结构来定位该文件所属的磁盘块。

磁盘文件系统利用可用空间映射来跟踪记录哪些磁盘块是可用的。在最原始的文件系统中，当需要可用空间时，可用空间映射只需要保证找到任意一个未被使用的磁盘块即可。但由于磁盘对于连续区域的读写速度是最快的，因此后来大部分的文件系统都支持找到离指定区域最近的可用空间，以提高读写性能。

本节接下来将对文件系统的目录和文件进行更为详细的介绍。

7.4.2　目录

前文中提到，为了访问文件，文件系统首先将文件名转换为文件编号。文件系统使用目录来存储从文件名到文件编号的映射，然后将目录按层次组织起来，这样用户就可以将相关的文件或目录打包放到同一个目录下。

通过文件的目录查找文件，相当于把问题转换为如何查找到文件的目录。由于目录是层次化的，因此查找时只要从目录顶层开始，递归地进行查找，即可最终找到文件名对应的文件编号。既然用目录索引文件是一个递归问题，则该过程需要一个递归基。对于 Linux 系统而言，这个递归基即根目录，它是整个目录系统的根节点。在早期 UNIX 使用的快速文件系统（fast file system，FFS）中，一般使用 2 作为根目录的文件编号。

图 7-10 展示了 Linux 系统中目录结构的主要内容。Linux 的根文件系统主要包含以下目录。

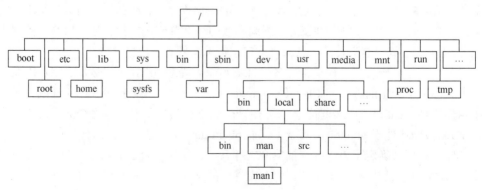

图 7-10　Linux 文件系统中的目录结构

1．系统启动时必需的目录

（1）/boot：存放启动 Linux 系统时所需的内核文件，包括连接文件和镜像文件。

（2）/etc：存放所有系统需要的配置文件和子目录列表。

（3）/lib：存放基本代码库，几乎所有应用程序都需要用到这些共享库。编译基于 Linux 的应用程序时也需要用到这些库。

（4）/sys：安装了 2.6 内核中新出现的文件系统 sysfs。

2．命令集合

（1）/bin：存放最常用的程序和指令，如 gcc 和 ls 等命令。

（2）/sbin：存放只有系统管理员能使用的程序和指令。

3．外部文件管理

（1）/dev：存放 Linux 的外设。实际上这取决于硬件结构，设计一个系统后就需要将外设更新到设备树中。

（2）/media：存放其他设备，例如 U 盘、光驱等，识别后 Linux 会把设备放入该目录下。

（3）/mnt：临时挂载的其他文件系统。

4．临时文件

（1）/run：临时文件系统，存储系统启动以来的信息。

（2）/tmp：临时文件。

5．用户文件

（1）/root：系统管理员的主目录。

（2）/home：用户的主目录，以用户名命名。

（3）/usr：用户的很多应用程序和文件都在此目录下。

6．运行时文件

（1）/var：存放经常要修改的数据，比如程序运行日志。

（2）/proc：管理内存空间。这是一个虚拟目录，包含系统内存的映射，可以通过访问这个目录来获取内存信息。这个目录的内容不在硬盘上，而是在内存中。

7．其他文件

例如/opt，默认为空，一般用来安装额外软件，扩展用。

7.4.3 文件

通过目录找到文件编号以后，接下来文件系统需要根据文件编号及要访问数据的具体偏移量找到其在磁盘块中的存储位置。不同文件系统对于磁盘块的索引方式区别很大，3 种主流的文件系统的实现方式如下。

（1）FAT：FAT 文件系统的实现方式非常简单，使用链表将该文件所有的磁盘块的位置连接起来。

（2）FFS：UNIX 的 FFS 使用了基于树的多层索引来找到对应的磁盘块。

（3）NTFS：NTFS 和 FFS 一样，都是使用基于树的数据结构，但是它比 FFS 的实现更为复杂。

这里使用 FFS 为例详述从文件编号和偏移量到找到磁盘块的过程。为了记录跟踪一个文件所有的数据块，FFS 使用了一个名为多层索引的非对称树的结构，如图 7-11 所示。

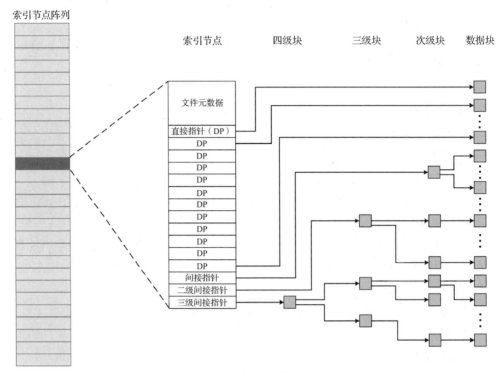

图 7-11　FFS 的索引结构

　　FFS 中，每个文件都是一棵树，这些树的叶子为固定大小的数据块，其中每个数据块的大小通常为 4KB。树的根为索引节点（inode），这些索引节点包括文件的元数据及数据块的指针。其中前 12 个指针直接指向数据块，一共为 48KB，如果文件小于 48KB，则只需要读取这些直接数据块，如果文件大于 48KB，则需要利用后面的指针。第 13 个指针为间接指针，它指向一个一级间接块，每个一级间接块最多可以有 1024 个指针，指向 1024 个数据块，因此第 13 个指针中的内容最多为 4MB。

　　如果间接指针仍不能满足需要，则利用第 14 个指针（即二级间接指针），它指向一个二级间接块，每个二级间接块可以连接最多 1024 个一级间接块。因此，二级间接指针中的内容最多为 4GB。

　　类似地，当文件大于 4GB 时需要利用最后一个三级间接指针，三级间接指针中的内容最多为 4TB。大于 4TB 的文件无法使用 FFS 来存储。

　　文件系统中所有的索引节点组成一个索引节点列表，全部存储于磁盘上的固定位置中。而前文中提到的文件编号（在 FFS 中称为索引号）则为该文件的索引节点在列表中的下标。

7.5　案例学习：在 RISC-V 处理器上运行 Linux 系统

　　为了满足灵活的软件服务需求，很多嵌入式环境也需要搭载 Linux 系统。本质上讲，Linux 内核也是一层软件，它由 C 语言编写，通过工具链即可编译成对应架构的二进制文件。但要想在一个嵌入式平台上运行 Linux 系统，远非运行一个普通的用户模式二进制程序那么简单。除了编译出内核镜像外，还需要制作正确的文件系统、相关的引导和初始化程序。在实验部分将会以 Buildroot 软件快速搭建 RISC-V Linux 的实例来具体说明其中的流程，本节结合一些典型 RISC-V 嵌入式处理器上启动 Linux 的基本流程，概括性地讲述运行 Linux 系统需要的基本准备工作及其原理。

7.5.1 GNU 和 LLVM 项目

嵌入式环境中，在系统和相关固件被正式烧录到目标机器上前，通常是不可能直接在目标机器上进行程序和系统的调试的。为此，通常需要一台主机（称为 host）对要在目标机器（称为 target）上运行的系统、程序等进行调试和编译工作，待无误后再通过特定的传输介质（例如串口等）转移到目标机器上。实际上，目标机器和主机的处理器可能使用了完全不同的架构，例如在这里的语境里，主机常常是一台 x86 架构的个人计算机，而目标机器可能是一块 RISC-V 架构的开发板。此时，就需要准备相应的交叉编译（cross compiler）工具链来支持跨平台的编译工作。在本地生成二进制文件，同时在本地运行的编译过程，通常称为本地编译；而在本地生成二进制文件，用于在其他异构平台上运行的编译过程，称为交叉编译。

交叉工具链本身也是一个运行在主机上的程序，因此工具链具有主机的指令集架构，但它编译生成的二进制文件是针对目标指令集架构的。当前，针对 Linux 开发的主流开源编译器项目包括 GNU 和 LLVM 等。它们的特点分别如下。

1. GNU 项目

GNU 项目是 1984 年诞生的一个开源慈善项目，该项目的目标非常宏大，就是开发出一个完整的类 UNIX 系统，其源码能够不受限制地被修改和传播。GNU 环境包括 EMAC 编辑器、GCC、GDB 调试器、汇编器、连接器、处理二进制文件的工具以及其他一些部件，并配套 GPL 开源协议。使用 GNU 项目的 GCC 进行编译的基本过程如下。

（1）预处理：编译器对#include 一类的预处理指示字进行处理，生成扩展名为.i 的文件。预处理器通常命名为 cpp。

（2）编译：将预处理后的文件转换成汇编语言，生成扩展名为.s 的文件。编译器通常命名为 gcc/g++。

（3）汇编：由汇编语言文件变为目标代码，生成扩展名为.o 的文件。汇编器通常命名为 as。

（4）连接：连接目标代码，生成可重定向的二进制可执行程序。连接器通常命名为 ld。

由于 GNU 项目与 Linux 社区的紧密联系，GCC 在很长一段时间里都是跨平台软件的编译器首选，它具有灵活、自由的优点。但随着项目的不断发展，GNU 变得愈发庞大和臃肿，其缺乏模块化的劣势被逐渐放大，虽然 GNU 项目是开源的，但 GNU 的定制和修改却显得非常困难。为此，LLVM 项目进入了人们的视野。

2. LLVM 项目

LLVM 是底层虚拟机（low level virtual machine）的英文缩写，是一个承载及开发了一套严密的工具组件（如汇编器、编译器、调试器等）的综合项目。LLVM 被设计为一组带有良好定义接口可重用的库。在 LLVM 出现以前，开源编程语言的编译实现被设计为专用工具，通常有单一可执行文件，这导致对一个静态编译器（比如 GCC）的解析器进行静态分析或重构非常困难。LLVM 现在被用作一个通用的基础框架来实现各种静态及运行时编译的语言，比如 C++、Java、.NET、Python、Ruby、Haskell 等。

LLVM 的核心优势在于良好的模块化设计。在一个基于 LLVM 的编译器中，一个前端负责对输入代码解析、验证及诊断错误，构建一棵抽象语法树（abstract syntax tree，AST），然后将其转换为 LLVM 中间表示（LLVM intermediate representation，LLVM IR）。这个中间表示通过一系列改进代码的分析及优化，然后发送到一个代码生成器产生机器码。LLVM IR 作为一种编译器中使用的中间代码，有效解耦了编译器的前端和后端设计。

7.5.2　准备交叉编译环境

交叉工具链在嵌入式 Linux 中的另一个重要作用是对 Linux 内核头文件（Linux kernel headers）的匹配。前文已经介绍过，操作系统通过提供一系列接口为用户进程提供服务。正如程序员可以把程序里可能多处使用的常量定义、宏定义、函数接口定义等写进头文件，以便其程序用#include包含进来一样，Linux 系统也要使用一个内核头文件规范其内部的函数接口和数据结构。这样，用户程序在发起系统库函数调用时，才能够正确知晓函数的调用格式和规范。随着 Linux 版本不同，内核头文件也可能发生迭代更新，导致过新的程序无法在较旧的 Linux 上正常运行。为此，交叉工具链配置与内核匹配的头文件版本，也是准备交叉编译环境时非常重要的一点。

简而言之，工具链是为了编译出嵌入式 Linux 及其相关固件所需要的一系列软件工具的组合。为了给嵌入式 Linux 提供合适的工具链，通常有以下几种选择。

1. 自行编译工具链源码

既然工具链本身也是运行于主机上的一组软件，从源码编译它们自然是可行的。对于多数受到 Linux 官方支持的架构（包括 RISC-V），GNU 项目都提供开源的配套工具链源码。用户可以自行下载完整的源码，并根据需要自行设置编译参数和选项，最终分步编译和安装整套交叉工具链。这种方法相对比较复杂，耗时较长而且需要用户对开发环境的需求有比较深入的了解，适合希望深入学习交叉工具链构建方法的用户。

2. 使用集成脚本进行编译

许多开源的集成框架或者开发环境服务商会提供一些脚本快速实现编译。部分工具甚至提供图形化的用户界面，让用户可以方便地定制需要的组件及工具链版本。这一方法简单直接，且针对性很强，适合需要快速上手的开发者。

3. 直接使用制作完成的工具链

诸如 RISC-V 架构在指令集上预留了大量的自定义空间，使得处理器设计者能够针对性地支持自定义指令。开源的编译器无法对这些自定义指令提供支持，它们编译出来的二进制程序无法包含这些指令，也就无法充分利用处理器性能。为此，许多处理器或开发板提供商会针对自己的处理器架构定制专属的工具链，这类工具链通常情况下直接以可执行的二进制文件的形式发布，用户可以直接下载或者向服务商索取。这类工具链可即刻使用，是最省时省力的办法。但缺点是二进制工具链的版本是固定的，无法获得即时的更新。

平头哥的玄铁系列处理器由于包含其专门设计的增强指令集，提供了定制的二进制交叉工具链。用户可以直接在其开放社区进行下载。

7.5.3 编译内核

狭义的 Linux 指的就是 Linux 内核。从 C 语言伴随 UNIX 诞生以来，Linux 内核的源码基本都是由 C 语言和一些汇编代码组成的。在 Linux 的开源仓库即可下载到内核的源码，一些开发板服务商也会针对自己的场景提供其定制的内核。内核的编译将使用 7.5.2 小节介绍的交叉工具链，以在目标机器上正常运行。内核的可配置项较多，通常也是通过一系列配置文件和编译脚本（Makefile）进行选择性配置的。顶层 Makefile 中与交叉编译相关的参数介绍如下两个。

（1）ARCH：代表架构，本文中该字段应该为 RISC-V。

（2）CROSS_COMPILE：交叉编译器。如果系统中多处安装了不同版本的同名工具链，此处应当正确指定要使用的工具链的路径，以告知编译脚本选择正确的工具链版本。

在源码的 arch 目录下通常包含不同架构的不同硬件的配置文件，它们一般以.config 结尾。这正是由于 Linux 系统如今支持的开发平台已经浩如烟海，编译时脚本需要根据 ARCH 字段的值及相应架构下具体的配置文件信息，决定哪些代码需要进行编译。.config 文件一般在内核源码树下构成一个分布式的内核配置数据库，各自描述了所属目录源文件相关的内核配置信息。举例而言，/dev/char/目录下包含所有字符设备的驱动程序，Linux 中这些驱动程序呈现"模块化"的特征，使得在系统需要时，驱动模块可以动态地编译到系统的内核中，增加了灵活性。最终的总配置信息一般汇总到内核源码主目录下的.config 文件中，而主目录的 Makefile 正是调用这个.config 文件来知晓用户对内核的所有配置情况。

Linux 内核不是一个单一的文件，也无法在编译后直接交付给目标机器使用，烧录后还需要经过一系列的启动过程，才能使 Linux 系统被正确加载。一般编译后的内核称为镜像文件，在嵌入式设备启动时，经过一系列初始化步骤后，内核镜像将解压并释放到内存中特定的区域（即内核常驻内存区域），再完成后续启动工作。内核镜像视配置情况可以有多种格式，常见的如 Image、vmlinux 和 zImage 等。

7.5.4 根文件系统和引导程序

前文已经介绍过，Linux 把大部分的硬件设备和软件数据都抽象为一种统一的数据结构进行管理，即文件系统。由于存储介质多种多样，不同存储介质可能需要不同的存储格式来适应特定介质的特性。因此每种存储格式对应相应的规范，称为文件系统类型。在 Linux 里面，基于磁盘文件系统的 ext2、ext3、ext4、NTFS、FAT 等均是非常常见的文件系统类型。由于 Linux 为所有的文件系统提供统一视角的抽象，为了进入一个文件系统，需要通过挂载（mount）操作将其挂载到特定的挂载点下。

对于 Linux 而言，根文件系统是内核启动时挂载的第一个文件系统，内核代码的镜像文件、启动系统所需要的基本初始化脚本和服务等软件程序，均需要依靠根文件系统的挂载才能被加载到内存的正确位置。在 7.4 节介绍文件系统的部分中，"/"下的/bin、/dev、/etc 等核心目录都属于根文件系统下的目录。因此，制作根文件系统对于移植嵌入式 Linux 系统而言是非常重要的。现在已经有很多集成工具可以快速搭建根文件系统，如 Busybox

等，可以减轻用户的负担。

获得根文件系统和内核镜像后，要想启动 Linux 系统，还必须针对目标机器编写特定的引导程序，以指导 Linux 系统的启动流程。该引导程序在软件中通常称为 Bootloader。在嵌入式操作系统中，Bootloader 在操作系统内核运行之前运行。引导程序可以初始化硬件设备、建立内存空间映射图，从而将系统的软硬件环境带到一个合适状态，以便为最终调用操作系统内核准备好正确的环境。在嵌入式系统中，通常并没有像 BIOS 那样的固件程序（有的嵌入式 CPU 也会内嵌一段短小的启动程序），因此整个系统的加载启动任务完全由 Bootloader 完成。

不同的处理器架构有不同的 Bootloader。它不但依赖于 CPU 的架构，而且依赖于嵌入式系统板级设备的配置。对于两块不同的嵌入式板而言，即使它们使用同一种处理器，要想让运行在一块板子上的 Bootloader 也能运行在另一块板子上，一般都需要修改 Bootloader 的源程序。

通俗地讲，在一个嵌入式设备上启动 Linux 系统时，引导程序会在上电后率先获得控制权，它初始化硬件设备、建立内存空间映射图，从而为操作系统的运行准备必要的环境。完成环境设置后，加载内核镜像到内存，在特定的入口程序处完成内核引导并挂载根文件系统。此后系统发起首个 init 用户进程，依据运行级别启动守护进程，完成系统的初始化工作并最终为用户提供登录窗口。Linux 系统典型的启动流程如图 7-12 所示。

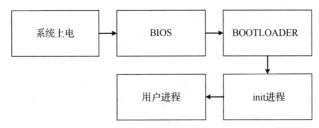

图 7-12　Linux 系统典型的启动流程

以 SiFive 的 Chipyard SoC 为例，其 Linux 的启动流程如下。

（1）系统上电，时钟信号和其他硬件设备初始化，系统复位。这时 ROM 中的固件执行相关的初始化工作，并准备把特定的程序加载到内存中运行。对于 Chipyard 而言，BootROM 作为第一段引导程序首先工作，它启动一个硬件线程（hart），设置中断开关并陷入 wfi 状态，等待后续程序加载好后触发该中断。

（2）内存（如 DDR）完成初始化并准备运行，设备树信息和内存地址映射处理完毕并已经在响应 CSR 中完成注册。内核被加载到内存中的对应位置。

（3）划分内核空间和用户空间，启用虚拟内存分页，建立 C 的运行时（runtime）环境，建立栈和全局指针等结构，并设置处理早期异常的陷阱向量。

（4）上述工作完成后，正式启动内核。此后，需要解析设备树内存并释放给内存使用、初始化内存管理子系统、唤醒其他的硬件线程等。

另一类常见的引导程序是使用 U-boot，这是德国 DENX 小组开发的用于多种嵌入式 CPU 的 Bootloader，其遵循 GPL 开源协议。平头哥就使用了 U-boot 作为其板级设备的 Linux 引导程序。使用 U-boot 在平头哥开发板上启动 RISC-V Linux 系统的大致过程如图 7-13 所示。

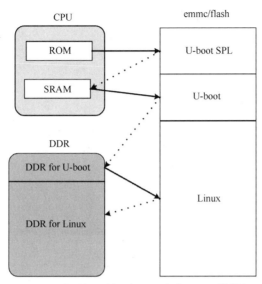

图 7-13　平头哥处理器使用 U-boot 启动 Linux 系统的流程

其中，启动代码存储于 ROM 中。上电后，ROM 中的程序从外部介质中将 U-boot SPL 读取到片上 SRAM 中运行。U-boot SPL 即第二段 U-boot 程序的加载程序（U-boot second program loader），因此被视为第一级 Bootloader，该程序主要用于初始化 DDR 和各种外设。此后的 U-boot 将正式进入内存 DDR 中运行，并完成内核的初始化和启动工作。

总体而言，本节介绍了嵌入式 Linux 移植需要完成的基本工作和原理，在实验部分将通过 Buildroot 工具快速搭建一个运行于 QEMU 模拟器的 RISC-V Linux 系统，作为对本节知识的补充。

7.6　本章小结

本章介绍了操作系统的进程和进程保护、进程调度及文件管理等基本概念，侧重于介绍原理而非某一款操作系统的具体实现。

操作系统是计算机科学中最复杂的概念之一。现代通用的操作系统往往超过 5000 万行代码。而操作系统又无处不在，无论是服务器、个人计算机，还是电子书阅读器、平板电脑、手机等，都使用不同的操作系统管理资源。本章介绍的概念都是操作系统中最基本的概念。

对于任何一个想构建现代计算机系统的人来说，理解操作系统都是必要的，对于一个构建现代计算机系统的工程师来说，不管是设计处理器、设计操作系统内核，还是设计云计算、多媒体系统等，都离不开建立稳定、可移植、高效、安全系统的概念。而学习这些概念最好的方式，就是学习操作系统原理，并将其应用到计算机系统的各个方面。

第 8 章
体系结构仿真器实验

从本章开始，本书将提供一系列涵盖嵌入式开发各个阶段的实验。这些实验对前 7 章介绍的理论知识进行了综合运用，以帮助读者在实践中巩固自身的知识结构。本章介绍基于开源 RISC-V 体系结构仿真器的 4 个实验。实验 1 介绍 RISC-V 交叉编译环境及开源模拟器 QEMU（quick emulator）的安装与配置方法。实验 2 介绍 QEMU 的基本使用方法、程序调试流程及 Linux 系统的快速搭建方法。实验 3 介绍 RISC-V 汇编程序的编程规范，同时提供两个汇编练习。实验 4 则综合上述实验的内容，展示如何在 QEMU 模拟的 RISC-V 架构 Linux 系统上运行一个用 C 语言编写的目标检测算法。

本章学习目标

（1）掌握 RISC-V 交叉工具链和 QEMU 软件的安装与配置方法。

（2）掌握 QEMU 的用法，了解搭建嵌入式 Linux 系统的方法。

（3）掌握 RISC-V 汇编程序编程规范，掌握寄存器别名和约定用途、过程调用的寄存器保存规则等规范在嵌入式编程时发挥的作用。

（4）熟悉 C 语言的嵌入式调试和仿真过程。

8.1　RISC-V 交叉编译和仿真环境的安装与配置

8.1.1　实验目的

本实验将具体介绍 RISC-V 交叉编译环境的安装和配置方法，以及一个开源的 RISC-V 体系结构仿真器 QEMU 的安装流程。本实验的内容是本章后续实验的基础。

QEMU 的两种
模式

8.1.2　实验介绍

1．交叉编译环境的选择

有关交叉工具链的基本概念已经在第 7 章中进行了介绍。本实验使用 RISC-V 开源工具链，即由 GNU 提供的 riscv-gnu-toolchain。实验采用从工具链源码开始编译的形式，以帮助读者了解编译和安装工具链的完整流程。在 C 标准库（standard C library）的选择上，将同时安装以下两种库。

（1）Linux-ELF/glibc：glibc 即 GNU 的 C 标准库（the GNU C library），是由 GNU 发布的供 GNU/Linux 系统使用的核心 C 标准库，符合可移植操作系统接口（POSIX）标准，因此该标准库本身对 Linux 系统具有良好的支持性。在搭载了 Linux 系统的个人计算机和服务器上，glibc 通常是首选的 C 运行库。

（2）ELF/Newlib：在嵌入式应用中，受限于系统资源和简化的系统复杂度，通常要求减少操作系统的大小，甚至是不使用操作系统。这时完备的 glibc 便显得过于庞大且冗余。Newlib 是一个专门针对嵌入式系统设计的 C 运行库，具有可移植性强、功能完备的优点，在裸机嵌入式系统中取得了广泛的应用。

其他的一些 C 运行库如 uClibc 在集成开发框架中也能见到，这里不做详细介绍。本实验默认使用 Newlib 作为裸机 RISC-V 程序使用的库，而将 glibc 作为运行于 Linux 系统上的 RISC-V 程序使用的库。

2. 体系结构仿真器

RISC-V 交叉工具链编译生成的是 RISC-V 架构的指令，无法在 x86 架构的个人计算机上直接运行。为了便于在通用平台上开发针对其他硬件架构编写的程序，用户可以使用体系结构仿真器搭建虚拟化环境并仿真。

在计算机系统设计开发的整个过程中都会用到模拟器，例如，产品设计初期，模拟器用来对各种设计方案进行粗粒度模拟，通过比较模拟结果选择最优设计方案；产品开发期间，模拟器用来对各种微架构设计进行评估，对一些选择进行折中；产品开发后期，模拟器用来进行目标系统的软件开发，使得软硬件开发可以同时进行，加快系统的开发速度；系统完成之后，模拟器可以取得丰富的踪迹（trace）信息，从而对系统进行瓶颈分析和性能优化。

如今已经有诸多性能优秀、功能完善的模拟器，本实验将会使用开源模拟器 QEMU。QEMU 是一款常见的体系结构仿真器，具有高效、快速的优点，默认支持多种处理器架构，支持虚拟化。QEMU 开源（基于 GPL/LGPL 协议）、可移植、可扩展。QEMU 的基本结构可以概括为如图 8-1 所示。

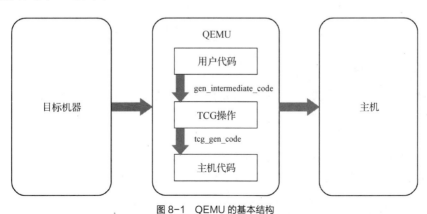

图 8-1 QEMU 的基本结构

其中，用来在本地运行 QEMU 的真实计算机称为主机（host），而 QEMU 模拟的架构称为目标机器（target），仿真器的主要工作就是让为目标机器编写的程序正确运行在主机上。从结果看，QEMU把目标机器上面的代码翻译为主机可执行的指令，因此它本质上是用软件模拟硬件指令的执行。

经过多年的迭代，QEMU已经发展出很多版本，支持多种不同架构的模拟。近年来随着RISC-V的兴起，QEMU由于对RISC-V架构有着较为完善的支持，且系统具有开源、易扩展的优点，因此QEMU成了RISC-V通用应用开发的良好选择。

8.1.3 实验内容

本实验包含在虚拟机内安装riscv-gnu-toolchain和安装QEMU体系结构仿真器两部分内容。经过验证的软件版本：RISC-V架构的GCC版本9.2.0，以及RISC-V架构的QEMU版本5.0.50。

1. 虚拟机的下载和安装

目前Windows系统提供的Linux子系统（Windows subsystem for Linux，WSL）在后续实验过程中尚存在部分问题，因此仍然推荐使用VMware Workstation或VirtualBox等虚拟机软件。建议安装VMware Workstation 14或更高版本。

推荐安装Ubuntu 16.04的虚拟机，但实验所有的流程在Ubuntu 18.04和Ubuntu 20.04也均经过验证。系统的镜像文件可以从Ubuntu的官方网站中获取。下载完成后依照VMware或者VirtualBox中的新建虚拟机向导进行安装即可。本书系列实验建议至少为虚拟机分配60GB的磁盘空间。

2. riscv-gnu-toolchain 的下载

克隆在GitHub上托管的riscv-gnu-toolchain源码，如果是全新安装的Ubuntu虚拟机，可以通过sudo apt install git命令安装git软件。工具链的代码仓库链接很容易在开源软件网站中检索到。本书仅保证在指定软件版本上可以正常进行，建议切换到指定分支操作：

```
cd riscv-gnu-toolchain && git checkout 7e36631    //切换到指定分支
```

完成后，使用以下命令下载子模块：

```
git submodule update --init --recursive          //下载子模块
```

工具链一般需要一些额外的库才能正常编译和使用，可以参考riscv-gnu-toolchain的用户手册。例如，在Ubuntu环境下使用以下命令通过apt工具安装依赖库：

```
sudo apt install autoconf automake autotools-dev curl python3 libmpc-dev
libmpfr-dev libgmp-dev gawk build-essential bison flex texinfo gperf libtool
patchutils bc zlib1g-dev libexpat-dev
```

3. 编译工具链到二进制文件

源码下载完成后还无法直接使用，需要自行编译为可执行文件。依据需要安装工具链的不同用途，大体上有4种编译选择。

（1）得到基于Newlib运行库的工具链（默认64位）：

```
./configure --prefix=/opt/riscv-newlib && make
```

（2）得到基于glibc运行库的工具链（默认64位）：

```
./configure --prefix=/opt/riscv-linux && make linux
```

（3）得到基于Newlib运行库的工具，而且同时支持32位和64位：

```
./configure --prefix=/opt/riscv-newlib --enable-multilib && make
```

（4）得到基于 glibc 运行库的工具，而且同时支持 32 位和 64 位：

```
./configure --prefix=/opt/riscv-linux --enable-multilib && make linux
```

上述命令中，--prefix 选项用于指定工具链的安装位置，读者可以根据需要自行修改。本书后续实验内容既用到 Newlib 工具链，也用到 glibc 工具链，因此推荐同时安装上述选择（3）和选择（4），使得编译出来的工具同时支持 64 位和 32 位。其中，在两次安装之间，可以使用 make clean 命令清除上一次安装残留的中间文件。

编译耗时取决于虚拟机的硬件配置，一般情况下耗时可能较长。

4. 验证工具链的安装结果

编译完成后，在安装路径的 bin 目录下即可找到生成的二进制可执行文件。将该路径添加到环境变量中，就可以使得这些可执行文件名能够被全局检索。为了避免每次启动新的终端（terminal）时都需要配置环境变量，可以把这些设置写入终端的初始化脚本。以安装路径/opt/riscv-newlib 和/opt/riscv-linux 为例，可以通过以下流程进行环境变量配置。

以使用 bash 作为终端命令行为例，使用文本编辑器（vi、vim 或 gedit 等）打开文件：

```
vi ~/.bashrc
```

在打开的文件末尾添加一行如下内容。注意添加的路径要和编译时指定的安装路径保持一致。保存文件后退出。

```
export PATH=$PATH:/opt/riscv-newlib/bin:/opt/riscv-linux/bin
```

修改的环境变量配置会在启动一个新的终端后自动生效。如果想要对当前使用的终端也生效，可以使用以下命令：

```
source ~/.bashrc
```

执行成功后，即可在任意的路径下运行 riscv-gnu-toolchain 中的可执行文件。在任意路径下，可以通过执行以下命令简单地验证安装结果：

```
riscv64-unknown-elf-gcc -v          //查看 Newlib 工具链的版本
riscv64-unknown-linux-gnu-gcc -v    //查看 glic 工具链的版本
```

此时屏幕上应该能够正常显示安装的 RISC-V 工具链的版本信息，如图 8-2 所示。

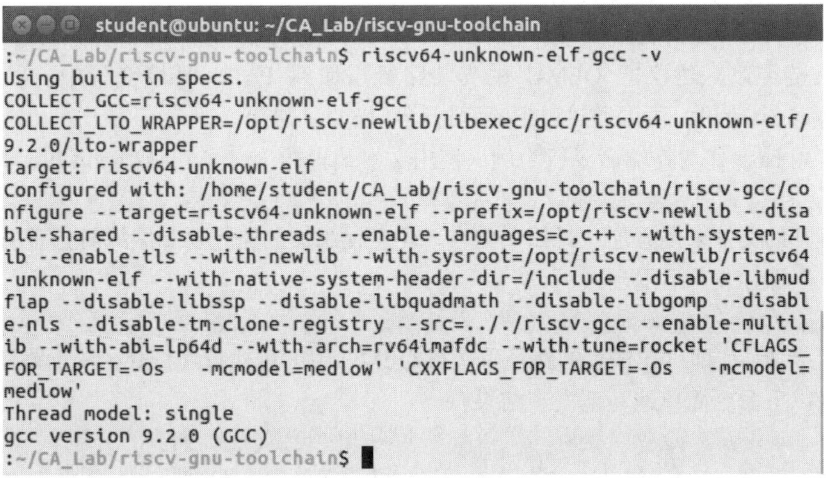

图 8-2 RISC-V 工具链的版本信息

至此，riscv-gnu-toolchain 的安装流程结束。更多有关该交叉工具链的详细信息可以查阅相应开源仓库中提供的用户手册。

5．开源 QEMU 源码的下载

克隆开源的 QEMU 源码，通过以下命令切换到指定分支：

```
cd qemu && git checkout debe78c   //切换到指定分支
```

QEMU 一般需要一些额外的库才能正常编译和使用，可以参考 QEMU 的用户手册。实际缺失的依赖库视操作系统的具体情况而异，通常根据错误提示安装相应的软件即可。例如，在 Ubuntu 环境下使用以下命令通过 apt 工具安装依赖库：

```
sudo apt install pkg-config libpixman-1-dev libglib2.0-dev
```

6．开源 QEMU 的配置、编译和安装

QEMU 的配置过程主要包括指定程序模式、安装路径等。

例如，在下载得到的 qemu 文件夹下创建 build 文件夹作为编译目录：

```
cd qemu && mkdir build && cd build
```

设定配置文件：

```
../configure --prefix=/opt/riscv-qemu --target-list=riscv64-softmmu,
riscv64-linux-user
```

其中，--target-list 用于指定要编译生成的目标列表，这里设定了两个值，riscv64-softmmu 将生成用于 QEMU 系统模式的应用程序，riscv64-linux-user 将生成用于 QEMU 用户模式的应用程序。建议两种模式均安装。务必注意逗号后面的参数是紧挨着逗号的，中间不可以插入空格。--prefix 选项用于指定安装路径，读者可以根据需要自行修改。

执行成功后，在当前目录的 build 目录下应该能够找到生成的 Makefile。此时即可执行源码的编译和安装过程。具体方法如下。

```
make -j                    //编译
make install               //安装
```

其中，-j 选项为编译器引入并行，能够减少编译时间。可以具体地使用诸如-j4、-j8 一类的选项指定编译时的线程数。当虚拟机性能有限时，使用-j 选项可能会引起内存溢出的问题，导致编译失败，应当视实际情况选择是否使用该选项。

7．验证 QEMU 的安装结果

编译完成后，在安装路径的 bin 目录下即可找到生成的二进制可执行文件。与 RISC-V 交叉工具链类似，建议把 QEMU 的安装路径添加到 PATH 环境变量中。以安装目录 /opt/riscv-qemu 为例，可以通过以下流程进行环境变量配置。

以使用 bash 作为终端命令行为例，使用文本编辑器（vi、vim 或 gedit 等）打开文件：

```
vi ~/.bashrc
```

在打开的文件末尾添加一行如下内容。注意，添加的路径要和编译时指定的安装路径保持一致。保存文件后退出。

```
export PATH=/opt/riscv-qemu/bin:$PATH
```

执行成功后，即可在任意的路径下运行 QEMU 中的可执行文件。在任意路径下，可以通过执行以下命令简单地验证安装结果：

```
qemu-riscv64 -version                //查看用户模式 QEMU 的版本
qemu-system-riscv64 -version         //查看系统模式 QEMU 的版本
```

此时屏幕上应该能够正常显示安装的 QEMU 的版本信息，如图 8-3 所示。

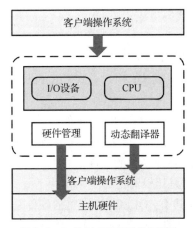
图 8-3 QEMU 的版本信息

至此，开源 QEMU 的安装流程结束。其中，QEMU 的 bin 目录下包含各种与 QEMU 相关的二进制文件，整个安装路径下的文件结构大致如图 8-4 所示。

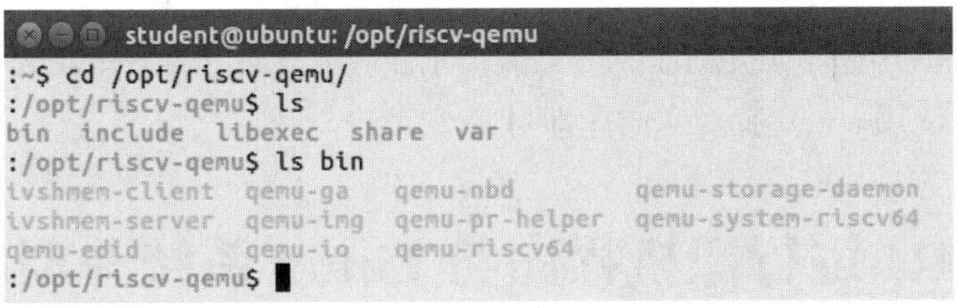

图 8-4 QEMU 安装路径下的文件结构

需要注意的是，根据安装时 target-list 设定的不同，可能会生成不同的二进制文件。此处对其中一部分的功能进行简单介绍。

（1）qemu-system-riscv64：RISC-V QEMU 系统模式的核心程序。

（2）qemu-riscv64：RISC-V QEMU 用户模式的核心程序。

（3）qemu-img：创建虚拟机镜像文件的工具。

（4）qemu-nbd：磁盘挂载工具。

（5）qemu-edid：EDID 显示支持。

（6）qemu-io：执行 QEMO I/O 操作的命令行工具。

本书后续实验主要使用 qemu-system-riscv64 和 qemu-riscv64 工具。

8. C-SKY QEMU 的安装方法

C-SKY QEMU 是平头哥在开源 RISC-V QEMU 基础上改进而来的，图 8-5 展示了 C-SKY QEMU 的结构框架。

图 8-5 C-SKY QEMU 的结构框架

一般可以直接下载使用它的可执行版本。获取 C-SKY QEMU 可执行版本的途径一般有以下两种。

（1）从平头哥芯片开放社区获取，免费注册后即可下载，提供 Ubuntu 和 Windows 两种版本。

（2）安装 C-SKY 的工具套装 CDS 或 CDK 后，可以直接在安装路径下的 qemu 文件夹中找到。在平头哥芯片开放社区中可以下载 CDS/CDK，默认安装环境为 Windows。

下载并完成解压后，在 bin 目录下可以找到 qemu-system-riscv64 和 qemu-riscv64 工具，并可按与开源 QEMU 相同的方式查看工具版本。注意 C-SKY QEMU 与开源 QEMU 生成的可执行文件同名，Shell 执行命令时会按照$PATH 变量里的路径从左到右检索，如果系统中安装了多个版本的 QEMU，使用时应正确指定要使用的版本的程序路径。

在运行 C-SKY 版本的 QEMU 时，可能提示缺失共享库（shared library），此时在网络上搜索下载或者使用 apt 安装对应的库即可。

8.2　QEMU 运行裸机程序与 Linux 系统并调试

8.2.1　实验目的

本实验在 RISC-V QEMU 上运行裸机程序并进行调试，帮助读者了解交叉工具链和 QEMU 的基本用法、熟悉 GDB 的调试过程。在此基础上，介绍如何使用开源框架 Buildroot 快速搭建 Linux 系统，使读者进一步了解 Linux 系统的基本原理。

QEMU 启动
linux 操作系统

8.2.2　实验介绍

1．QEMU 系统简介

早期的 QEMU 将 C 语言作为翻译过程的中间格式。QEMU 首先由一个动态代码生成模块（称为 DynGen）将目标机器码翻译为 C 程序，再由标准 GCC 工具将 C 程序编译为主机可执行的机器指令。但这样导致 DynGen 模块需要和 GCC 深度绑定，一旦 GCC 发生迭代，DynGen 也必须随之更新。

后来的 QEMU 改用小型代码生成器（tiny code generator，TCG）模块替代 DynGen。TCG 引入了一种中间的指令格式，目标指令首先被翻译为中间代码（intermediate code），再由中间代码转译为主机可执行的指令。

QEMU 包含两种主要的运行模式：用户模式（user mode）和系统模式（system mode）。两种模式的主要特点及用途如下。

（1）用户模式：在用户模式下，QEMU 本身作为一个可执行程序的运行平台，在该平台上可以运行那些为其他架构的处理器编写的二进制程序，它仅通过指令集的翻译模拟 CPU 的运行，用户不需要关心目标平台的硬件信息。当开发者仅需要验证单个文件的功能正确性时，使用用户模式通常是比较简便的。

（2）系统模式：在系统模式下，QEMU 为完整的硬件系统提供虚拟化，除了模拟 CPU 指令的执行外，平台还要模拟和协调各种外设。对于一个为特定架构的硬件系统开发应用的开发者而言，仅仅验证程序算法的正确性是不够的，开发者必须清楚诸如 I/O 设备、中断、总线等外设的配置方式和工作状态，才能使软件和硬件协同工作。QEMU 的系统模式提供整个计算机系统的模拟，因此更加适合跨平台开发程序时完整项目的调试和查错工作。

在本章 8.1 节中安装的 qemu-riscv64 工具和 qemu-system-riscv64 工具，分别对应 QEMU 的用户模式和系统模式。

2. Buildroot 简介

既然 Linux 内核是由 C 语言编写而成的，则在 QEMU 上同样可以模拟一个在其他架构上运行的 Linux 系统。随着 RISC-V 指令集的日益成熟，如今 Linux 内核的 RISC-V 移植已经成功进入 Linux 内核代码仓库，相关工具也逐渐齐全。

然而，运行 Linux 系统远非像运行一个普通的二进制程序那么简单。除了编译出内核镜像外，还需要制作正确的文件系统、相关的引导和初始化程序。使用一些集成工具可以自动完成全套上述流程，减少工作量。本实验将使用开源工具 Buildroot 进行 RISC-V Linux 系统的搭建。

Buildroot 是一个用交叉工具链创建嵌入式 Linux 系统的开源框架。通过独立的配置文件，Buildroot 大大简化和自动化完成搭建嵌入式 Linux 的过程。除了基础命令外，它还可以根据用户的喜好预先批量安装各种实用的 Linux 软件包，提高系统的实用性。

Buildroot 可以配置生成的内容包括：交叉编译工具链、Linux 内核镜像、根文件系统、引导程序及各类用户选择的目标机器软件包。Buildroot 既可以一次性完整制作上述内容，也可以独立生成其中的某一部分。总体而言，其完整的工作流程包括以下步骤。

（1）下载配置文件所要求的各种源文件（工具链、内核源码、软件包等）。

（2）导入外部工具链（external toolchain），或者配置、编译和安装一个新的由 Buildroot 提供的交叉工具链（buildroot toolchain）。

（3）配置、编译和安装用户选定的目标软件包。

（4）编译内核镜像文件。

（5）构建引导程序。

（6）构建指定格式的根文件系统。

在嵌入式设备上启动 Linux 系统时，引导程序会在上电后率先获得控制权。它初始化硬件设备、建立内存空间映射图，为操作系统运行准备必要的环境。完成环境设置后，引导程序将加载内核镜像到内存，在特定的入口程序处完成内核引导并挂载根文件系统。此后系统发起首个初始用户进程（init 进程）、依据运行级别启动守护进程、完成系统的初始化工作并最终为用户提供登录窗口。可见，Buildroot 生成的各类组件（内核镜像、根文件系统、引导程序）都是完整构建一个 Linux 系统所必需的。

本节实验介绍用 RISC-V QEMU 进行程序仿真和调试的方法，主要包含两个部分。

（1）使用 QEMU 以用户模式和系统模式分别运行裸机程序，并介绍 QEMU 配合 GDB 调试程序的方法。

（2）使用 Buildroot 在 QEMU 上搭建 Linux 操作系统。

实验所用到的交叉编译和仿真环境已经在 8.1 节中介绍了。

8.2.3　实验内容

1.　QEMU 用户模式运行 Newlib 程序

下面介绍如何使用 QEMU 的用户模式对使用 Newlib 标准库的裸机程序进行仿真和调试。所谓裸机程序，即不运行在操作系统上的程序。本小节使用的示例程序是如下 C 代码。

```c
#include <stdio.h>
/*hello.c*/
int main(int argc, char **argv)
{
        printf("hello\n");
        return 0;
}
```

上述代码保存在名为 hello.c 的文件中。

用户模式下运行示例程序非常简单，首先使用 Newlib 版本的工具链将 C 文件编译为 RISC-V 平台上的可执行文件：

```
riscv64-unknown-elf-gcc -g -o hello hello.c
```

其中，-g 选项为 GDB 调试生成调试符号表，上述命令将会生成一个名为 hello 的二进制文件。此后，使用 QEMU 运行该文件即可：

```
qemu-riscv64 hello
```

命令执行的结果是终端上显示字符串 hello，如图 8-6 所示。

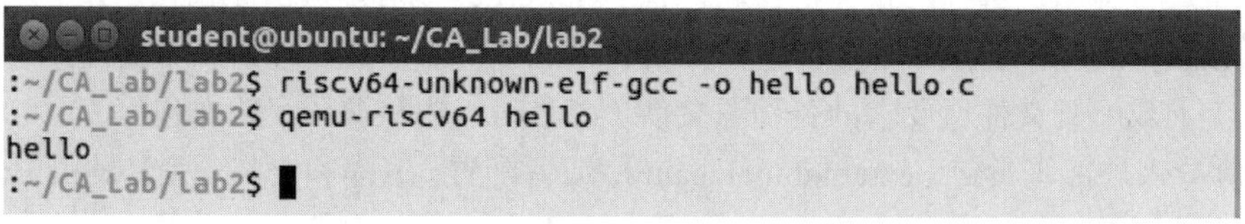

图 8-6　QEMU 用户模式执行 hello 程序的结果

用户模式下，QEMU 的一般命令格式为：

```
qemu-riscv64 [options] filename [arguments…]
```

其中，filename 为需要运行的程序名，在用户模式下应当始终把要运行的可执行文件名放在命令选项 options 的后面。一些重要的命令选项如下。

（1）-g port：对应环境变量 QEMU_GDB，为 QEMU 设置 GDB 调试端口号，此后 GDB 程序可以通过连接这个端口进行远程调试。这将在本节后面的部分进一步说明。

（2）-L path：对应环境变量 QEMU_LD_PREFIX，为 QEMU 执行二进制文件指定加载器路径。对于静态编译的函数，QEMU 可以直接完整加载程序。但如果是动态编译，程序运行时需要加载动态连接库，此时需要用户通过传入 -L 选项或者修改环境变量 QEMU_LD_PREFIX 的值来指定动态连接库的位置。

（3）-s size：对应环境变量 QEMU_STACK_SIZE，设定栈的大小，以字节为单位，默认大小为 8388608B（8MB）。

（4）-D logfile：对应环境变量 QEMU_LOG_FILENAME，将运行日志写入指定文件，默认情况下将输出到 stderr。

（5）-trace：对应环境变量 QEMU_TRACE，配置 QEMU 的轨迹监测模块。硬件运行的过程中会产生各种各样的行为，trace 模块为用户监控和追踪这些硬件行为提供了窗口。某些特定的行为如中断异常、数据存取等被定义为事件，trace 模块产生、传递并接收这些事件信息，用户可以使用这些信息进行后续分析。

其他的一些命令选项信息可以使用以下命令查看：

```
qemu-riscv64 -help
```

2. QEMU 系统模式运行 Newlib 程序

下面介绍如何使用 QEMU 的系统模式对使用 Newlib 标准库的裸机程序进行仿真和调试。使用的示例代码与用户模式的相同，仍然为 hello.c。

在操作系统上编译并执行一个 C 程序时，用户通常不需要过多地关注连接过程，使用默认的连接脚本就足以让操作系统正确地加载程序并执行。前面的用户模式中，QEMU 作为一个可执行文件的运行平台，也并未关注程序实际将要运行的硬件系统。但在真正的嵌入式平台上开发裸机程序时，用户需要额外编写与硬件平台相关联的特定启动代码和连接脚本一并参与编译，才能让程序正常加载并从正确的位置启动。

在系统模式下，开发者将密切关注与软件相关的外围硬件信息。所幸对于 QEMU 所支持的一些常见机器，已经有公开项目提供了可用的启动代码和连接脚本供使用，这使得读者可以快速了解 QEMU 的使用方法。下面以开源的 riscv-probe 项目为例进行介绍，该项目的下载和编译过程如下。

（1）使用 git 工具克隆项目源码。该项目可以通过在开源软件网站上检索 riscv-probe 项目获得。在 riscv-probe 项目目录的 env 文件夹下存放的即各种不同机器（如 spike、sifive 等）的启动代码和连接脚本，以 spike 机器为例，它使用的连接脚本是 riscv-probe/env/spike 目录下的 default.lds 文件，而启动代码是同目录下的 crt.s 文件，但这个文件只包含一行 #include 代码，实际的启动代码是 riscv-probe/env/common 下的 crtm.s。有关连接脚本和启动代码的详细知识可以参阅有关标准文档，这里不再展开。

（2）编写示例程序。riscv-probe 项目下的 examples 文件夹下是项目提供的示例程序，均由 C 语言编写，与硬件无关。如果用户想要利用该示例项目运行自己编写的 C 程序，则可以在 examples 目录下新建一个文件夹，并把自己编写的程序放置在其中，rules.mk 文件仿照其他文件夹进行编写即可。后续使用 make 命令时，这些文件将会一并参与编译。

（3）编译项目源码。默认情况下，使用 riscv-probe 项目原有的 Makefile 编译出来的二进制文件不含有调试符号表，因此诸如 list 一类的 GDB 调试命令是不可用的。为了方便后续进行 GDB 调试，建议修改 riscv-probe 目录下的 Makefile，为该文件中的 CFLAGS 变量额外添加一个-g 选项。完成 Makefile 的修改后，在项目路径下使用 make 命令即可进行编译。

（4）（可选）使用自定义的交叉工具链编译源码。默认会使用前缀为 riscv64-unknown-elf- 的工具链对项目进行编译，如果该工具不在$PATH 路径下或者要使用指定路径的工具链，可以使用以下选项进行编译：make CROSS_COMPILE=toolpath。其中，toolpath 部分应该自行替换为想要使用的工具链前缀，且必要时应当包含工具链的安装路径。

完成上述操作后，riscv-probe 项目的 build/bin 文件夹下应当包含可用于 QEMU 仿真的二进制文件。假设当前在编译完成后的 riscv-probe 文件下，则可执行以下命令进行 QEMU 仿真：

```
qemu-system-riscv64 -nographic -machine spike -kernel build/bin/rv64imac/
spike/hello
```

执行该命令输出的结果和图 8-6 所示的结果相仿，屏幕上输出字符串 hello 即表明成功使用系统模式的 QEMU 运行了 hello 程序。上述命令涉及的系统模式运行选项包括以下几个。

（1）-nographic：禁用图形输出，串行 I/O 将被重定向到终端。

（2）-machine：用于指定目标机器，上例中机器名为 spike，这是一个非常简单的 RISC-V 机器，图 8-7 所示的命令显示了 RISC-V QEMU 支持的常见机器列表。

（3）-kernel：QEMU 将要运行的二进制程序路径，用户可以将其替换为自己写的测试程序，但要注意必须与所选的机器匹配。

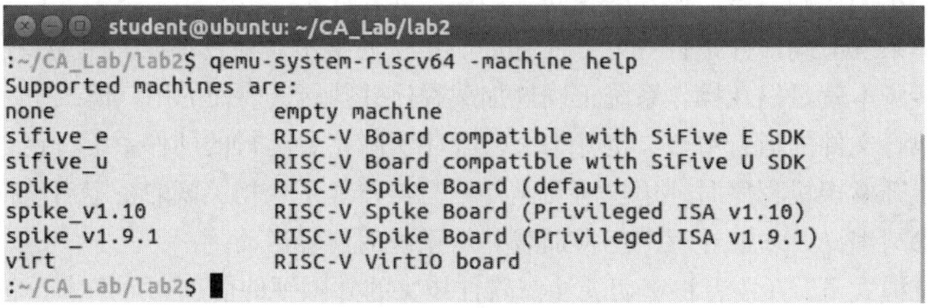

```
student@ubuntu: ~/CA_Lab/lab2
:~/CA_Lab/lab2$ qemu-system-riscv64 -machine help
Supported machines are:
none                 empty machine
sifive_e             RISC-V Board compatible with SiFive E SDK
sifive_u             RISC-V Board compatible with SiFive U SDK
spike                RISC-V Spike Board (default)
spike_v1.10          RISC-V Spike Board (Privileged ISA v1.10)
spike_v1.9.1         RISC-V Spike Board (Privileged ISA v1.9.1)
virt                 RISC-V VirtIO board
:~/CA_Lab/lab2$
```

图 8-7　QEMU 系统模式支持的机器列表

3．使用 GDB 调试 QEMU 上运行的程序

调试是应用程序开发的重要环节，QEMU 支持通过 GDB 进行远程程序调试。在系统模式下，仍然以 riscv-probe 中的 hello 程序为例，使用以下命令启动 QEMU 并调试：

```
qemu-system-riscv64 -nographic -machine spike -kernel build/bin/rv64imac/
spike/hello -gdb tcp::portnum -S
```

其中，新添加的选项-gdb 为调试指定一个远程 TCP 端口（可自行指定任意空闲端口），-S 使 QEMU 进入等待状态。此时 QEMU 界面应当不会输出字符串 hello，而是保持挂起。

在 QEMU 挂起状态下，新打开一个终端，并移动到可执行程序 hello 所在的文件路径下，使用以下命令开始调试：

```
riscv64-unknown-elf-gdb hello
```

上述 GDB 工具应当随 8.1 节中介绍的 riscv-gnu-toolchain 一并安装完成。如果找不到该命令，注意检查是否添加了环境变量和系统路径。GDB 调试界面如图 8-8 所示。

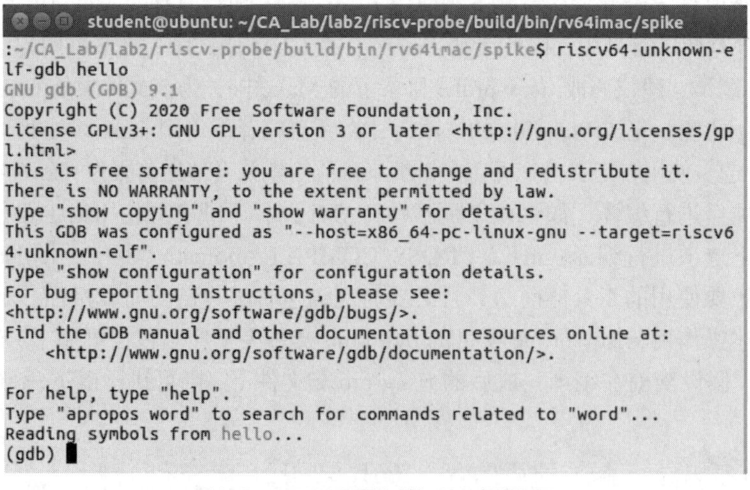

```
student@ubuntu: ~/CA_Lab/lab2/riscv-probe/build/bin/rv64imac/spike
:~/CA_Lab/lab2/riscv-probe/build/bin/rv64imac/spike$ riscv64-unknown-e
lf-gdb hello
GNU gdb (GDB) 9.1
Copyright (C) 2020 Free Software Foundation, Inc.
License GPLv3+: GNU GPL version 3 or later <http://gnu.org/licenses/gp
l.html>
This is free software: you are free to change and redistribute it.
There is NO WARRANTY, to the extent permitted by law.
Type "show copying" and "show warranty" for details.
This GDB was configured as "--host=x86_64-pc-linux-gnu --target=riscv6
4-unknown-elf".
Type "show configuration" for configuration details.
For bug reporting instructions, please see:
<http://www.gnu.org/software/gdb/bugs/>.
Find the GDB manual and other documentation resources online at:
    <http://www.gnu.org/software/gdb/documentation/>.

For help, type "help".
Type "apropos word" to search for commands related to "word"...
Reading symbols from hello...
(gdb)
```

图 8-8　QEMU 系统模式的 GDB 调试界面

完成上述步骤后，在 GDB 中输入命令远程连接 QEMU：

```
target remote localhost:portnum
```

端口号应该与前面启动 QEMU 设置的端口号保持一致。此后 QEMU 中运行的程序就可以正式接受 GDB 的调试，调试方法和正常的 GDB 程序基本没有区别。注意，由于 QEMU 中的程序已经处于运行状态，所以 GDB 的 run 命令是不可用的，直接使用 continue 命令即可。

除了系统模式外，QEMU 的用户模式也可以进行 GDB 调试。两者的调试过程非常类似，用户模式的命令格式如下。

```
qemu-riscv64 -g 2333 hello
```

其中，用户模式使用-g 选项指定调试端口，且程序将会直接挂起，而不再需要像系统模式调试时那样使用-S 选项。后续的步骤则与系统模式下的 GDB 调试完全相同。

4. 在 RISC-V QEMU 上运行 Linux 系统

下面介绍使用 Buildroot 快速配置和安装 Linux 系统的方法。Buildroot 的最新版本可以从其官方网站下载，也可以从其开源软件网站上的代码仓库克隆。本实验使用的是 2020.02.2 版本，可以在克隆后的文件下切换分支：

```
cd buildroot && git checkout 2f7183d
```

为了便于初学者进行配置，本实验使用 Buildroot 的图形配置界面，在 Ubuntu 虚拟机下，可以通过 apt 工具安装 ncurses5 库以支持图形界面：

```
sudo apt install libncurses5-dev
```

默认情况下，编译 Buildroot 所需要的绝大多数其他工具均已在虚拟机上安装完成，如提示缺失，根据具体情况自行安装即可。在克隆后的项目文件夹下 docs/manual/路径中可以找到 Buildroot 提供的用户文档，使用 make manual 命令可以将其生成为手册。

Buildroot 提供的配置选项非常丰富，在克隆或解压后的项目文件夹中，configs 文件夹下包含软件为各种不同架构和使用场景预生成的默认配置文件。Buildroot 就是通过一系列配置文件，使用自动化脚本编译生成符合用户要求的文件。可以在 Buildroot 项目的目录下输入以下命令导入针对 RISC-V64 架构的默认配置文件：

```
cd buildroot && make qemu_riscv64_virt_defconfig
```

执行后，在项目目录下可以找到生成的.config 配置文件，接下来原则上使用 make 命令即可开始编译，这个过程需要保持联网状态，且通常耗时较长。使用上述默认的配置文件，Buildroot 创建的文件系统一般比较小，默认情况为 60MB，可查找.config 中的字段 BR2_TARGET_ROOTFS_EXT2_SIZE。可使用的终端命令也比较少，通常无法满足嵌入式开发的使用需求。此时，可以使用 Buildroot 提供的图形配置界面进行更加精细的参数设置。图形界面可以通过在终端输入以下命令启动：

```
make menuconfig
```

启动该图形界面要求终端窗口至少具有 80 字符×19 字符的大小。打开后一级菜单下共有 10 个类别可以进行设置。Buildroot 图形配置界面如图 8-9 所示。

使用图形界面时，按"Y"键可以选中参数、按"N"键取消选中参数、按"Enter"键进入子菜单、按"/"键可以进行关键字搜索。现对图 8-9 中重要的可配置项进行说明。建议在已经加载过默认的配置文件 qemu_riscv64_virt_defconfig 后再使用图形界面，这样多数内容已经正确设置，修改量较小。

计
算
机
体
系
结
构
与
SoC
设
计
（
附
微
课
视
频
）

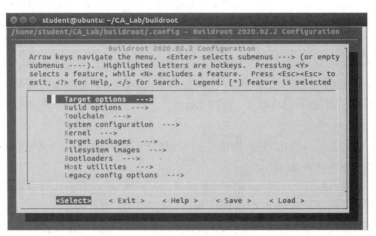

图 8-9　Buildroot 图形配置界面

（1）Build options：该页包含各种编译选项。其中，Download dir 选项用于指定编译时需要下载的文件的保存路径，默认情况下为./dl。Host dir 选项用于指定主机编译所需工具的安装目录，默认情况下为./output/host。Mirrors and Download locations 用于设置 Linux 内核和 GNU 工具等内容的下载链接，默认情况下将从相应的官方代码仓库下载，可以视具体情况将其修改为镜像源地址。该页的其他选项还包括各种编译时的细节设置，可以参考用户手册。

（2）Toolchain：该页设置交叉工具链，工具链把内核源码、软件工具等编译成符合目标架构（RISC-V）的程序。该目录下 Toolchain type 选项提供两种工具链选项（External toolchain 和 Buildroot toolchain），设置为 External toolchain 时使用外部工具链，用户可以指定下载链接，否则 Buildroot 将会为用户生成一个符合要求的内部工具链。为了配置简便，这里推荐使用 Buildroot toolchain。C library 字段指定 C 库，可选 uClibc、glibc、musl，它们的区别可以参阅相关文档，本章选择 GNU 标准的 glibc 作为 C 库。若勾选 Enable C++ support，可为工具链增加 C++支持，SSP、RPC 等同理。用于本实验的配置时，在 Toolchain type 选择 Buildroot toolchain 后，勾选 Enable C++ support，其他选项保持默认即可。

（3）System configuration：该页设置 Linux 系统。其中，System hostname 用于设置主机名，默认名称是 buildroot，可修改。System banner 用于设置系统横幅，即欢迎界面的文字，可修改。Root password 用于设置管理员密码，不设置则无密码，可修改。Default shell 用于设置终端类型，默认是/bin/sh，想要使用其他终端则需要额外的环境支持，不建议读者在刚开始操作时修改。Init system 和/dev management 用于设置初始化系统方案和设备的管理方案，有多种方案可供选择，此处同样不建议修改。其余选项可以参考用户手册。

（4）Kernel：该页设置 Linux 内核。其中，Kernel version 用于指定内核的源码版本，Kernel binary format 用于设置内核的镜像格式，RISCV64 下支持 Image 和 vmlinux 两种格式，前者删除了重定位信息和符号表，本章选择 Image 格式。注意内核的下载地址由 Build options 页中的 Mirrors and Download locations 选项指定。其他选项可以参考用户手册。

（5）Target packages：使用默认设置安装操作系统只提供/bin 目录下的几个最基本的命令，用户可以在 QEMU 启动 Linux 系统后再逐一下载安装所需要的其他软件。但这样是比较麻烦的，Target packages 选项充分体现了 Buildroot 的实用性和易用性，该页按类别提供了大量可选择的程序包，编译时将会批量地下载、制作和安装这些应用，从而免去用户在启动 Linux 系统后逐一安装基础软件的麻烦。本实验要求额外勾选 Networking applications 目录下的 lftp 工具，其他的工具可以保持默认选项。

（6）Filesystem images：Linux 通过文件系统接口支持多种不同类型的文件系统，本实验建议勾选文件系统类型为 ext2/3/4 root filesystem，将 Exact size 选项修改为 200～500MB。

（7）其他选项：Bootloaders 页为启动程序配置页，保持默认即可。Host utilities 页包含主机（host）端的实用工具，由于虚拟机中已经安装好 QEMU 了，所以将本页中的 host qemu 选项取消勾选。Legacy config options 页为旧版配置选项页，它们是一些陆续被 Buildroot 移除的选项，此处保持默认即可。

总体而言，Buildroot 提供的选项是非常丰富的，所有没有涉及的条目，读者均可自行参阅用户手册进行进一步探究。完成设置并保存后，即可退出图形配置界面。

在完成配置后，用户即可利用 Buildroot 的自动化脚本快速搭建 Linux 系统。使用 make 命令即可完成下载和编译过程，这个过程需要保持联网并且耗时比较长。此外，也可以分两步完成上述过程。第 1 步，使用命令 make source 仅仅从网络下载必要的源码和程序包（但不执行后续编译步骤），默认情况下这些下载的内容将被放在 dl 文件夹下。第 2 步，在下载完成后，整个 Buildroot 文件夹可以被移动到任意位置，并在离线状态下脱机执行 make 命令完成编译。

简要说明一下 Buildroot 本身使用和生成的目录结构。

（1）output：存放几乎所有的 Buildroot 编译输出文件。

（2）build：各种软件包解压并编译完成后的现场。

（3）host：存放交叉工具链等主机工具的位置。

（4）images：镜像文件存放位置，即嵌入式设备运行 Linux 所需要烧写的各种文件。

（5）target：包含目标机器几乎所有的根文件系统。

（6）dl：源码和软件压缩包的下载位置。

（7）fs：文件系统源码。

（8）configs：各类参数的配置文件。

（9）arch：与 CPU 架构相关的配置文件。

（10）linux：内核构建脚本。

（11）docs：参考文档的存放位置，可以通过 make manual 生成用户手册。

编译完成后，在 Buildroot 项目的目录下使用以下命令通过 QEMU 启动 Linux 镜像：

```
qemu-system-riscv64 \
  -M virt -nographic \
  -bios output/images/fw_jump.elf \
  -kernel output/images/Image \
  -append "root=/dev/vda ro" \
  -drive file=output/images/rootfs.ext4,format=raw,id=hd0 \
  -device virtio-blk-device,drive=hd0 \
  -netdev user,id=net0 -device virtio-net-device,netdev=net0
```

其中，fw_jump.elf、Image、rootfs.ext4 均是由 Buildroot 生成的，它们是启动 Linux 所需的引导程序、内核镜像及文件系统，3 个文件均位于 output/images 路径下，应注意检查它们的路径和文件名与实际生成的文件是否匹配。

启动该 QEMU 时，其他可选的选项如下。

（1）-m：用于指定 QEMU 的运行内存，注意与-M（指定机器类型）区分。当这个 Linux 系统需要比较多的资源时，应当用该选项指定一个较大内存。

（2）-smp：用于分配 CPU 核及线程数。

可根据使用需求合理分配系统资源。成功后，终端应当显示欢迎界面，此时可以通过 root 身份登录，并查看系统相关信息，如图 8-10 所示。

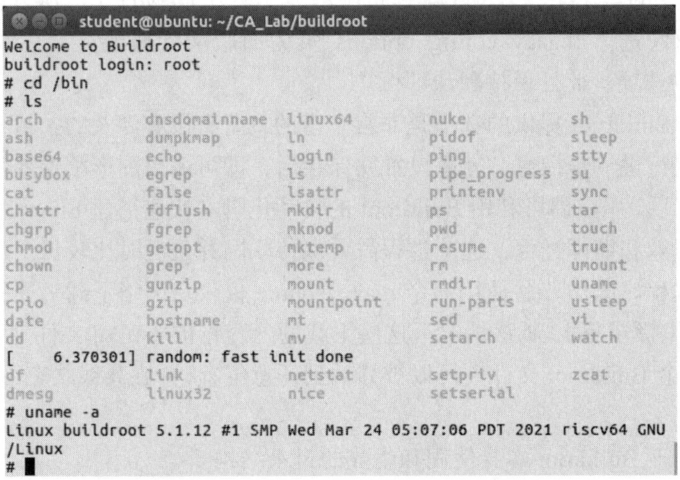

图 8-10　RISC-V QEMU 上的 Linux 系统登录示意

至此，一个运行在 RISC-V QEMU 上的 Linux 系统就搭建完成了，使用 poweroff 命令可以关闭这个操作系统。

接着，尝试在刚刚搭建完成的 Linux 系统中运行一个 C 程序。需要注意的是，安装的 RISC-V Linux 系统中是没有 GCC 的，Buildroot 的用户手册对此进行了充分的解释：Buildroot 是针对资源有限的小型嵌入式设备搭建 Linux 的快速框架，Buildroot 认为在这类设备上搭建编译器是冗余而不必要的。为此，本实验需要直接将一台主机中编译完成的二进制文件转移到 QEMU 虚拟机中运行，这里介绍在 Ubuntu 主机和 QEMU Linux 系统之间传输文件的两种方法。

第 1 种方法：使用 mount 命令进行文件系统挂载。仍然使用 hello.c 作为示例程序，先在主机中用工具链生成可执行文件：

```
riscv64-unknown-linux-gnu-gcc -static -o hello hello.c
```

将文件移动到 Buildroot 制作的文件系统路径/output/images/下，建立一个新文件夹 tmp：

```
cd output/images && mkdir tmp
```

假设希望移动的文件是位于~/Desktop/路径下的 hello，则在保持 QEMU 上的 Linux 系统关闭的状态下，将 Buildroot 生成的文件系统挂载到 tmp 文件夹下并复制文件：

```
sudo mount -t ext4 ./rootfs.ext4 ./tmp -o loop      //挂载
sudo cp ~/Desktop/hello ./tmp/root                  //复制文件
sudo umount ./tmp                                   //取消挂载
```

完成文件移动后，回到 Buildroot 路径下，使用命令启动 QEMU 虚拟机，即可在启动后的 Linux 文件系统的/root 路径（与上述命令中指定的文件路径一致）看到移动后的文件。二进制文件 hello 应该可以直接在该系统内运行，运行示例如图 8-11 所示。

```
● ● ▣  student@ubuntu: ~/CA_Lab/buildroot
Welcome to Buildroot
buildroot login: root
# cd /root
# ./hello
hello
#
#
```

图 8-11　QEMU 中的 Linux 系统运行 hello 程序的示例

　　通过挂载实现文件转移是在各种情况下都能够使用的通用方法，但是稍显烦琐。

　　第 2 种方法：通过 FTP 服务向 QEMU 中的 Linux 系统进行文件传输。使用以下命令在 Ubuntu 端启动 FTP 服务：

```
sudo apt install vsftpd       //在 Ubuntu 端安装 FTP 服务程序
sudo service vsftpd restart   //在 Ubuntu 端启动 FTP 服务
```

　　由于介绍 Buildroot 的配置方法时已经在 Target packages 页中勾选了 lftp，所以 Buildroot 编译的 Linux 系统已经自动安装了 lftp 工具。启动 QEMU Linux 后，使用以下命令开启 lftp 与 Ubuntu 主机的连接：

```
lftp 10.0.2.3 -u student
```

　　其中，-u 选项后是 Ubuntu 主机的名称，本实验为 student，读者应根据自身虚拟机的情况进行修改。此后根据提示输入 Ubuntu 的用户密码即可。成功建立连接后，即可使用 lftp 进行文件传输。传输文件示例如图 8-12 所示。其中，lftp 界面下的 cd 和 ls 工具都是针对服务器端而言的（即查看 Ubuntu 主机各路径下的文件），而 lcd 和!ls 则是当前 QEMU Linux 自身的路径移动和文件查看命令。使用 get 和 put 可以进行单个文件的传输，使用 mirror 则可以进行文件夹的传输。完成后，使用 quit 或者 exit 就可以退出 lftp。同理，可以找到移动后的二进制文件，并在 QEMU Linux 内执行。注意，lftp 的传输方式不保留文件的执行权限和所有者信息，所以传输后的文件可能不具有可执行权限，这可以通过 chmod 命令解决。

```
● ● ▣  student@ubuntu: ~/CA_Lab/buildroot
# lftp 10.0.2.3 -u student
Password:
lftp student@10.0.2.3:~> cd ~/CA_Lab/lab2
cd ok, cwd=/home/student/CA_Lab/lab2
lftp student@10.0.2.3:~/CA_Lab/lab2> ls
-rwxrwxr-x   1 1000     1000        20392 Aug 25 07:41 hello
-rw-rw-r--   1 1000     1000           98 Aug 25 07:24 hello.c
drwxrwxr-x   7 1000     1000         4096 Mar 17 08:38 riscv-probe
lftp student@10.0.2.3:~/CA_Lab/lab2> get hello
20392 bytes transferred
lftp student@10.0.2.3:~/CA_Lab/lab2> exit
# ls
hello
# chmod +x hello
# ./hello
hello
# █
```

图 8-12　使用 lftp 从 Ubuntu 向 QEMU 传输文件示例

　　至此，一个 QEMU 上的具有 RISC-V 架构的 Linux 系统就搭建完成了，读者可以自由探索这个系统。

8.3　RISC-V 汇编程序编程

RISC-V 汇编程序编程练习

8.3.1　实验目的

进行嵌入式开发时，难免需要编写对应指令集架构的汇编程序，例如，启动代码通常就是用汇编语言编写的。本实验为读者提供编写和运行 RISC-V 汇编程序的实践流程，可以让读者熟悉 RISC-V 基本指令集中的指令、RISC-V 汇编程序的编程规范，同时了解递归函数的调用过程。

8.3.2　实验介绍

嵌入式开发中，有时需要编写汇编级的代码以提高系统性能，或对特定的硬件寄存器进行置位和配置。汇编代码编程最重要的是遵循特定的编程规范，以保证与编译器的通用行为相互兼容。以 RISC-V 为例，在 RISC-V 架构文档有表 8-1 所示的表格。这个表格包含 RISC-V 标准定义的寄存器（x0～x31、f0～f31）在汇编语言中的别名、约定用途及函数调用时的保存方式等内容。该表是编写 RISC-V 汇编程序时最重要的规范之一，几乎所有的通用编译器都遵照该规范生成可执行文件。本小节将对其中的一些关键内容进行简要的介绍。

表 8-1　　　　　　　　　　　　　　RISC-V 汇编规范

寄存器	ABI 名称	描述	保存者
x0	zero	硬编码 0	—
x1	ra	返回地址	被调用者
x2	sp	栈指针	被调用者
x3	gp	全局指针	—
x4	tp	线程指针	—
x5	t0	临时寄存器	调用者
x6-7	t1-2	临时寄存器	调用者
x8	s0/fp	保留寄存器/帧指针	被调用者
x9	s1	保留寄存器	被调用者
x10-11	a0-1	函数参数/返回值	调用者
x12-17	a2-7	函数参数	调用者
x18-27	s2-11	保留寄存器	被调用者
x28-31	t3-6	临时寄存器	调用者
f0-7	ft0-7	浮点临时寄存器	调用者
f8-9	fs0-1	浮点保留寄存器	被调用者
f10-11	fa0-1	浮点参数/返回值	调用者
f12-17	fa2-7	浮点参数	调用者
f18-27	fs2-11	浮点保留寄存器	被调用者
f28-31	ft8-11	浮点临时寄存器	调用者

1. 寄存器别名和约定用途

在汇编中，每一个 RISC-V 寄存器（x0~x31、f0~f31）都拥有一个别名（ABI 名称），它们在使用时是等价的。但是由于别名通常暗示了这个寄存器的用途，使用别名的汇编代码的可读性更佳，因此更加推荐使用。例如，以下两条汇编指令是等价的：

```
add x10, x10, x0
add a0,a0,zero
```

每个寄存器均有其约定用途，为了保持编译器的兼容性，编程时总是应当遵循这个约定用途。对于本节的实验而言，比较重要的寄存器为以下 6 个（这里仅列出其别名）。

（1）zero：该寄存器在硬件设计时应当被硬接线到 0，任何读取该寄存器的操作均得到结果 0，而任何写入该寄存器的操作都是无效的。

（2）ra：返回地址。当过程调用发生时，应当先向 ra 寄存器写入程序的返回地址，然后才能转移到调用入口。当过程调用通过 ret 一类的指令返回时，也要通过读取 ra 寄存器的内容并赋值给 PC 寄存器，硬件才能知道程序应当返回到何处。子程序的返回指令 ret 实际上是一条伪指令，它等价的基础指令为：jalr x0, x1, 0。对应于 jalr 指令的操作，即有 rd=x0、rs1=x1、imm12=0。由此可以看到，ret 指令正是把 x1 寄存器（即 ra）的值赋给 PC 寄存器，从而函数可以正确返回其调用者的位置。此外，对 x0 的赋值永远是无效的，也就相当于不对 jalr 的 rd 寄存器赋值。

（3）sp：堆栈指针。维护运行时栈的栈顶位置。在本书所使用的硬件中，堆栈在过程调用中向低地址生长，因此 sp 指向当前堆栈的最小地址。

（4）s0/fp：栈帧指针。fp 与 sp 的具体区别和用途超出了本书的范畴，可以通过本实验的后续实例简要地理解它的用法。

（5）a0~a7：函数参数。当父函数调用子函数 func(arg1,arg2,arg3,…)时，父函数应当将传递的参数 arg1、arg2、arg3……依次存放在寄存器 a0、a1、a2……中，如果函数的参数超过了 8 个，则剩下的参数应当存放在栈中。当子函数 func 被执行时，它将默认从 a0 开始的寄存器取出相应的参数。

（6）a0：函数返回值。过程调用返回时，约定把返回值存放在 a0 中。

2. 过程调用的寄存器保存规则

当过程调用发生时，父函数 P 可能希望子函数 Q 除了返回值以外，不要修改任何其他寄存器的值，这样父函数 P 就可以在 Q 返回后轻松地继续执行后续计算。然而，由于通用寄存器只有 32 个，且所有的过程调用都只能共享这些通用寄存器来执行计算，因此子函数 Q 总有可能会覆盖父函数 P 使用的寄存器。

为了保证程序具有正确的功能，表 8-1 的最后一列（即保存者）规定了寄存器的保存规则。该字段包含两种类型的值，即调用者（Caller）保存和被调用者（Callee）保存。

对于调用者保存寄存器，父函数 P 如果把临时数据存放在调用者保存寄存器中，则在调用子函数 Q 之前，P 有义务把自己的临时数据存放到栈中，Q 在执行过程中可以随意地修改这些寄存器中的值。在 Q 返回后，P 应当自行从栈中恢复那些数据。

对于被调用者保存寄存器，父函数 P 可以期望所有被调用者保存寄存器值在调用 Q 之前和调用 Q 之后是保持不变的。如果 Q 想要使用这些寄存器，则它必须首先把寄存器中的原始值保存到栈中，并在 Q 返回之前把栈中的值恢复到寄存器中。从 P 的视角来看，结果好像是 Q 从未使用过这些寄存器一样。

由于嵌入式编程时，编写的汇编代码可能只是整个系统程序中的一部分，它会通过编译器和其他的由高级语言编写的程序一并生成二进制文件，所以遵守上述约定用途和寄存器保存规则是至关重要的，否则编写的程序很可能和编译器的约定出现不一致的行为，导致程序运行出错。

8.3.3 实验内容

本实验为 RISC-V 汇编程序的编程练习。首先通过一个实例进一步展示前文介绍的编程规范，再给出两个简单的函数供读者练习。

1. 汇编实例介绍

本小节使用一个求最大公约数的函数 gcd（文件名为 gcd.c），将其用 RISC-V 的 GCC 工具链生成汇编代码，简要地修改并整理为本次实验的示例文件 gcd.s。接下来将会以 gcd.s 的汇编代码为例，介绍 RISC-V 汇编规范的具体用法。

gcd.c 的源码如下。

```
int gcd(int a, int b)        //辗转相除法
{
    if(a==0) return b;
    else if(b==0) return a;
    else if(a>b) return gcd(a%b,b);
    else return gcd(b%a,a);
}
```

其汇编代码 gcd.s 通过 6 个标号（start、part1、part2、part3、part4、end）将汇编程序分成 6 个部分，这 6 个部分各自的功能如下。

（1）start：函数起点，其后的几行代码执行运行时栈的初始化工作。

（2）part1：对应 C 代码 if(a==0) return b;。

（3）part2：对应 C 代码 else if(b==0) return a;。

（4）part3：对应 C 代码 else if(a>b) return gcd(a%b,b);。

（5）part4：对应 C 代码 else return gcd(b%a,a);。

（6）end：设置返回值，恢复寄存器现场，函数返回。

接下来对每个部分的汇编代码的结构进行介绍。

第 1 部分，start 标号到 part1 标号的汇编代码如下。

```
start:  addi     sp,sp,-32
        sd       ra,24(sp)
        sd       s0,16(sp)
        addi     s0,sp,32
        mv       a5,a0
        mv       a4,a1
        sw       a5,-20(s0)
        mv       a5,a4
        sw       a5,-24(s0)
```

这段代码执行了运行时栈的初始化工作。gcd 函数接收两个整型参数，按照汇编规范的约定，这两个参数可以从 a0 和 a1 两个寄存器中读到。代码首先将栈顶向低地址移动 32 字节，将 ra、s0 寄存器的原始值存进栈中，然后把输入参数 a0 和 a1 的值也存入栈中。初

始化完成后，这个栈的内容如图 8-13 所示。注意，图中的地址为十进制，它只是为了表示方便而标注的相对栈顶 sp 而言的相对地址，并不是绝对地址。

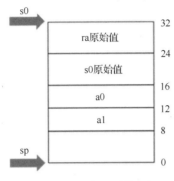

图 8-13　初始化后栈的内容

在实验所用的机器上，运行时栈的栈顶是向地址减小的方向生长的，因此代码中初始化时对 sp 做的是减法，即 sp 总是位于当前栈的最小地址。此处可以并不严谨地简单理解为：s0 就是 sp 一开始的值，它指向了当前栈帧的最大地址，sp 和 s0 共同构成了一个运行时栈的首尾。

第 2 部分，part1 标号到 part2 标号为止的汇编代码如下。

```
part1:   lw      a5,-20(s0)
         sext.w  a5,a5
         bnez    a5,part2
         lw      a5,-24(s0)
         j       end
```

这段汇编代码对应 C 代码 if(a==0) return b;。它从栈中取出 a 的值，并通过 bnez 指令进行条件跳转，如果 a 等于 0，则将 b 的值赋给 a5 寄存器的值（使用 a5 寄存器的原因见 end 标号部分），并跳转到 end 标号，否则跳转到 part2 标号（即下一条 else if 语句）。

第 3 部分，part2 标号到 part3 标号为止的汇编代码如下。

```
part2:   lw      a5,-24(s0)
         sext.w  a5,a5
         bnez    a5,part3
         lw      a5,-20(s0)
         j       end
```

这段汇编代码对应 C 代码 else if(b==0) return a;。其结构基本和 part2 类似，这里不赘述。

第 4 部分，part3 标号到 part4 标号为止的汇编代码如下。

```
part3:   lw      a4,-20(s0)
         lw      a5,-24(s0)
         sext.w  a4,a4
         sext.w  a5,a5
         bge     a5,a4,part4
         lw      a4,-20(s0)
         lw      a5,-24(s0)
         remw    a5,a4,a5
         sext.w  a5,a5
         lw      a4,-24(s0)
```

```
        mv      a1,a4
        mv      a0,a5
        jal     ra,gcd_1
        mv      a5,a0
        j       end
```

这段汇编代码对应 C 代码 else if(a>b) return gcd(a%b,b);。它取出栈中的两个参数 a 和 b 的值，放进寄存器 a4 和 a5，通过 bge 指令比较它们的大小并执行条件跳转，当 a5≥a4（即 b≥a）时，跳转到 part4 标号。否则（即 a>b），通过 remw 指令计算出 a%b 的值，再将 a%b 和 b 的值分别存放在 a0 和 a1 寄存器中（这正是遵循 RISC-V 汇编编程规范的参数传递规则），用 jal 指令发生递归调用。

jal 的递归调用结束后，子程序的返回值按照规范存放在 a0 中，同时控制将会返回 jal 的下一行指令，即 mv a5,a0。这表明程序把递归调用的返回值复制到 a5 寄存器（使用 a5 寄存器的原因见 end 标号部分），然后跳转到 end 标号。

第 6 部分，part4 标号到 end 标号的汇编代码对应 C 代码 else return gcd(b%a,a);。这部分代码和 part3 的逻辑基本一致，这里不赘述。

最后一部分，end 标号到程序结束的汇编代码如下。

```
end:    mv      a0,a5
        ld      ra,24(sp)
        ld      s0,16(sp)
        addi    sp,sp,32
        ret
```

这代表程序即将返回前做的准备工作。首先，前面 part1～part4 的每个部分都把最终的计算结果暂存在 a5 寄存器中，但是按照 RISC-V 汇编编程规范，最终的返回值要放在 a0 中，因此 mv a0,a5 指令把结果转移进 a0，接下来程序从栈中恢复 ra 和 s0 的值，并把栈顶 sp 恢复到最开始的值。此后执行 ret 指令返回，由于此时 ra 已经从栈中恢复了，因此控制流可以正确返回其父函数中。

至此，gcd 函数的一次完整调用过程结束。该例子通过一个递归函数充分说明了 RISC-V 的汇编规范是如何工作的。

2. 编程练习

下面给出两个简单的汇编函数供练习。

（1）练习 1：mul.s。要求仅使用 RV64I 整型指令集，实现两个 32 位有符号 int 型变量的乘法，不可以使用 RV64M 中的乘除法指令。函数原型为：int mymul(int,int)。即接收两个 32 位有符号 int 型参数作为输入，输出它们的乘积，仍以 int 表示。

（2）练习 2：fac.s。要求仅使用 RV64I 整型指令集，以递归函数的形式实现自然数的阶乘函数。其中，乘法操作应当调用练习 1 中的 mymul 函数（直接把 mymul 视为一个标号即可）。函数原型为：int myfac(int)。即接收一个非负的 int 型参数作为输入，输出它的阶乘，仍以 int 表示。不需要考虑输入为负数的情况，且定义 0 的阶乘为 1。

在练习的过程中务必善用调试。编程中难免出现初次编写的程序结果有误的情况，此时使用 GDB 工具对程序进行调试是一个很好的查错方法。GDB 工具支持汇编代码层面的单步调试，next 和 step（缩写为 n 和 s）是 C 语言级的单步调试命令，ni 和 si 则是相应的汇编语言级的单步调试命令。此外，GDB 调试中可以使用 print/display 命令输出寄存器的值，例如 p $a1 可以输出寄存器 a1 的值。info registers 可以输出所有寄存器的当前值。GDB 调试汇编程序的示例如图 8-14 所示。

```
😀 😐 😀   student@ubuntu: ~/CA_Lab/assembler/test/ex3
(gdb) p $a0
$1 = 0
(gdb) p $a1
$2 = 5
(gdb) p $ra
$3 = (void (*)()) 0x101e8 <main+26>
(gdb) i registers
ra              0x101e8     0x101e8 <main+26>
sp              0x40007ffec0    0x40007ffec0
gp              0x1eb90     0x1eb90 < __malloc_av_+248>
tp              0x0         0x0
t0              0x16        22
t1              0x7         7
t2              0x16        22
fp              0x40007ffee0    0x40007ffee0
s1              0x0         0
a0              0x0         0
a1              0x5         5
a2              0x10        16
a3              0x0         0
a4              0x0         0
a5              0x1
```

图 8-14　GDB 调试汇编程序的示例

8.4　QEMU 上运行 YOLO 算法

8.4.1　实验目的

QEMU 运行 YOLO 算法

本实验在 QEMU 上的 Linux 系统中运行 YOLO 算法。读者可以自行编写 YOLO 算法网络层的部分核心函数，以熟悉 C 语言的嵌入式调试和仿真过程，并能够对目标识别领域有基本的了解。

8.4.2　实验介绍

1．YOLO 算法简介

目标检测（object detection）是深度学习领域的一个重要应用方向，其主要任务是在给定的输入图像上准确标记物体的位置，并同时给出物体的类别标签。在实际应用中，一幅图像上可能同时存在多个属于不同类别的目标对象，且它们彼此可能互相重叠。因此，算法的精度和速度均面临诸多挑战。

局域卷积神经网络（region convolutional neural network，R-CNN）是目标检测领域非常成功的一类算法。该算法基于区域候选（region proposal）的思路，第 1 步，通过选择性搜索（selective search）在测试图像中提取出可能存在目标对象的候选区域；第 2 步，将这些区域通过卷积神经网络（convolutional neural network，CNN）提取特征，并由分类器得到类别预测。R-CNN 可以达到很高的精度，但相对而言速度较慢。

YOLO（You Only Look Once）是另一种基于 CNN 的目标检测算法，最早于 2016 年提出，经过近几年的快速迭代，现已发展出 YOLOv1、YOLOv2、YOLOv3、YOLOv4 等多个版本。如其名称所言，YOLO 是单步的算法，它将经过尺寸缩放后的原始图像作为网络的输入，并将图像均匀切割为 $S \times S$ 个网格（grid），并为每个网格分配一定数量的先验框（anchor box），用于预测中心坐标落在该网格内的物体。最终的输出既包括位置预测，也包括类别预测。图 8-15 展示了 YOLOv1 的网络结构。

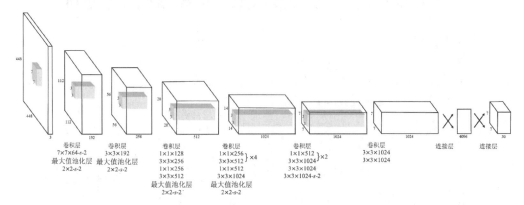

图 8-15　YOLOv1 的网络结构

对于粒度为 $S \times S$ 的网格划分而言，在每个网格上分配 B 个先验框，则整个网络将产生 $S \times S \times B$ 个候选预测，但是其中某些框内可能根本没有物体，而多个边界框又可能同时预测了同一个物体。对于前者，可以通过设定一个阈值来滤除置信度过低的预测，后者则可以通过非极大值抑制（non-maximum suppression，NMS）算法解决。

NMS 算法首先设定一个置信度阈值，将低于阈值的框全部排除。在剩余的候选中，算法首先选出置信度最高的框，计算其余所有框与该框的交并比（intersection over union，IOU），此时设置一个 IOU 阈值，高于阈值的所有框都被认为是与最高置信度框重复的预测，因此被排除。此后再选出剩余框中置信度第二高的框，如此循环，直到没有新的框需要被排除，则剩余的框就是由 NMS 过程产生的最终预测。

有关 YOLO 算法的后续发展及实现细节，可以参考相关论文。

2. Darknet 网络结构

YOLO 算法所使用的卷积神经网络的主干框架是由其作者开发的 Darknet 网络。在源码的 cfg 文件夹下可以找到 YOLOv3 网络的配置文件 yolov3.cfg 及 YOLOv3-tiny 网络的配置文件 yolov3-tiny.cfg。查阅配置文件，可以发现 YOLOv3 共包含 5 种不同的网络层类型，下面分别进行介绍。

第 1 种网络层类型为卷积层（convolutional layer）。YOLOv3 的神经网络主干框架包含 53 个卷积层，因此也被命名为 Darknet-53。如果计入残差块等结构所使用的卷积函数，整个 YOLOv3 算法将包含 75 个卷积层。卷积层的配置文件参数示例如下。

```
[convolutional]
batch_normalize=1
filters=32
size=3
stride=1
pad=1
activation=leaky
```

上述参数包含卷积核数量、卷积核尺寸、卷积步长、补 0 填充模式等。此外，Darknet-53

支持多种不同的激活函数，也可以通过配置文件指定。YOLOv3 的卷积层全部使用 Leaky ReLU 作为激活函数，且参数 λ 固定取 0.1。

第 2 种网络层类型为上采样层（upsample layer）。与卷积层相反，上采样层将输入特征图的尺寸按比例放大。配置文件的参数中通过步长指定缩放倍数。YOLOv3 一共包含 2 个上采样层，全部取 2 作为缩放倍数，表示将原输入特征图的高宽均放大 2 倍。上采样有多种实现途径：一种是反卷积（deconvolution），通过为输入特征图设定一个较大的 0 填充区域后与卷积核进行运算，得到尺寸增大的输出特征图；一种是通过某些特定方式的插值算法。而 YOLOv3 使用了最简单的上采样方法，即把原本位置的 1 个像素简单地复制填充为输出特征图中 2×2 位置中的 4 个像素。

第 3 种网络层类型为捷径层（shortcut layer）。捷径层的作用类似 ResNet 的残差块，以 Darknet-53 最开头的 5 层为例，其结构如图 8-16 所示。该结构中包含两层卷积，第 1 层首先使用一个 1×1 的卷积核将特征响应图的通道数从 64 降到 32，然后用 3×3 的卷积核将通道数恢复到 64。1×1 卷积核在这里起到降低输入特征图的厚度，从而减少运算量的作用。这里，第 2 层和第 4 层的输出尺寸是完全相同的，因此 sum 层可以直接把这两层输出按照对应位置相加的方式进行加和，作为后续层的输入。从结构上看，图 8-16 中的第 2 层网络的输出跨过了第 3 层和第 4 层，直接送到了第 5 层（sum 层）作为输入，这也是捷径层名字的由来。因此图 8-16 中 sum 层即捷径层。

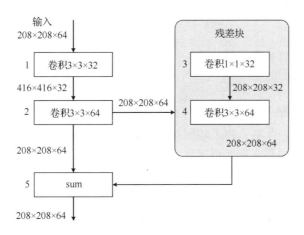

图 8-16　YOLOv3 捷径层的结构

捷径层的配置文件参数示例如下。

```
[shortcut]
from=-3
activation=linear
```

捷径层必须接收两个层的输出作为输入，其中一个层固定为它的前一层，因此不需要特别指定，而另一个输入来源则由上述配置参数中的 from 参数指定，表示其与捷径层的相对位置。例如，-3 表示捷径层往前数第 3 层的输出将成为捷径层的输入。activation 参数用于指定激活函数类型，YOLOv3 中捷径层全部采用线性加和，因此没有特殊激活函数。

第 4 种网络层类型为路由层（route layer）。路由层的结构类似于 GoogLeNet 论文中提出的 Inception 块，以 YOLOv3 中的部分为例，其结构如图 8-17 所示。该结构拼接两个不同粒度的特征响应图，它提取了 26×26 粒度中的特征响应图（第 91 层），将其上采样以后和一个 52×52 粒度的特征响应图（第 36 层）进行了拼接。图中的 Concat 层即 YOLOv3 所定义的路由层，该层接收的两个输入具有相同的宽、高，但是通道数可以不同。路由层的作用就是简单地把两个输入在纵深方向上拼在一起，例如图 8-17 中 52×52×128 和 52×52×256 的两个输入拼在一起，得到了 52×52×384 的输出。

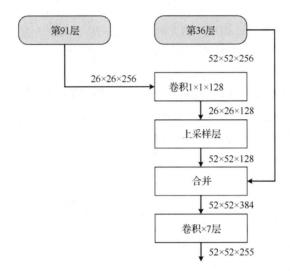

图 8-17 YOLOv3 路由层的结构

路由层的配置文件参数示例如下。

```
[route]
layers = -4
```

与捷径层类似，路由层接收两个层的输出作为输入，其中一个层固定为它的前一层，不需要特别指定，另一个输入由上述配置参数中的 layers 参数指定，同样表示其与路由层之间的相对位置。路由层仅需要指定这一个参数。

第 5 种网络层类型为 YOLO 层。它是 YOLOv3 中的最后一层，其输出向量的结构为

$$S \times S \times \left\{ B \times \left(b_x, b_y, b_w, b_h, p \right), \left(c_0, c_1, \cdots, c_{N-1} \right) \right\} \tag{8-1}$$

其中，S 为算法划分的网格数量，B 为每个网格上负责预测的先验框数量，向量 $\boldsymbol{b}$ 描述了物体相较于整幅图像的具体位置，分别为预测框的中心点坐标及宽、高，概率 p 描述了该框预测存在物体的置信度，而向量 $\boldsymbol{c}$ 则为每个类别的条件概率，例如 COCO 数据集包含 80 个不同的类别标签，则 N=80，且 YOLO 的每个框都要产生 80 个条件概率。综合置信度 p 和条件概率 c，可以计算得到每个框内有某类物体的概率为

$$\Pr(\text{Class}_i) = \Pr(\text{Object}) * \Pr(\text{Class}_i | \text{Object}) \tag{8-2}$$

YOLO 的输出最终被送入 NMS 算法中进行筛选，就可以得到算法的预测结果。

上述 5 种网络层类型即 YOLOv3 所使用的全部类型。阅读 yolov3-tiny.cfg 文件可以发现，与完整的 YOLOv3 相比，YOLOv3-tiny 没有使用捷径层，但额外包含最大值池化层（maxpool layer）。最大值池化层包含池化核尺寸和池化步长两个参数，对于 YOLOv3-tiny 而言，这两个参数的值总是取 2。当输入特征图的宽、高为奇数时，会在输入的最右方和最下方补一个计算机表示的绝对值最大的负浮点数（-FLT_MAX），左方和上方不做处理。

以上就是 YOLOv3 和 YOLOv3-tiny 涉及的全部网络类型，可以发现，两个算法具有以下两个特点。

首先，YOLOv3 不使用池化层，这是因为算法使用卷积核大小为 2×2 的卷积层替代了池化层。池化层可以缩减网络的规模，这一般通过小的卷积核同样是可以完成的。平均值池化是线性的，可以很容易地通过卷积运算等效，而最大值池化虽然含有非线性项，使用卷积层配合 ReLU 非线性激活也能够较好地模拟。而 YOLOv3-tiny 保留了池化层并且使用最大值池化。

其次，YOLOv3 也没有全连接层，这样可以突破网络对输入图片的限制，网络以 YOLO 层结尾，传统的 Softmax 分类器被替换为一个 1×1 的卷积层加上 Logistic 激活，这样的变化可以更好地应对待检测图像中的对象重叠。

本实验在本章已经搭建好的基于 RISC-V QEMU 的 Linux 操作系统上进行算法测试和编程练习，选用的算法为用 C 语言实现的 YOLOv3-tiny 算法。需要实验者自行编写并验证的函数包括以下几个。

（1）卷积层的前向传播函数中卷积操作的实现。

（2）上采样层、最大值池化层的前向传播函数的实现。

（3）非极大值抑制（NMS）过程中，两矩形框交并比（IOU）计算函数的实现。

8.4.3 实验内容

本实验使用一个简化版本的 Darknet 框架，仅实现前文中提到的 YOLOv3 及其 tiny 版本所必需的 6 种网络层结构，目标为使用预训练的权重在安装好的 RISC-V QEMU Linux 系统上运行 YOLOv3-tiny 算法的目标检测功能测试，即完成整个网络的前向传播。项目的结构如下。

```
-lab_darknet
  -cfg              //网络参数配置文件和权重文件
  -data             //待检测的数据集
  -work             //需要用户完成代码的工作区
  work_test         //用户待编写函数的单元测试程序
  yolo_test_x86     //运行于 x86 架构的测试程序
  yolo_test_riscv   //运行于 RISCV 架构的测试程序
```

需要读者完成的所有代码放置在文件 work/work.c 中，编写完成要求的函数后，测试程序会在执行时动态连接这些函数并完成算法测试。Darknet-53 的前向传播验证过程及整个程序框架的主要调用过程如图 8-18 所示。

Darknet-53 使用 C 语言源码搭建网络的底层结构，其核心是两个结构体——layer 和 network。由于 C 语言中结构体的局限性，它不能自由地使用继承和派生之类的特性，也无法直接在结构体内定义成员函数，因此算法源码使用了一种较为简单的方式为网络层建模，即用一个通用的结构体 layer 定义每一种可能用到的具体网络层，其中基本存储了该层可能用到的一切信息，包括网络类型，输入输出尺寸，用于存放该层所有权重系数、偏置、输出值和敏感度图（delta 值）的动态数组，以及其他的配置信息。这种定义方法会造成存储空间的浪费，因为某些参数仅仅对特定层有意义，因而在绝大多数层中都用不到，但是它们仍然被定义在所有层中并将在实例化时被分配存储空间。

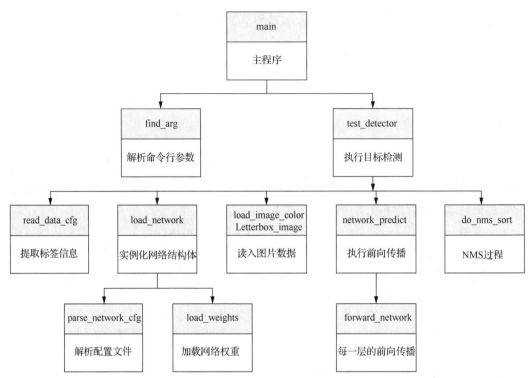

图 8-18　YOLOv3 的调用过程

类似地，不同类型的网络层应当具有不同的前向传播函数的实现，对于 C++而言，通过类的继承和函数重载就可以轻松实现。然而在本项目中仅使用统一的 C 结构体，因此最终使用了函数指针解决这个问题。对于网络层建模，前向传播过程及反向传播等各种网络层函数都被统一定义为某个函数指针，随着网络层的实例化，与层类型相对应的特定函数被赋值给指针，从而使得不同的层可以调用不同的传播函数。

在程序一次的执行过程中，network 结构体只被实例化一个，而 layer 层的数量则由配置文件决定。例如对 YOLOv3 而言，结构体需要实例化 106 个独立的 layer 层，它们按照先后顺序存放在 network.layers 数组中。网络的传播过程也就是 network 结构体在该数组上顺次遍历的过程，index 变量标记了正在参与计算的活跃层，前一层网络计算所得的 layer.output 被赋值给 network.input 作为新一层的输入，新一层的输出又再次更新 network.input，如此往复直到计算结束。为了给计算提供存放中间数据的空间，结构体定义了一个名为 workspace 的动态数组，其长度为所有层中 out_h×out_w×c×size×size 的最大值，这个值保证了任何层的任何中间数据都可以被放进 workspace 数组中，因此不会发生溢出越界。

为了简化编程过程，已经事先对源码的部分函数进行了二次封装，读者得到的编程接口相对简明，完成后续的编程练习不需要知晓 YOLO 的实现细节。

在编程时，为了方便在 C 语言中进行表示和存储，所有的高维输入数据都已经被平铺成一维数组。平铺的方向为宽、高、通道。例如，对于图 8-19 所示的输入层，在平铺为一维数组后，其在 C 语言内的组织顺序为{1,2,3,4,5,6,7,8,9,10,11,12,13,14,15,16,17,18}。

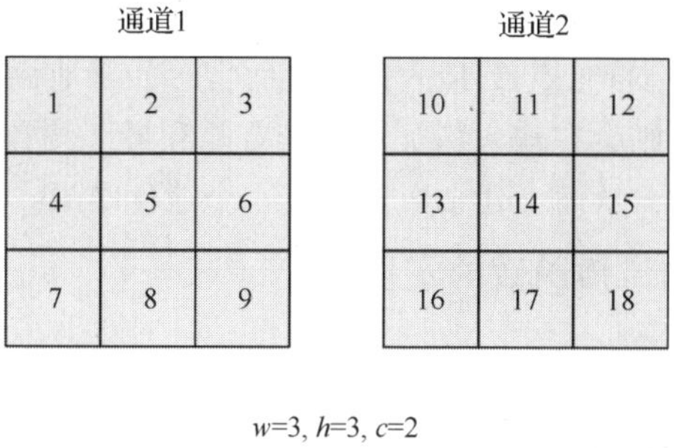

通道1　　　　　　　　通道2

$w=3$, $h=3$, $c=2$

图 8-19　高维数组输入示例

应当注意，读者编写的函数的最终输出也应当按照该方式被组织为一维数组。此外，本实验中所有位于函数形参列表中的数据指针（例如 float×input、float×output、float×weight 等），均可默认它们已经在函数调用前通过动态内存分配获得了存储空间，因此在编写的函数体中可以将它们视为能够直接使用的数组。而编程过程如果需要用临时数组存放中间数据，应当利用传入的网络层参数计算出数据规模后，自行使用 malloc 函数为其分配空间。

下面分别介绍需要完成的 4 个函数的编程接口。

1. 卷积函数的实现

函数声明如下。

```
void convolutional_compute(layer_params para, float* input, float* weight,
float* output);
```

其中，layer_params 结构体包含编程练习中需要用到的所有网络层参数，该结构体定义在 work/work.h 中，读者可以在该源文件中查看该结构体的详细定义。其成员变量说明如下。

```
struct layer_params{
    input_w, input_h, input_c     //输入特征图的宽、高、通道数（w×h×c）
    kernel_size, kernel_n         //卷积核尺寸（size×size）、卷积核数量（n）
    stride                        //卷积步长
    pad                           //补 0 模式
    };
```

一维数组 input 存放了用于卷积的输入特征图，其元素个数为 input_w×input_h×input_c；一维数组 weight 存放了卷积核的权重，其元素个数为 kernel_size×kernel_size×input_c×kernel_n。完成卷积计算后得到的结果应该存放在一维数组 output 中。

2. 最大值池化层的前向传播函数的实现

函数声明如下。

```
void maxpool_compute(layer_params para, float* input, float* output);
```

对最大值池化层而言，layer_params 结构体中参数的意义如下。

```
struct layer_params{
    input_w, input_h, input_c     //输入特征图的宽、高、通道数（w×h×c）
    kernel_size                   //最大值池化核尺寸（size×size）
    kernel_n                      //无意义
    stride                        //池化步长
    pad                           //在 Darknet 中无实际意义，详见文档说明
    };
```

其中，kernel_size 代表了要在多大的矩形框中取最大值；pad 值在最大值池化层中没有实际的意义，因为对于 Darknet 的最大值池化而言，如果池化核尺寸和池化步长的设置使得最后残余一些数据，则会在输入特征图的最右侧和最下侧补上相应数量的-FLT_MAX（绝对值最大的负浮点数），从而为残余数据生成一个池化结果。

3．上采样层的前向传播函数的实现

函数声明如下。

```
void upsample_compute(layer_params para, float* input, float* output);
```

对上采样层而言，layer_params 结构体中参数的意义如下。

```
struct layer_params{
    input_w, input_h, input_c        //输入特征图的宽、高、通道数（w×h×c）
    kernel_size                      //无意义
    kernel_n                         //无意义
    stride                           //上采样系数
    pad                              //无意义
    };
```

该层只有一个重要参数，即上采样系数 stride，该系数代表了原输入特征图中的一个值将会被映射为输出的 stride×stride 个值。对于 YOLO 而言，上采样仅通过简单的复制完成。

4．交并比函数的实现

交并比（IOU）是目标检测中非常重要的概念，它用来衡量两个矩形框之间的重合程度。假设有两个矩形框 A 和 B，其交并比的定义为

$$IOU = \frac{A \cap B}{A \cup B} \tag{8-3}$$

即两个矩形框交集的面积除以其并集的面积。以图 8-20 所示的两个矩形框为例，图中两个矩形的交集面积为 1，并集面积为 7，因此 IOU 为 $\frac{1}{7}$。如果两个矩形的位置不相交，则 IOU 的值为 0，完全重合的两个矩形的 IOU 为 1。由定义可知，IOU 的计算结果严格位于[0,1]区间。

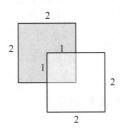

图 8-20　IOU 计算示例

编程实验中，IOU 计算函数的函数声明如下。

```
float iou_compute(rectangle_box A, rectangle_box B);
```

其中，结构体 rectangle_box 定义于 work/work.h 中，其内容如下。

```
struct rectangle_box{
    float x, y;
    float w, h;
    };
```

这个结构体定义了一个矩形框的位置和大小信息，其中 x 和 y 为矩形框中心点（对角线交点）的横坐标和纵坐标，而 w 和 h 为矩形框的宽和高。IOU 计算函数接收两个矩形框结构体作为输入，要求计算出这两个矩形框的 IOU，输出应严格位于[0,1]区间。

将要求的所有函数完成后，项目应该能够在 RISC-V QEMU 上正常运行。在项目目录./work 下存放了一个编写好的 Makefile，使用 make 命令即可完成编译，必要时可以根据情况对工具链的路径和版本进行指定。本项目所运行的测试算法是 YOLOv3-tiny 的前向传播，即目标检测功能，不包含训练过程。

编译完成后在项目目录下会生成两个动态连接库 libwork_x86.so 和 libwork_riscv.so，测试程序运行时将会加载对应版本的连接库以完成函数运行。其中，./yolo_test_x86 用于在 x86 环境下的 Linux 系统上运行检测，方便用户在自己的开发环境中进行调试。将项目文件转移到 RISCV QEMU 上的 Linux 文件系统后，运行./yolo_test_riscv 即可在 QEMU 虚拟环境中进行 RISCV 的程序测试。

运行 QEMU 时，请注意用-m 选项和-smp 选项为 QEMU 分配足够的系统资源，否则 YOLO 可能无法正常运行。

8.5 本章小结

本章基于开源 QEMU 和 RISC-V 交叉工具链介绍了 4 个体系结构仿真器实验。首先，本章对 RISC-V 的交叉编译和仿真环境安装方法进行了系统介绍，它们是后续仿真实验的基础。其次，通过 QEMU 上的裸机程序运行与调试、RISC-V 汇编编程练习、QEMU 上运行 Linux 系统这 3 个实验由浅入深地介绍了体系结构仿真器 QEMU 的用法。最后，通过一个综合性的目标检测算法编程练习让读者能够综合运用本章介绍的基础知识，熟悉 C 语言的嵌入式开发和调试过程，为后续章节的指令级仿真及平台级仿真实践建立坚实的基础。

第 9 章
RTL 的 SoC 平台仿真实验

本章基于平头哥提供的开源 SoC 仿真 SMART 平台和开源处理器玄铁 C910，对处理器的一些关键技术进行实践探索。本章共包括 4 个实验：第 1 个实验介绍 SMART 平台及其使用方式；第 2 个实验测试缓存对处理器性能的影响；第 3 个实验测试分支预测对处理器性能的影响；第 4 个实验综合测试缓存和分支预测对一个真实应用 YOLO 性能的影响。4 个实验让读者能对缓存、分支预测等概念有更深刻的理解，并使读者在实践过程中能将前面学到的理论知识融会贯通。

本章学习目标

（1）掌握 SMART 平台的使用方式和仿真步骤。

（2）了解 SMART 平台的 SoC 基本结构和仿真原理。

（3）了解不同应用场景下缓存对处理器的实际影响，以及缓存提升处理器性能的原理。

（4）了解不同应用场景下分支预测对处理器的实际影响，以及分支预测提升处理器性能的原理。

（5）了解缓存和分支预测等技术对 YOLO 性能的影响。

9.1 SMART 平台基础操作

9.1.1 实验目的

通过在 SMART 平台上进行程序的 RTL 仿真，包括图形界面方式的仿真和命令行方式的仿真，了解和掌握 SMART 平台的使用方式和仿真步骤，并对 SMART 平台的结构有一定的了解。

SMART 平台的
基本使用

9.1.2 实验介绍

SMART 平台是平头哥提供的一个用于处理器集成、调试仿真及功能验证的综合演示平台，具有简单易懂、上手快等特点，用户可以在 SMART 平台上进行 RTL 仿真。该平台具备简单的 AXI 总线系统，支持 JTAG 调试。

　　SMART 平台包含 C 语言程序实例、中断演示程序实例、低功耗演示程序实例，以及用于功能测试的程序实例等，供使用者参考。

　　本章的实验中，SMART 平台集成的处理器为玄铁 C910。

　　SMART 平台具有如下文件结构。

　　（1）setup.csh：环境变量配置文件。

　　（2）run_smart：可执行脚本，用于启动 SMART 图形界面。

　　（3）readme：SMART 平台的使用说明。

　　（4）tools/：工具的存放目录，包含仿真时用到的工具、设置环境变量的源文件、分离指令段和数据段的工具，以及仿真时需要运行的脚本。

　　（5）lib/：包含程序运行所需的库文件，包括初始化相关的程序、连接描述文件、异常向量表和异常服务程序。在仿真的时候会将对应所需的文件复制到工作目录下，然后编译仿真。

　　（6）rtl/cpu/：存放处理器源码的目录，包括处理器的仿真模型及相关的内存等 IP。

　　（7）rtl/platform/：存放 SMART 平台源码的目录，包括 SoC 相关的外围 IP 及总线仲裁器等 RTL 代码。

　　（8）tb/：测试平台及相关的仿真工具模型存放目录，仿真文件 tb.v 主要负责时钟、复位等信号的产生及内存的下载、仿真行为结束判定及 CPU 程序运行轨迹的检测等功能。

　　（9）case/：存放测试实例的目录，包含的测试实例形式有 C 语言和汇编两种类型，包含性能、功能、低功耗、JTAG 等测试实例。

　　（10）debug_test/：存放测试内存读写和通用寄存器读写的测试实例。

　　（11）workdir/：仿真运行的临时工作目录，仿真过程中的临时文件，包括编译文件、仿真的可执行文件、波形文件等均在此目录中。

　　SMART 平台中的 SoC 结构如图 9-1 所示。其中，处理器为平头哥开源的玄铁 C910 处理器，处理器通过 AXI 总线连接实例名为 axi_slave128 的 SRAM，该 SRAM 用于存放编译后的指令和数据。除此之外，还提供了一些常用的外设，包括 UART、GPIO、定时器等。

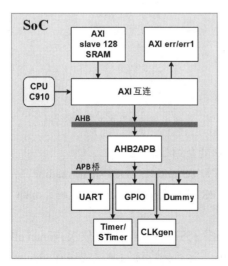

图 9-1　SMART 平台的 SoC 结构

　　SMART 平台提供给使用者的仿真工具实际上是一个 Perl 脚本，它在 SMART 平台上的位置是 tools/run_case。该脚本需要在工作目录 workdir/下运行，脚本执行的步骤如下。

　　（1）清空工作目录 workdir/。

　　（2）根据输入参数进行对应处理。

　　（3）编译指定测试的 C 程序或汇编程序。使用平头哥定制的 RISC-V 工具链编译得到包含完整指令段和数据段的 HEX 文件后，再使用/tools 下的 Srec2vmem 工具将 HEX 文件转成包含指令段的指令 PAT 文件和包含数据段的数据 PAT 文件。

　　（4）进行仿真。仿真模型顶层位于 tb/tb.v，主要负责时钟、复位等信号的产生及内存的下载、仿真行为结束判定及 CPU 程序运行轨迹的检测等功能。其中内存下载指的是将编译得到的指令 PAT 文件和数据 PAT 文件存储的指令段和数据段写入内存中的对应地址，而写入地址则由连接描述文件/lib/linker.lcf 指定。

　　如图 9-2 所示，SMART 平台提供了一个简单的图形界面，让新手能够快速熟悉 SMART 平台的各项功能和操作流程。

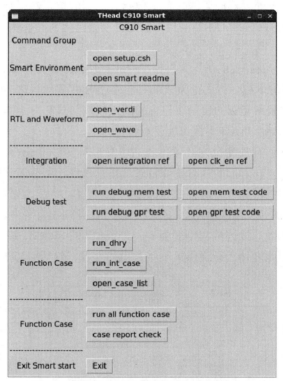

图 9-2　SMART 平台的图形界面

　　图形界面上的各按钮功能介绍如下。

　　（1）open setup.csh，打开 setup.csh；open smart readme，打开 readme 文件。

　　（2）open_verdi，用 VERDI 软件打开 Verilog 代码；open_wave，用 VERDI 软件打开 workdir 中的波形文件。

　　（3）open integration ref，打开处理器的例化层次；open clk_en ref，打开分频示例。

　　（4）run debug mem test，运行内存读写测试程序；open mem test code，打开内存读写测试程序；run debug gpr test，运行通用寄存器读写测试程序；open gpr test code，打开通

用寄存器读写测试程序。

（5）run_dhry，运行 dhrystone 程序；run_int_case，运行中断测试程序；open_case_list，打开所有测试用例的列表文件。

（6）run all function case，运行所有测试用例；case report check，打开测试报告文件。

（7）Exit，退出图形界面。

9.1.3 实验内容

1. SMART 平台的环境配置

SMART 平台的运行和仿真需要在具有 VCS 和 VERDI 仿真软件的环境中进行，此外由于 SMART 平台运行所需内存规模较大，经过测试，在 64GB 的内存配置下能够正常进行 SMART 平台的仿真，因此，推荐在服务器上进行实验。

SMART 平台需要在 Linux 操作系统中运行。

SMART 平台上 VCS 和 VERDI 的环境变量示例的配置步骤如下。

（1）进入 SMART 平台根目录 smart9_release/，用文本编辑器（如 vi）打开环境变量配置文件 setup.csh。

（2）修改环境变量。

① 将变量 VERDI_HOME 设为 VERDI 的安装目录。

```
setenv VERDI_HOME ${verdi_install_path}
setenv NOVAS_HOME $VERDI_HOME
```

② 将变量 VCS_HOME 设为 VCS 的安装目录。

```
setenv VCS_HOME ${vcs_install_path}
```

（3）将 VCS 的二进制工具目录添加到环境变量 $PATH 中。

```
set path=$VCS_HOME/bin $path
```

（4）激活 Synopsys license。

```
source license.cshrc
```

2. 通过图形界面运行测试实例

首先打开 SMART 的图形界面。

（1）进入 SMART 平台根目录 smart9_release/。

（2）source ./setup.csh（C Shell 环境）。

（3）./run_smart。

然后分别仿真以下测试实例。

（1）dhrystone 程序，在图形界面处单击 run_dhry 进行仿真。

（2）内存读写测试程序，在图形界面处单击 run debug mem test 进行仿真，在图形界面处单击 open mem test code，阅读其测试内容，验证仿真结果。

（3）通用寄存器测试程序，在图形界面处单击 run debug gpr test 进行仿真，在图形界面处单击 open gpr test code，阅读其测试内容，验证仿真结果。

（4）中断测试程序，在图形界面处单击 run_int_case 进行仿真。

需要注意的是，对于一个命令行终端，只需要执行一次对 SMART 平台的环境变量配置步骤，即只需要执行一次 source ./setup.csh 命令。

3．通过命令行运行自建的测试实例

自行编写一个 C 程序测试实例，程序功能可选择实现二分查找、快速排序或其他简单算法。需要注意，由于 SMART 平台没有完成对 C 中的标准输入（scanf）的实现，但有着标准输出（printf）的实现，测试程序功能时需要直接在程序内初始化测试数据。

编写完成的 C 程序测试实例（例如 test.c）可选择在 SMART 平台的 case/ 目录下新建一个子目录（例如 test）存放。之后可以通过命令行运行该测试实例在 SMART 平台的仿真。

通过命令行运行测试实例的步骤如下，假设测试实例文件的位置是 case/test/test.c。

（1）进入 SMART 平台根目录 smart9_release/。

（2）source ./setup.csh（C Shell 环境）。

（3）cd workdir。

（4）../tools/run_case ../case/test/test.c。

9.2 缓存操作

cache 操作实验

9.2.1 实验目的

调整处理器玄铁 C910 的缓存参数，得到不同缓存配置的处理器源码，在 SMART 平台上进行仿真，统计并比较不同缓存配置下程序的各项性能指标，包括 CPI、缓存缺失率等，从而进一步了解缓存对处理器性能的影响。

9.2.2 实验介绍

1．玄铁 C910 简介

平头哥的开源处理器玄铁 C910 是面向嵌入式系统和 SoC 应用领域的 64 位超高性能嵌入式多处理器核，具有出色的性能表现。玄铁 C910 采用了 RV64GCV 基本指令集和平头哥性能增强指令集，主要面向对性能要求严格的高端嵌入式应用，如人工智能、机器视觉、视频监控、自动驾驶、移动智能终端、高性能通信、信息安全等。

玄铁 C910 采用同构多核架构，支持 1～4 个玄铁 C910 核可配置。每个玄铁 C910 核采用自主设计的体系结构和微体系结构，并重点针对性能进行优化，引入"3 发射 8 执行"的超标量架构、强大的矢量运算加速引擎和多通道的数据预取等高性能技术。系统管理方面，玄铁 C910 集成了片上功耗管理单元，支持多电压和多时钟管理的低功耗技术。此外，玄铁 C910 支持实时检测并关断内部空闲功能模块，可进一步降低处理器的动态功耗。

2．玄铁 C910 的数据缓存

玄铁 C910 有 2 级的缓存结构，其中 L1 缓存分为 L1 指令缓存和 L1 数据缓存，分别用于存储指令和数据；而 L2 缓存对指令和数据进行统一存储。

（1）L1 数据缓存。L1 数据缓存的大小支持两种配置（32KB/64KB），缓存行的大小为 64B，缓存的相联度为 2 路组相联。另外，L1 数据缓存的写策略支持写回-写分配和写回-写不分配两种模式，替换策略则采用先进先出的替换策略。L1 数据缓存还支持数据预取功能。

（2）L2 缓存。L2 缓存的大小支持 4 种配置（512KB/1MB/2MB/4MB），缓存行的大小为 64B，缓存的相联度支持 8 路组相联和 16 路组相联两种配置。另外，L2 缓存的写策略支持写回-写分配和写回-写不分配两种模式，替换策略则采用先进先出的替换策略。L2 缓存也具有预取功能，能够处理取指和 TLB 访问的预取工作。

3. 玄铁 C910 的 RTL 配置工具

玄铁 C910 有着配套的 RTL 配置工具，用于生成不同配置的玄铁 C910 的 RTL 代码。玄铁 C910 的 RTL 配置工具的主要文件结构说明如下。

（1）Thead_C910_Core_Config：可执行脚本，用于打开图形界面。

（2）setup/setup.csh：环境变量配置文件。

（3）src_rtl/：原始 RTL 文件的存放目录。

（4）gen_rtl/：工具生成的 RTL 文件的存放目录。

（5）gen_rtl/ct_mp_top_merged.v：生成的 RTL 文件。

配置工具的使用说明如下。

（1）source setup/setup.csh：配置环境变量。

（2）./Thead_C910_Core_Config：打开图形界面，如图 9-3 所示。

（3）进行处理器配置。

（4）单击 Generate 按钮生成 RTL 文件。

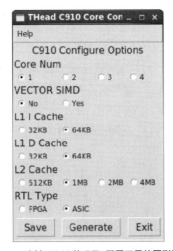

图 9-3　玄铁 C910 的 RTL 配置工具的图形界面

9.2.3　实验内容

1. 生成玄铁 C910 不同缓存配置的 RTL 文件

使用玄铁 C910 的 RTL 配置工具生成不同缓存配置的 RTL 文件。根据上述实验介绍中 RTL 配置工具的使用说明，打开 RTL 配置工具的图形界面，生成指定配置的 RTL 文件。需要选择生成对应 RTL 文件的处理器配置的组合如下。

（1）Core Num=1，配置一个玄铁 C910 核。

（2）VECTOR SIMD=No，不支持 SIMD 向量指令扩展。

（3）L1 I Cache=32KB。

（4）L1 D-Cache=32KB/64KB。

（5）L2 Cache=512KB/1MB/2MB/4MB。

（6）RTL Type=FPGA。

选择某一种处理器配置后（实际上是缓存配置），单击图形界面的 Generate 按钮后可得到对应缓存配置的 RTL 文件，该文件位于 gen_rtl/ct_mp_top_merged.v。在固定其他配置参数不变的情况下，遍历所有 L1 数据缓存配置和 L2 缓存配置的组合后可得到 16 种不同缓存配置的 RTL 文件。备份保存 16 种不同缓存配置的 RTL 文件，在后续仿真测试时选择使用对应缓存配置的 RTL 文件。

2. 在 SMART 平台上对不同缓存配置的处理器进行测试

此处使用的测试程序是一个针对目前缓存大小配置和缓存冷启动场景的 C 程序。该测试程序文件所在位置为 SMART 平台根目录下的 case/cache_test/cache_test.c。

测试程序的主要行为集中在两个循环体中，这两个循环体将分别遍历数组 arr1 和 arr2，并分别对 L1 数据缓存和 L2 缓存进行测试，遍历次数由 N 指定。另外，遍历数组时，除边界情况外，相邻访问的两个地址的间隔为 $16×4=64$（B）。（整型数据大小为 4B。）

测试程序中除了要对缓存进行针对性测试外，还需要统计测试期间处理器的一些关键性能指标。实际上，本实验使用了玄铁 C910 的性能监测单元（performance monitoring unit, PMU）统计程序的实时运行信息，测试程序通过读取性能监测计数器的起始值和结束值，从而计算得到测试期间的性能指标计数，并输出实时运行信息，如指令数目、周期数目、缓存访问数目等。有关玄铁 C910 的性能监测单元的配置和使用不会在本书中详细介绍，有兴趣的读者请自行查阅玄铁 C910 的用户手册。

另外，为得到基于缓存自身特性的测试结果，还需要关闭 L1 数据缓存和 L2 缓存的预取功能。缓存的预取功能需要通过配置玄铁 C910 的控制状态寄存器 MHINT 以选择开启或关闭。本实验已在 SMART 平台内玄铁 C910 的启动代码 lib/crt0.s 中配置 MHINT 以关闭缓存的预取功能。有兴趣的读者请自行查阅玄铁 C910 的用户手册，以获取 MHINT 更详细的配置方式。

测试程序的主体代码如下。

```c
#include "stdio.h"
#include "stdlib.h"
int main(void)
{
    int i;
    int len1 = 1024 * 12;
    int len2 = 1024 * 768;
    int *arr1 = (int *)malloc(sizeof(int)*len1); // 48KB
    int *arr2 = (int *)malloc(sizeof(int)*len2); // 3MB
    int N = 2;
    int tmp;
    // 读取测试开始的性能监测计数器值
    // 测试 L1 数据缓存
    for (i=0; i<len1*N; i+=32)
    {
        arr1[(i+16)\%(len1-1)] = arr1[(i)\%(len1-1)] + i;
    }
```

```
// 测试L2 缓存
for (i=0; i<len2*N; i+=16)
{
    tmp = tmp + arr2[(i)\%(len2-1)];
}
// 读取测试结束的性能监测计数器值
// 计算测试期间的性能指标计数值
return 0;
}
```

具体的实验步骤如下。

（1）修改生成的 RTL 文件。生成的 RTL 文件内的顶层模块名为 ct_mp_top，将其修改为 C910MP。生成的 RTL 文件开头处带有多余的关于地址空间属性的宏定义（文件开头的"ifdef"和"endif"之间的内容），将其删除或者注释掉。

（2）替换 SMART 平台内玄铁 C910 的 RTL 文件。将修改后的不同缓存配置的 RTL 文件放入 SMART 平台，替换原先的 RTL 文件。SMART 平台中玄铁 C910 的 RTL 文件的存放位置为 rtl/cpu/。将修改后的 RTL 文件重命名为 C910MP.v，并替换 rtl/cpu/C910MP.v。

（3）运行测试程序。分别单独测试针对 L1 数据缓存的循环体和针对 L2 缓存的循环体，即在测试 L1 数据缓存时将测试 L2 缓存的循环体无效化，在测试 L2 缓存时将测试 L1 数据缓存的循环体无效化。选择单独测试 L1 数据缓存或 L2 缓存后，按照上一个实验介绍的方式，通过命令行运行测试程序 cache_test.c。

（4）统计测试结果。分别在每种缓存配置下进行测试，得到对应输出数据，并根据输出数据计算得到 CPI 和缓存缺失率，将测试结果记录在表 9-1 和表 9-2 中。

表 9-1　　　　　　　　　　L1 数据缓存的测试结果记录表格

L1 测试配置和结果名称		配置组合和对应结果					
L1 测试配置	L1 数据缓存（32KB/64KB）	32KB	32KB	32KB	32KB	32KB	⋯
	L2 缓存（512KB/1MB）	512KB	512KB	512KB	512KB	1MB	⋯
	数组遍历次数 N（1/2/3/4）	1	2	3	4	1	⋯
L1 测试结果	周期数目						
	指令数目						
	CPI						
	L1 的读访问数目						
	L1 的读缺失数目						
	L1 的读缺失率						
	L1 的写访问数目						
	L1 的写缺失数目						
	L1 的写缺失率						

表 9-2   **L2 缓存的测试结果记录表格**

L2 测试配置和结果名称		配置组合和对应结果					
L2 测试配置	L1 数据缓存（32KB/64KB）	32KB	32KB	32KB	32KB	32KB	…
	L2 缓存 （512KB/1MB/2MB/4MB）	512KB	512KB	1MB	1MB	2MB	…
	数组遍历次数 N（1/2）	1	2	1	2	1	…
L2 测试结果	周期数目						
	指令数目						
	CPI						
	L1 的读访问数目						
	L1 的读缺失数目						
	L1 的读缺失率						
	L2 的读访问数目						
	L2 的读缺失数目						
	L2 的读缺失率						

3．分析实验结果

根据实验结果，分析 L1 数据缓存大小、L2 缓存大小和数组遍历次数对程序性能的影响。

9.3　分支预测

pipeline 操作
实验

9.3.1　实验目的

调整处理器玄铁 C910 的分支预测开关并在 SMART 平台上进行仿真，统计并比较不同分支预测配置下程序的各项性能指标，包括 CPI、分支预测的准确率等，从而进一步了解分支预测对处理器性能的影响。

9.3.2　实验介绍

玄铁 C910 的分支预测器可分成 4 个部分，分别是分支历史表、分支跳转目标预测器、间接分支预测器和快速跳转目标预测器。

（1）分支历史表。玄铁 C910 采用分支历史表对条件分支的跳转方向进行预测。分支历史表的容量为 64KB，使用双峰预测器作为预测机制，每周期支持一条分支结果预测。分支历史表由预测器和选择器两部分组成，其中预测器又分为跳转预测器和非跳转预测器，并根据分支历史信息对各预测器进行实时维护。分支历史表通过分支历史信息及当前分支指令地址对各路进行索引，获得分支指令跳转方向的预测结果。

（2）分支跳转目标预测器。玄铁 C910 使用分支跳转目标预测器对分支指令的跳转目标地址进行预测。分支跳转目标预测器对分支指令历史目标地址进行记录，如果当前分支指令命中分支跳转目标预测器，则将记录的目标地址作为当前分支指令预测目标地址。

（3）间接分支预测器。玄铁 C910 使用间接分支预测器对间接分支的目标地址进行预测。

间接分支指令通过寄存器获取目标地址，一条间接分支指令包含多个分支目标地址，无法通过传统分支跳转目标预测器进行预测。因此玄铁 C910 采用基于分支历史的间接分支预测机制，将间接分支指令的历史目标地址与该分支之前的分支历史信息进行关联，用不同的分支历史信息将同一条间接分支的不同目标地址进行离散，从而实现多个不同目标地址的预测。

（4）快速跳转目标预测器。为了加快连续跳转时取指单元的取指效率，玄铁 C910 在取指单元的第一级增加了 16 个表项的快速跳转目标预测器。当取指单元发生连续跳转时，快速跳转目标预测器将会记录连续跳转的第二条跳转指令的地址和跳转的目标地址。若取指时在快速跳转目标预测器命中，则在第一级发起跳转，减少至少一个周期的性能损失。

9.3.3 实验内容

1. 配置分支预测开关

玄铁 C910 分支预测的配置是通过修改控制状态寄存器 MHCR 实现的。下面列出了 MHCR 寄存器中有关分支预测的控制位。对于更详细的 MHCR 寄存器的说明，有兴趣的读者可以参考玄铁 C910 的用户手册。

（1）RS：地址返回栈设置位。当 RS=0 时，返回栈关闭。当 RS=1 时，返回栈开启。

（2）BPE：允许预测跳转设置位。当 BPE=0 时，预测跳转关闭。当 BPE=1 时，预测跳转开启。

（3）BTB：分支跳转目标预测使能位。当 BTB=0 时，分支跳转目标预测关闭。当 BTB=1 时，分支跳转目标预测开启。

（4）IBPE：间接分支预测使能位。当 IBPE=0 时，间接分支预测关闭。当 IBPE=1 时，间接分支预测开启。

（5）L0BTB：第一级分支跳转目标预测使能位。当 L0BTB=0 时，第一级分支跳转目标预测关闭。当 L0BTB=1 时，第一级分支跳转目标预测开启。

其中，地址返回栈主要用于预测函数调用的返回地址，也属于分支预测的一部分。

对于 SMART 平台，需要在玄铁 C910 的启动代码 crt0.s 中修改 MHCR 寄存器，在 crt0.s 中设置不同的 MHCR 寄存器值，以选择不同的分支预测配置。crt0.s 位于 SMART 平台的 lib 目录下。

表 9-3 给出了本实验需要测试的 MHCR 寄存器值。

表 9-3　　　　　　　　　　**需要测试的 MHCR 寄存器值**

项目名称	控制位或 MHCR 寄存器的位置或范围及不同配置值					
	RS	BPE	BTB	IBPE	L0BTB	MHCR
位置或范围	4	5	6	7	12	15～0
配置 1	1	1	1	1	1	0x10f7
配置 2	0	0	0	0	0	0x0007
配置 3	1	1	0	1	1	0x00b7
配置 4	1	0	1	1	1	0x10d7

表 9-3 中的 4 种分支预测配置说明如下。

（1）配置 1，开启所有预测器。

（2）配置 2，关闭所有预测器。

（3）配置 3，仅关闭分支跳转目标预测器 BTB。

（4）配置 4，仅关闭基于分支历史表的跳转预测器。

2．在不同分支预测配置下进行测试

此处待测试的程序有两个，分别是 dhrystone 程序和 coremark 程序，这两个程序都是常用的针对 CPU 性能的基准测试程序。dhrystone 程序和 coremark 程序在 SMART 平台的位置分别是 case/dhry/和 case/coremark/。在启动代码 crt0.s 中通过修改 MHCR 寄存器选择对应的分支预测配置后，对 dhrystone 程序和 coremark 程序的仿真步骤如下。

（1）进入 SMART 平台根目录 smart9_release/。

（2）source setup.csh（C Shell 环境）。

（3）cd workdir。

（4）../tools/run_case ../case/dhry/Main.c 或
　　　../tools/run_case ../case/coremark/core_main.c。

与缓存操作实验类似，本次实验也使用了玄铁 C910 的性能监测单元，在 dhrystone 程序和 coremark 程序内通过读取性能监测计数器对程序实时的运行信息进行统计，并输出结果。

在表 9-3 给出的每种分支预测配置下，分别在 SMART 平台上仿真 dhrystone 程序和 coremark 程序，得到输出数据后，可计算得到 CPI，将测试结果记录在表 9-4 和表 9-5 中。

表 9-4　　　　　　　　　　　　dhrystone 程序的测试结果记录表格

测试结果名称	不同配置下的测试结果			
	MHCR 配置 1	MHCR 配置 2	MHCR 配置 3	MHCR 配置 4
周期数目				
指令数目				
CPI				
条件分支误预测数目				
间接分支误预测数目				
间接分支指令数目				
DMIPS（dmips/MHz）				

表 9-5　　　　　　　　　　　　coremark 程序的测试结果记录表格

测试结果名称	不同配置下的测试结果			
	MHCR 配置 1	MHCR 配置 2	MHCR 配置 3	MHCR 配置 4
周期数目				
指令数目				
CPI				
条件分支误预测数目				
间接分支误预测数目				
间接分支指令数目				
CoreMark 分数（CoreMark/MHz）				

3. 分析实验结果

根据实验结果，分析不同的分支预测器对程序性能的影响。

9.4 YOLO 综合仿真

SMART 平台运行 YOLO 算法

9.4.1 实验目的

通过将 YOLO 源码的卷积函数放在 SMART 上进行仿真和性能监测，进一步介绍嵌入式 C 裸机程序在玄铁 C910 上的开发过程和仿真原理。通过观测分支预测对程序性能的影响，理解分支预测在现代处理器中的重要性。通过指令分布统计，了解"内存墙"的概念，并进一步理解缓存在现代处理器中的重要性。

9.4.2 实验介绍

第 8 章的实验介绍了 YOLO 算法的基本原理及其 C 源码的代码框架，并在基于 RISC-V QEMU 的 Linux 操作系统上验证了该算法的前向传播功能。本章前面的实验介绍了 SMART 平台的配置和仿真方法。本实验将在前面实验的基础上，将 YOLO 源码的卷积函数放在 SMART 平台上进行仿真和性能监测，从而进一步介绍嵌入式 C 裸机程序在玄铁 C910 上的开发过程和仿真原理。

若使用文本编辑软件打开 SMART 平台根目录下的 tools/run_case 脚本，可以看到 SMART 的仿真过程经历了多个步骤，本实验将结合 YOLO 卷积层的卷积函数，介绍 SMART 平台对 C 程序的仿真原理和注意事项，并借此讲述平台 RTL 模型的一些细节。相关源码存放在 case/conv_test/ 文件夹下。

1. 源码编译和连接

run_case 脚本解析命令行参数获取源码的路径后，会使用 lib 下的 Makefile 对源码进行编译和连接，使用的 RISC-V 工具存放在目录 tools/toolchain/RV64GC 下。同时 lib 下还包含两个重要的文件，即启动代码 crt0.s 和连接脚本 linker.lcf。首先查看连接脚本，可以看到 SMART 平台使用的连接脚本对内存的划分规则（省略了 SECTIONS 后半部分的内容）。

```
MEMORY
  {
  MEM1(RWX)  : ORIGIN = 0x00000000, LENGTH = 0x40000
  MEM2(RWX)  : ORIGIN = 0x00040000, LENGTH = 0xc0000
  }
  __kernel_stack = 0xee000 ;
ENTRY(__start)
SECTIONS {
    .text :
    {
      crt0.o (.text)
      *(.text*)
  } >MEM1
```

```
    //后略，完整内容可自行查看 linker.lcf 文件
    //...
        end = .;
    }
```

平台默认把需要加载程序数据的内存组织为两段：0x0～0x40000 为 MEM1，存放代码段（.text）和只读数据段（.rodata 等）；而 0x40000～0x100000（即 0x40000+0xc0000）为 MEM2，存放其他已初始化和未初始化的数据（.data、.bss 和.COMMON 等）。

在仿真时，处理器将默认从内存地址 0x0 开始读取和执行指令，而从连接脚本可以看出，将被存放在起始地址的正是 crt0.o 中代码段的内容，这也是该文件被称为"启动代码"的原因。crt0.s 由汇编写成，用户可以自行阅读，总体上该文件执行以下过程。

（1）对各种硬件寄存器、栈指针和控制信息的初始化。在前两个实验中，性能监测单元所需要添加的寄存器初始化也是在这个部分进行的。

（2）完成初始化后，处理器已经进入正确的状态，此时执行一条跳转指令 jal main，跳转到用户编写的 C 程序的主函数入口。

（3）main 函数执行完毕或遭遇错误后，视程序的执行结果，将返回 crt0.s 文件定义的 _exit 函数或 _fail 函数中，并将某个通用寄存器设置为一个特殊数值，而仿真文件 tb.v 在检测到这个特殊数值后，将输出信息并结束仿真。

综上所述，在编译和连接过程中，RISC-V 工具链依据连接脚本对段存储位置进行划分，生成完全连接的二进制文件（.elf 文件），只要这些指令和数据被放在与 linker.lcf 定义相一致的内存位置，处理器就可以顺次取指并完成程序的执行。

2. 加载指令和数据到仿真模型

SMART 平台是一个使用 VCS 软件进行 RTL 仿真的平台，所提供的处理器、总线、内存及其他外围模块均是 RTL 模型而非真实硬件。实际上，SMART 平台通过仿真文件 tb.v 将程序数据初始化到某块被实例化的内存 RTL 模型。具体地，在 tb/tb.v 中可以找到如下定义。

```
'define RTL_MEM        tb.x_soc.x_axi_slave128.x_f_spsram_large
```

该层次索引到的模块 x_f_spsram_large 即 RTL 中实例化的内存模型，其结构如图 9-4 所示。

此内存 RTL 模型每行由 RAM0～RAM15 构成 16 个字节，40 位 PC 的 pc[32:4]用于寻址行，该内存的最大深度为 29 位，模块总是传出一整行的 16 字节数据，而 40 位 PC 的最低 4 位 pc[3:0]则可对行内 16 字节的每个字节进行寻址，从而可以取出该模型定义范围内的任意字节。

基于上述内存模型，tb.v 首先用系统任务$readmemh 把 inst.pat 和 data.pat 中的内容读入一个中间数组。再通过一个 initial 过程直接对内存模型进行初始化。此后，处理器的 RTL 模型通过其内部控制逻辑，将从内存地址 0x0 位置开始取指并顺次执行，直到触发仿真结束条件。至此，一个嵌入式 C 程序在 SMART 平台上从编译、连接、初始化至内存模型到最终仿真的全过程就执行完毕。

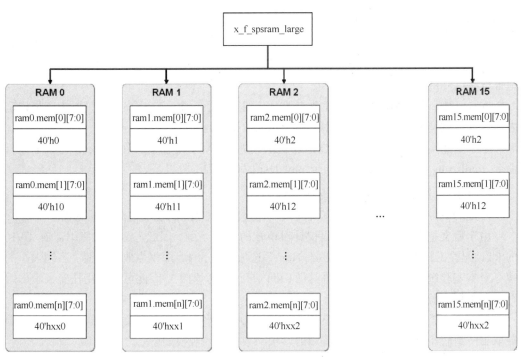

图 9-4　内存 RTL 模型 x_f_spsram_large 的结构

9.4.3　实验内容

1. YOLO 卷积函数的仿真

嵌入式系统通常不直接支持标准输入输出函数 scanf 和 printf，一般需要用户重写相关函数的实现。

标准输出函数 printf 最终将会调用 write 函数实现字符输出，SMART 平台重写了桩函数 _write 以实现仿真平台上的输出，代码位于 lib/clib/write.c，编译时它会替代原有的 write 函数，其实现如下。

```
#define write_char(x) asm("li x13, 0x0003fff8; sw %0, 0(x13)" ::"r" (x))
int _write (int fd, void *buf, size_t count)
{
uint8_t * buf_tmp = (uint8_t *)buf;
write_char(buf_tmp[0]);
}
```

桩函数 _write 调用了一条内联汇编指令，把要输出的字符写入地址 0x3fff8。之后，只需要在 tb.v 里不断检测处理器的地址线，当地址线的值等于 0x3fff8 时即表明发生了 _write 桩函数的调用，此时把仿真模型中总线上的数据信息取出，并调用 Verilog 的系统任务 $write 输出该字符即可。

该实现具有某些安全性方面的问题，但胜在简单。原则上 0x3fff8 这个地址是比较随意的，只要是嵌入式程序不会占用的一个空闲地址即可。printf 函数需要较多的时钟周期才能完成，频繁地调用该函数会大幅增加仿真时间，因此使用 SMART 平台进行仿真时不建议在源码中频繁使用 printf 函数。

SMART 平台的 rtl/platform/amba/axi/axi_interconnect128.v 文件定义了 SoC 上总线地址

的划分，它接收处理器的读写地址作为输入，并依照地址划分产生选通信号作为输出，以决定哪一个总线模块将处于工作状态。为了处理大规模的输入数据，可以定义一个新的总线模块，并将实例化的内存模型接到该总线上。只要进行正确的地址映射，该内存模型的地址就是已知的。

在 tb.v 中，使用$readmemh 任务将数据写到内存上；而在 C 程序中，只要为变量指定内存地址，就能够对在这块内存中已初始化的数据进行访问。

基于上述实现，可以对 YOLO 的卷积函数进行 SMART 仿真，在 workdir 目录下运行命令../tools/run_case ../case/conv_test/conv_test.c 即可。

2. CPI、缓存缺失率和分支预测统计

此处的统计原理与缓存操作实验类似，通过玄铁 C910 的性能监测单元完成。

由于后文指令分布统计的代码仅针对单核的情况编写，因此务必确认使用玄铁 C910 的 RTL 配置工具进行配置时将 "Core Num" 选项设置为 1，即仅生成一个核。不同大小的缓存对本实验统计结果的影响微乎其微（可以自行思考原因），因此可以使用任意大小的缓存配置进行实验。

考虑到完整卷积层的输入规模较大，在 SMART 平台上仿真需要的时间很长。本实验截取了一组较小规模的数据，所使用的卷积函数的输入规模如下。

```
para.input_w = para.input_h = 19        // 输入宽度和输入高度
para.input_c = 32                       // 输入通道
para.kernel_size = 3                    // 卷积核大小
para.kernel_n = 64                      // 卷积核数量
para.pad = 1                            // 补 0 数量
para.stride = 2                         // 卷积步长
```

在不同分支预测器下对给出的 YOLO 的卷积函数进行仿真，并统计结果和计算 CPI，将最终的仿真结果记录到表 9-6 中。

表 9-6　　　　　　　　　　YOLO 卷积函数的 CPI 和缓存缺失率统计表

测试结果名称	不同配置下的测试结果		
	MHCR 配置 1	MHCR 配置 2	MHCR 配置 3
周期数目			
指令数目			
CPI			
条件分支误预测数目			
L1 的读访问数目			
L1 的读缺失数目			
L1 的读缺失率			
L1 的写访问数目			
L1 的写缺失数目			
L1 的写缺失率			
L2 的读访问数目			

续表

测试结果名称	不同配置下的测试结果		
	MHCR 配置 1	MHCR 配置 2	MHCR 配置 3
L2 的读缺失数目			
L2 的读缺失率			
L2 的写访问数目			
L2 的写缺失数目			
L2 的写缺失率			

3. 指令分布统计

这一部分的实验旨在对卷积层的卷积计算所调用的机器指令按照类型进行统计，并画出各指令类型执行次数的分布图。

玄铁 C910 集成了表 9-7 所示的观测信号在处理器顶层以供测试使用。

表 9-7　　　　　　　　玄铁 C910 处理器退休指令观测信号

信号名	输入/输出	信号源	说明
core(x)_pad_retire0	输出	处理器	各个处理器退休指令 0 的指示信号： 0 表示当前周期没有指令退休； 1 表示当前周期有指令退休
core(x)_pad_retire0_iid[6:0]	输出	处理器	各个处理器退休指令 0 的指令 ID： 表明当前正在退休的指令的 ID
core(x)_pad_retire0_pc[39:0]	输出	处理器	各个处理器退休指令 0 的 PC： 表明当前正在退休的指令的 PC

玄铁 C910 为 3 发射超标量处理器，每个核心拥有 3 个指令退休信号，三者中的任意一个为高时，表明当前周期有指令将要退休。此时相应退休指令 PC 对应的内存位置存储的为该指令的机器编码。只要解析机器编码的操作码，就可以对指令进行分类和计数。

在此基础上，还有两点需要关注，分别是指令长度的区分和计数时机的确定。

在 RISC-V64GC 指令集中，指令可以是 32 位的（对应于 G），也可以是经过压缩后的 16 位指令（对应于 C），且 16 位指令可以任意地穿插于 32 位指令之间，而不需要经过任何额外的对齐操作。统计时需要识别当前退休的指令是 4B 还是 2B。

阅读 RISC-V 的说明文档可以知道，对于 RV64GC 而言，可以通过指令编码的最低 2 位区分指令长度。32 位指令的最低 2 位总是为 2'b11，而 16 位指令的最低 2 位则可以是 2'b00、2'b01、2'b10。因此在 tb.v 中得到正在退休指令的 PC 后，首先索引到 PC 对应的字节并取出最低 2 位（由于是小端存储，所以最低位总是位于 PC 对应的第一个字节，无论指令是 4B 还是 2B），判断得到指令长度后，再决定取出指令的哪些位作为分类依据。

为了精准定位希望进行指令统计的代码块，排除如 printf 等结果输出部分带来的开销，在源码中添加两个"哨兵"函数——guard_start 和 guard_end，将想要统计的代码放在两个函数之间。

```
guard_start();
{
```

```
    // 测试代码
    }
gurad_end();
```

代码经过编译和重定向后，在完全重定向的文件中可以找到这两个函数的入口。在 tb.v 中监测这两个函数入口的调用时机，并以此作为指令统计的起点和终点。为此，需要在 SMART 平台的 lib 目录下的 Makefile 中对 CFLAGS 参数进行修改，添加-fno-inline 和-g 两个选项，以保证主函数对这两个函数的调用以程序跳转的方式进行。

每次仿真结束后，会在 SMART 平台的 workdir 目录下生成两个文件——inst_count 和 inst_record。

inst_count 文件按照操作码的分类对每种类型指令的执行次数进行计数。其格式如下。

```
op[1:0]=11:
00: xx
01: xx
…
1f: xx
op[1:0]=00:
0: xx
1: xx
…
7: xx
…etc.
```

其中，"op[1:0]="表示所统计指令的最低 2 位。如果 op[1:0]为 11，则表示指令为 32 位指令，接下来每一行的开头 2 个字符以十六进制表示 op[6:2]这 5 位，它与 op[1:0]共同构成了 7 位的操作码。如果 op[1:0]为 10、01、00，则表示指令为 16 位指令，接下来每一行开头的字符以十六进制表示指令编码最高 3 位（即[15:13]）的值，它作为指令类型的扩展与 op[1:0]共同指示了指令所属的类型。每行冒号后的数值 xx 以十进制统计该指令的执行数量。

inst_record 文件详细记录了程序运行中每一条退休指令的 PC，这个文件比较长，感兴趣的读者可以查阅这个文件来分析源码的详细运行情况。

利用上述文件，进行测试程序的 RISC-V 指令分布的统计，并绘制出指令分布图。

9.5　本章小结

本章基于平头哥提供的开源 SoC 仿真 SMART 平台和开源处理器玄铁 C910，由浅入深地引出了 4 个 RTL 的 SoC 平台上的仿真实验。首先，介绍 SMART 平台的使用方式和仿真原理，为后续的仿真实验奠定基础。之后，缓存操作实验和分支预测实验分别探讨了缓存及分支预测对处理器性能的影响，在不同缓存大小配置和不同分支预测配置下进行程序仿真，理解缓存和分支预测的重要性。最后，结合第 8 章实验中介绍的 YOLO 卷积层和本章实验介绍的性能监测方式，通过在 SMART 平台进行 YOLO 卷积函数的仿真和性能监测，进一步理解嵌入式 C 裸机程序在玄铁 C910 上的开发过程和仿真原理，让读者了解缓存和分支预测对 YOLO 卷积函数的性能影响。

第 10 章
基于 FPGA 的 SoC 板级测试实验

本章基于平头哥提供的开源 SoC 平台（即 wujian100 平台），在 FPGA 上进行简单嵌入式应用的开发。共包括两个实验：第 1 个实验主要介绍 wujian100 平台的基本情况，包括 wujian100 平台的项目结构、前端仿真方法和 FPGA 测试方法等；第 2 个实验对 wujian100 平台上集成的一个语音识别模块进行硬件测试。两个实验能让读者对基于 wujian100 平台和 FPGA 的嵌入式应用开发流程与嵌入式应用的软硬件协同工作方式有更深刻的理解。

本章学习目标
（1）了解 wujian100 平台的项目结构。
（2）掌握 wujian100 平台 SoC 的结构。
（3）熟悉并掌握 wujian100 平台的前端仿真方法和 FPGA 测试方法。
（4）掌握外围硬件模块在 wujian100 平台 SoC 上的集成方法。
（5）了解基于 wujian100 平台和 FPGA 的嵌入式应用开发流程。

10.1　wujian100 平台介绍和 FPGA 测试

10.1.1　实验目的

wujian100 平台
介绍及 FPGA
测试

了解 wujian100 平台的项目结构，掌握 wujian100 平台 SoC 的系统结构，熟悉并掌握 wujian100 平台的前端仿真方法和 FPGA 测试方法。

10.1.2　实验介绍

wujian100 是一个基于微控制器的 SoC 平台，支持通过 EDA 工具进行前端仿真和制作 FPGA 进行测试。可以从平头哥开源项目网站获取 wujian100 的开源工程，其项目名为 wujian100_open。

1. wujian100 平台的项目结构
完整的 wujian100 平台有着如下所示的项目结构。

```
|--Project // 开源项目工作目录
    |--riscv_toolchain // 工具链安装目录，用户需要将工具链安装在该目录下
    |--wujian100_open // wujian100_open 平台项目工程目录，可从平头哥开源项目网站
                      // 获取平台代码
        |--case // 仿真使用的测试实例
        |--doc // wujian100_open 平台的用户手册
        |--fpga // FPGA 制作相关脚本
        |--lib // 仿真编译使用的脚本及库文件
        |--regress // 回归测试的结果
        |--sdk // 软件开发套件
        |--soc //SoC 的 RTL 源码
        |--tb // 仿真文件
        |--tools // 仿真脚本和环境变量设置文件
        |--workdir // 执行仿真的工作目录
        |--LICENSE
        |--README.md
```

上述项目结构中，riscv_toolchain 目录内需要放入平头哥提供的定制 RISC-V 工具链，工具链可从平头哥官方的资源网站获取；wujian100_open 目录内需要放入从开源项目网站下载的 wujian100_open 平台项目工程代码。

2. wujian100 平台 SoC 的结构

wujian100 平台 SoC 的结构如图 10-1 所示，采用了两级的 AHB。总线矩阵为第一级 AHB，其上连接处理器核、DMA 和 SRAM 缓存，并留有若干个主扩展口和从扩展口。下一级的 AHB LS 总线上留有 4 个从扩展口，并通过两个 APB 桥转换到 APB0 和 APB1，其上连接了一些常见外设。

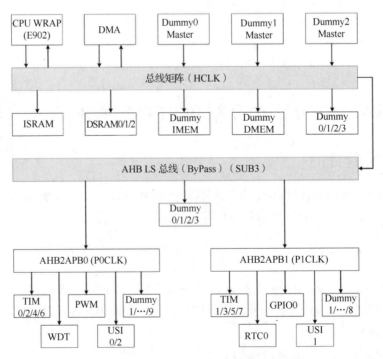

图 10-1　wujian100 平台 SoC 的结构

有关 wujian100 的处理器、存储器及主要外设已经在 6.4 节进行了较为详细的介绍，此处不再赘述。

10.1.3 实验内容

1. 使用 EDA 软件对 wujian100 进行前端仿真

wujian100 的前端仿真可以在 Linux 操作系统的虚拟机中进行，支持两种 EDA 软件——VCS 和 iverilog 进行仿真。

首先需要配置仿真环境。以 Linux 操作系统的虚拟机环境为例，首先需要在虚拟机中搭建具有完整项目结构的 wujian100 平台，包括 wujian100_open 平台项目工程代码和平头哥提供的定制 RISC-V 工具链。其后，需要安装 iverilog 或 VCS，此处推荐使用 iverilog，iverilog 是一款免费、轻量的 EDA 软件，可以比较便利地获取。具体地，对于 Ubuntu 系统，可以直接在命令行界面执行 sudo apt install iverilog 快速安装 iverilog。

仿真环境配置完毕后就可以用 VCS 或 iverilog 对测试实例进行仿真。下面以 iverilog 为例，给出具体的仿真步骤。

（1）进入 wujian100 平台项目根目录 Project。

（2）cd wujian100_open/tools。

（3）source setup.csh。

（4）cd ../wujian100_open/workdir。

（5）../tools/run_case -sim_tool iverilog ../case/timer/timer_test.c。

timer_test.c 是一个定时器的测试实例，wujian_100 的 case 目录下还有针对其他功能测试的测试实例，例如串口测试、DMA 测试等，感兴趣的读者可参考上述步骤对其他测试实例进行测试。

2. 将 wujian100 平台 SoC 下载到 FPGA 上进行测试

此处需要准备一台计算机，最好安装 Windows 10 或较旧版本的操作系统，最新的 Windows 11 和其他操作系统目前对调试驱动的兼容性可能存在问题。

首先搭建支持板级测试的环境。包括：下载 wujian100_open 平台项目工程代码；从平头哥官方资源网站下载安装 CDK 软件；从 Xilinx 官网下载安装 Vivado 软件，注意需要选择 2019.2 版本。

其次需要使用 Vivado 软件综合 wujian100 平台 SoC，以生成能够烧写到 FPGA 板子的 BIT 文件（位流文件）。本书附带的软件资源中提供了已进行综合实现的 wujian100 平台 SoC 的 Vivado 项目和生成的 BIT 文件，可通过 Vivado 2019.2 打开此项目。BIT 文件是项目文件夹下的 wujian100_open.runs/impl_1/wujian100_open_top.bit 文件。

准备好上板测试的环境和 BIT 文件后，即可连接 FPGA 进行调试。本实验使用的板子或 FPGA 为平头哥提供的 wujian100 平台的开发板套件，后续实验内容都基于开发板套件进行。具体的调试步骤如下。

（1）将套件内的 SD 卡插入 SD 卡槽（电源接口附近，板子背面）。

（2）将套件内的跳线帽连接到 J15 接口的 PS 模式（PS CFG）。

（3）插上电源线，并按开发板上的 Power 按键（如果 D3 Init LED 亮了表示已上电），为各模块上电（断电时，拔掉电源线前必须再按一次 Power 按键断电）。

（4）使用 T 口线将开发板上靠近电源接口的方形 USB 口（CONFIG 端口）与计算机连接，如图 10-2 所示。

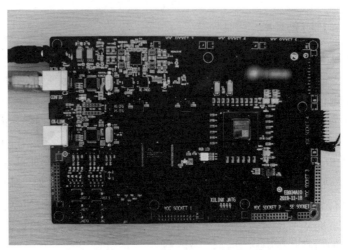

图 10-2　使用 T 口线连接 CONFIG 端口和计算机

（5）此时在计算机的"我的电脑"窗口中会多出一个可移动存储设备，容量就是 SD 卡的容量。

（6）将编译好的 BIT 文件重命名为 cfg.bit 并复制到上述可移动存储设备中。注意，文件名一定是 cfg.bit。

（7）轻按开发板上的 K6-RE-PROG 按键，进行程序加载。

（8）开发板上 D7 LED 灯开始快速闪烁，表示正在配置 FPGA。

（9）配置完成之后，D7 LED 灯停止闪烁，D1 Done LED 灯、D2 RGB LED 灯常亮，表示配置正确。

（10）使用 T 口线将 debug 接口（CK-LINK 端口）与计算机的 USB 口连接，如图 10-3 所示。

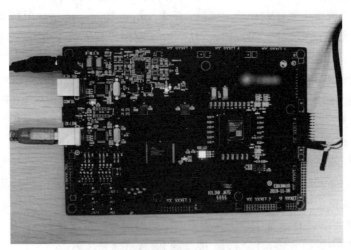

图 10-3　使用 T 口线连接 CK-LINK 端口和计算机

（11）更新计算机的 CK-LINK 驱动程序。安装 CDK 软件时自带的 CK-LINK 驱动程序可能版本较低，导致 CK-LINK 端口无法被计算机正确检测。CK-LINK 驱动程序可在平头哥的官方资源网站获取。

（12）使用套件内的串口线将开发板的 usi-usart 接口与计算机连接，此接口输出信息。串口线的 rx 和 tx 分别连接开发板的 J23 端口的 3 引脚和 4 引脚。连接后如图 10-4 所示。其中 YOC SOCKET4 黑色线接 2 号，绿色线接 3 号，白色线接 4 号，红色线不接。

图 10-4　连接 UART 串口和计算机

（13）打开下载好的 wujian100_open 平台项目工程，双击 sdk/projects/examples 目录下的 hello_world/CDK/wujian100_open-hello_world.cdkproj，会自动使用 CDK 软件打开示例的 helloworld 项目。

（14）右击工程，在快捷菜单中选择 Build 命令，如图 10-5 所示。

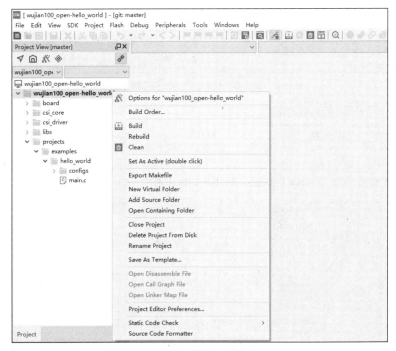

图 10-5　选择 Build 命令

（15）单击菜单栏中的 View 菜单项，选择 Serial Pane 命令，打开 CDK 的串口工具，连接开发板串口，右击 Serial Pane 窗格，在快捷菜单中选择 Settings 命令，再在打开的对话框中选择要连接的串口号，并设置波特率为 115200，如图 10-6 所示。

图 10-6　设置 CDK 软件的串口调试工具

（16）单击工具栏中的 Start/Stop Debugger 按钮开始调试，再单击 Continue Debugger 按钮运行工程后，Serial Pane 窗格将会输出 "Hello World!" 字符串，再次单击 Start/Stop Debugger 按钮即可结束调试。具体步骤如图 10-7、图 10-8、图 10-9 所示。

图 10-7　单击 Start/Stop Debugger 按钮开始调试

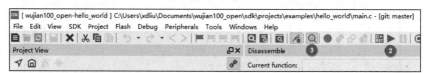

图 10-8　单击 Continue Debugger 按钮运行工程和单击 Start/Stop Debugger 按钮结束调试

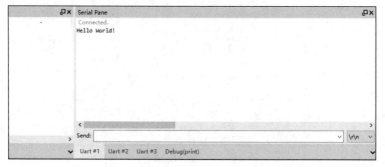

图 10-9　helloworld 项目的串口输出结果

按照上述步骤完成对 helloworld 项目的测试。除此之外，读者可参考上述步骤完成 wujian100_open 平台项目工程 sdk/projects/benchmark 目录下的两个示例 CDK 项目的板级测试，实际测试 wujian100 搭载的处理器的性能。

3．建立新的 CDK 项目并编译运行

建立新的 CDK 项目需要添加各种 wujian100 的库文件，以保证编译后的程序能够正常运行，较为复杂。实际上，可以基于 wujian100_open 项目的示例 CDK 项目建立新的 CDK 项目，这样建立的项目同样能够正常运行。下面以示例的 helloworld 项目为基础，建立新的项目。

（1）在 sdk/projects 目录下建立一个新的二级目录，如 dir1/test，用于存放新的项目，之后将 sdk/projects/examples/hello_world 目录下的文件复制到创建的 test 目录下。

（2）对 dir1/test/CDK 目录下的 wujian100_open-hello_world.cdkproj 进行重命名，如重命名为 wujian100_open-test.cdkproj。如果 CDK 目录下有*.cdkproj 之外的其他文件，可以将其他文件删除。

（3）用文本编辑器（例如记事本）打开*.cdkproj，将 Project Name 改为要创建的项目名（如 wujian100_open-test），在文件内搜索 examples/hello_world（helloworld 项目所在的二级目录），将其改为建立的二级目录 dir1/test。

（4）双击*.cdkproj 文件，用 CDK 打开建立的项目。通过资源目录可以找到主程序 main.c，也可以右击资源目录，在快捷菜单中选择相应命令，添加新的源文件，如图 10-10 所示。

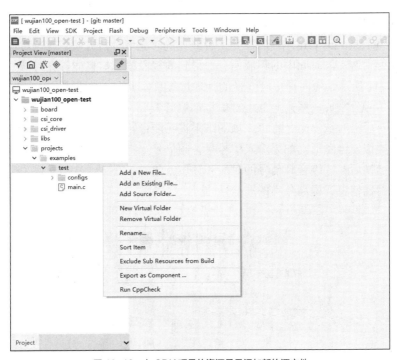

图 10-10　向 CDK 项目的资源目录添加新的源文件

（5）可直接修改 main.c 并自行编写一个 C 程序测试实例，程序功能可选择实现二分查找、快速排序或其他简单算法。然后根据前述的下板步骤编译 CDK 项目，在开发板上进行测试并通过串口输出信息检验功能的正确性。

10.2 语音识别电子系统综合设计

语音识别电子
系统综合实验

10.2.1 实验目的

通过在 wujian100 平台 SoC 上集成语音识别模块和对其进行测试，了解并掌握外围硬件模块在 wujian100 平台 SoC 上的集成方法，了解基于 wujian100 平台和 FPGA 的嵌入式应用开发流程。

10.2.2 实验介绍

关键词检测（keyword spotting，KWS），是指在一串连续的音频流中检测出预定义的词或者词组。在实际应用中，如手机的智能助手、智能住宅里支持的语音指令等，都需要用到关键词检测，当用户讲出预定义的关键词后，会触发相应的功能。

本实验使用的基于神经网络的 KWS 系统主要由两部分组成：音频特征提取器和神经网络分类器。音频特征提取器主要基于传统数学方法，通过分帧、傅里叶变换等信号处理手段将一维的音频信号转化为二维声谱图后，建立时域和频域的联系，再交由神经网络分类器进行运算识别。

1. 短时傅里叶变换和声谱图

声音信号是一维的时域信号，使用傅里叶变换对信号进行处理可以得到其频域信息。但一般的傅里叶变换在得到频域信息的同时也丢失了其时域信息，短时傅里叶变换（short-time Fourier transform，STFT）是一种经典的时频域分析方法，通过对信号分段进行傅里叶变换得到这一段时间内的频域信息，得到的多段频域信息能够在时域上联系起来。

如图 10-11 所示，短时傅里叶变换的处理过程总体上有 3 个步骤：首先对时域信号分帧，将长时信号分割成一系列局部短时信号；然后为每一帧信号加上汉宁窗，并对其做傅里叶变换；最后沿时域方向，将每一帧的结果进行能量转换并堆叠起来，就得到了信号的时频特征，类似二维图形。如果输入信号是音频信号，则将得到的图形称为声谱图。经过短时傅里叶变换后，一维音频信号的时域和频域就建立了联系，从而允许神经网络分类器获得更多的特征信息，提高分类的准确性。

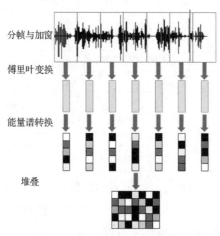

图 10-11 短时傅里叶变换对音频信号的处理过程

2. 梅尔频谱和梅尔滤波器

经过短时傅里叶变换生成的声谱图包含许多冗余的非人耳所能识别的频率数据，对于声音信号，常常通过梅尔滤波器组将声谱图转换为相应的梅尔频谱。

一般情况下，人耳能识别的频率范围在 20～20000Hz，但是人耳对声音频率的识别关系并不是简单的线性关系（例如人耳对中低频 1000Hz 左右的声音最为敏感，声音频率由 1000Hz 提高到 2000Hz 时，人耳并不能感受到频率成倍的变化）。为重新量化人耳对频率的感受特点，可以采用梅尔标度。人耳对于梅尔标度的感受是线性的，普通频率标度和梅尔频率标度的转换公式如式（10-1）所示。

$$mel(f) = 2595\lg\left(1 + f/700\right) \tag{10-1}$$

如图 10-12 所示，在频率较低的时候，梅尔标度随频率增加迅速增加，当频率到达一定程度则趋于平缓，低频处梅尔标度相对频率的导数更大，反映了人耳对低频声音比高频声音更加敏感。

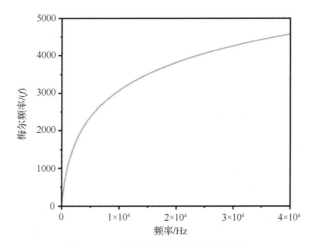

图 10-12　梅尔标度与普通频率标度的关系

研究者受到梅尔标度的启发，设计了相应的梅尔滤波器。低频处滤波器的阈值高，数量多；高频处滤波器的阈值低，数量少。

3. 离散余弦变换和梅尔频率倒谱系数

每一帧的时域信号经过短时傅里叶变换和梅尔滤波器组滤波后，需要计算其每一组梅尔滤波器输出信号的对数能量。计算公式如式（10-2）所示。

$$s(m) = \ln\left(\sum_{k=0}^{N-1}\left(\left|X_\alpha(k)\right|^2 H_m(k)\right)\right) \tag{10-2}$$

其中，$X_\alpha(k)$ 是短时傅里叶变换的输出，$H_m(k)$ 是第 m 个梅尔滤波器的频率响应。

得到对数能量后，再通过离散余弦变换计算得到梅尔频率倒谱系数，计算公式如式（10-3）所示。

$$C(n) = \sum_{k=0}^{N-1} s(m)\cos\left(\pi n(m-0.5)/M\right), \quad n=1,2,\cdots,L \tag{10-3}$$

其中，N 是短时傅里叶变换分帧后的帧的总数量，k 用于指代某一帧，L 是梅尔频率倒谱系数的阶数，M 是三角滤波器的个数。

4. 神经网络分类器

网络分类器是基于神经网络 KWS 系统中最为关键的部分，它由神经网络构建而成，对音频特征提取器生成的声谱图进行运算分类，识别出相应的音频信息。

在较早的阶段，一般通过结合深度神经网络与隐马尔可夫模型的方式设计网络分类器，后面逐渐出现了卷积神经网络和循环神经网络的分类器。发展到现在，KWS 系统的网络分类器一般选择使用卷积神经网络或循环神经网络，而深度神经网络由于结构复杂和精度较低已经逐渐被淘汰。

（1）基于卷积神经网络的 KWS 网络分类器。绝大部分的神经网络 KWS 系统利用梅尔频谱将音频信号转换压缩为二维的声谱图进行识别分类。不同于自然语言处理复杂的上下文关系，KWS 系统主要针对字词识别，从连续语音中截取的片段长度较短，上下文关系相对简单，生成的声谱图较小。研究者基于这一特点，借鉴神经网络图像识别方法，利用纯卷积神经网络对声谱图进行特征提取和识别分类，核心思想就是利用声谱图将音频识别问题转换为简单的图像识别问题。卷积神经网络无论是在准确率还是在模型大小方面都要优于深度神经网络，但是卷积神经网络在建模时变信号（例如语音）时，会忽略长期的时间依赖性。卷积神经网络对于时间和频谱的相关性利用主要体现在卷积核的尺寸上，这也导致卷积神经网络在通过增加隐藏层保证准确率的同时，会导致严重的存储问题和计算负担，耗费大量硬件资源和增加功耗。

（2）基于循环神经网络的 KWS 网络分类器。循环神经网络独特的循环结构对于连续时序数据的处理很有优势，相较于卷积神经网络忽略长期时间依赖性的缺点，循环神经网络更容易建立数据上下文的联系，这使得基于循环神经网络设计的 KWS 系统有着更好的准确率。然而，循环神经网络也只对输入特征的时序连续性进行建模，而忽略了时频率之间的特征联系。因此，循环神经网络仍然需要增加大量的隐藏层以提取输入数据特征，从而保证 KWS 系统的识别准确率，这同样会耗费大量的硬件资源。

（3）基于卷积循环神经网络混合设计的 KWS 网络分类器。由于卷积计算的特点，卷积神经网络对于范围空间的特征提取能力强，但无法建立长期时序的数据联系；相反，循环神经网络能够建立良好的长序列的上下文联系，但其对于空间范围的特征提取能力较弱。基于卷积神经网络和循环神经网络的特点，可以设计出基于卷积循环神经网络的 KWS 网络分类器，首先使用卷积神经网络对声谱图进行平移卷积计算，以获得空间范围的特征信息，接着将结果送入循环神经网络建立长期时序上的联系。

本实验集成的 KWS 硬件模块中使用的神经网络分类器属于卷积循环神经网络混合设计的检测网络，并在算法结构、参数数量等方面进行了优化，使该网络更契合硬件设计特点，更易于在嵌入式硬件平台进行部署。

5. KWS 系统在 wujian100 平台 SoC 上的集成实现

上个实验已经对 wujian100 平台的 SoC 及它在 FPGA 上的实现进行了介绍，并对该如何通过 CDK 软件进行仿真调试进行了说明。本实验将在 wujian100 平台的 SoC 中集成 KWS 系统，即将一个封装的 KWS IP 核集成到 SoC 中。

整个 KWS 系统，包括预处理过程和神经网络分类器，均由一个 IP 核实现，该 IP 核的结构如图 10-13 所示。

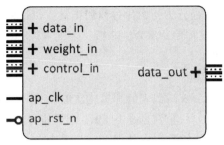

图 10-13　KWS IP 核的结构

可以看到，KWS IP 核主要有如下 4 个数据通道。

（1）data_in：需要传输的音频数据。

（2）weight_in：KWS IP 核中神经网络用到的已经训练好的权重数据。

（3）control_in：用于控制权重和数据输入的信号。

（4）data_out：输出的数据，用于和标签比较以得到识别结果。

KWS IP 核的 4 个数据通道均采用 AXI-Stream 总线协议实现，易于在 wujian100 平台 SoC 上集成。

KWS IP 核的神经网络分类器有 12 个分类，即有 12 个分类标签。从 data_out 端口读取的第 1 个数据对应第 1 个标签的置信度值，读取的第 12 个数据对应第 12 个标签的置信度值，读取的数据顺序和标签顺序相对应。第 1 个标签至第 12 个标签分别如下：

`_silence_, _unknown_, yes, no, up, down, left, right, on, off, stop, go`

得到 12 个标签的置信度值后，最大的置信度值对应的标签即神经网络分类器的预测结果。

为了在 wujian100 中集成该 IP 核，首先需要了解 wujian100 平台 SoC 的结构。其结构如图 10-1 所示。

本书附带的软件资源中提供了已将 KWS IP 核集成到 wujian100 平台 SoC 的 Vivado 项目，在该项目中，KWS IP 核集成在 Bus Matrix（HCLK）上的 Dummy 0/1/2/3 这 4 个扩展口上，这 4 个扩展口的地址如表 10-1 所示。其中，data_in 集成到地址 0x4001_0000，weight_in 集成到地址 0x4002_0000，control_in 集成到地址 0x4010_0000，data_out 集成到地址 0x8000_0000。

表 10-1　　　　　　　　　　　wujian100 平台 SoC 的部分地址映射 1

地址空间范围	设备名	空间大小	主/从	说明（实例名）
0x3000_0000～0x3007_FFFF	MemDummy	512KB	S5	datamem_dummy_top1
0x4001_0000～0x4001_FFFF	Dummy	64KB	S7	main_dummy_top0
0x4002_0000～0x4002_FFFF	Dummy	64KB	S8	main_dummy_top1
0x4010_0000～0x401F_FFFF	Dummy	1MB	S9	main_dummy_top2
0x8000_0000～0x9FFF_FFFF	Dummy	512MB	S11	main_dummy_top3

由于 wujian100 平台 SoC 内部互连采用的是 AHB，而 KWS IP 核用的是 AXI 总线接口，连接时调用了 Vivado 内的 AHB 转 AXI 总线的 IP 核（AHB-Lite to AXI Bridge）。

此外，由于权重数据存储的需要，在总线矩阵（HCLK）上的 MemDummy 接口连接了一个 256KB 的块随机存取存储器（block RAM、BRAM、FPGA 上的一种存储资源），MemDummy 接口的地址为 0x3000_0000。

KWS IP 核的整个工作流程分为初始化过程和正常工作过程。在编写 CDK 项目内的 C 程序时，要按照下面的工作流程使用 KWS IP 核，否则 KWS IP 核将无法正常工作。

对于初始化过程，流程如下。

（1）向 control_in 端口写 0。

（2）向 data_in 端口写入余弦函数表值和量化比值，共 746 个浮点数。

（3）向 weight_in 端口写入权重数据，共 8970 个无符号整数。

（4）向 data_in 端口写入初始化输入数据，应至少为 3200 个浮点 0。

对于正常工作过程，流程如下。

（1）向 control_in 端口写 1。

（2）向 data_in 端口写入音频数据（一次可传输 1s 内采样的数据，共 8000 个浮点数）。

（3）从 data_out 端口读取 12 个浮点数。

（4）向 control_in 端口写 1。

（5）向 data_in 端口写入音频数据（一次可传输 1s 内采样的数据，共 8000 个浮点数）。

（6）从 data_out 端口读取 12 个浮点数。

（7）重复上述过程。

上述初始化过程中的余弦函数表值和量化比值及权重数据均存储在 MemDummy 接口连接的 BRAM 内。其中余弦函数表值和量化比值存储在空间 0x3000_0000～0x3000_0BA7，共有 746 个浮点数；而权重数据存储在空间 0x3000_0BA8～0x3000_97CF，共有 8970 个无符号整数。

10.2.3 实验内容

本书附带的软件资源中提供了已将 KWS IP 核集成到 wujian100 平台 SoC 的 Vivado 项目，可以使用 Vivado 2019.2 打开，该 Vivado 项目中 KWS IP 核的集成方式和工作流程均在实验介绍中给出，后续实验内容都将在该 Vivado 项目的基础上进行。

本书附带的软件资源中也提供了用于 KWS IP 核测试的音频源文件，共有 50 个 WAV 文件，其中每个标签有 5 个对应的 WAV 文件（不需要_silence_和_unknown_的 WAV 文件），使用这 50 个 WAV 文件对 KWS IP 核进行测试。

1. 测试集成的 KWS IP 核

本书附带的软件资源中提供了已将 KWS IP 核集成到 wujian100 平台 SoC 的 Vivado 项目，可以使用 Vivado 2019.2 打开，基于该项目可综合得到后续下载到 FPGA 开发板上的对应 BIT 文件。

为测试实际硬件工作过程中 KWS IP 核的功能，本实验需要编写嵌入式控制程序和计算机端辅助脚本。同时，为帮助读者快速理解程序功能，本实验也提供了大体的程序框架，读者只需按照提示补全程序框架。

对于嵌入式控制程序，首先需要在 CDK 软件中进行编译、连接等步骤并生成指令和数据，后通过 CK-LINK 端口将指令和数据烧录到嵌入式处理器的指令存储器和数据存储器，最后基于 CDK 软件控制嵌入式处理器的运行以实现程序调试。

嵌入式控制程序的主要工作步骤如下。

（1）初始化 UART 串口，配置串口波特率和工作模式等。

（2）初始化 KWS IP 核，向其中写入余弦函数表值和量化比值、权重数据、初始化输入数据等。

（3）等待 UART 串口接收得到的音频数据（计算机端发送），读取音频数据并将其写入 KWS IP 核的 data_in 端口。

（4）KWS IP 核处理结束后，通过 UART 串口将其 data_out 端口的 12 个输出数据发送到计算机端。

（5）循环步骤（3）、步骤（4）。

对于计算机端辅助脚本，首先需要解析测试用的音频文件并得到对应格式的音频数据，然后将其通过 UART 串口发送到 FPGA 开发板；除此之外，还需要收集板子通过 UART 串口发送回来的结果数据，并据此统计得到预测结果和预测准确率。

计算机端辅助脚本的主要工作步骤如下。

（1）读取测试用的音频文件，解析得到十六进制表示的浮点格式的音频数据。

（2）配置 UART 串口。

（3）通过 UART 串口向 FPGA 开发板发送解析后的音频数据，同时并发另一个线程收集 UART 串口接收的结果数据，向串口发送数据和从串口接收数据是同步工作的。

（4）收集得到结果数据后，将其与标签数据进行比对，统计预测结果，进一步可根据参考结果计算预测准确率。

本实验中，串口是由计算机端辅助脚本进行控制的，不需要使用 CDK 软件内的串口工具进行串口连接。计算机端辅助脚本实际执行时存在两个线程：一个是向串口发送数据的主线程，另一个是从串口接收数据的线程。编写计算机端辅助脚本时，读者可以先实现单次进行单个音频文件的测试，正确无误后再考虑实现单次进行多个音频文件的测试。

准备好 BIT 文件并编写好嵌入式控制程序和计算机端辅助脚本后即可进行上板测试，上板的步骤在本章上个实验中已经进行了详细的介绍。上板测试时需要同时运行嵌入式控制程序和计算机端辅助脚本，两个程序具体的执行顺序应该是：首先在 CDK 软件中进入调试模式，令嵌入式程序等待 UART 串口的输入；然后执行计算机端辅助脚本，向串口发送测试数据并收集结果数据。

2. 更改 KWS IP 核的集成位置并再次测试

本实验提供的已将 KWS IP 核集成到 wujian100 平台 SoC 的 Vivado 项目中，KWS IP 核的集成位置为 wujian100 平台 SoC 上总线矩阵（HCLK）的 4 个从扩展口 Dummy 0/1/2/3。这一部分实验要求读者参考示例 Vivado 项目中的集成方式重新挂载 KWS IP 核，即修改 KWS IP 核的集成位置。

修改后 KWS IP 核的集成位置为 wujian100 平台 SoC 上 AHB LS 总线的 4 个从扩展口 Dummy 0/1/2/3，对应的地址如表 10-2 所示。

表 10-2   **wujian100 平台 SoC 的部分地址映射 2**

地址空间范围	设备名	空间大小	主/从	说明（实例名）
0x4020_0000～0x4020_0FFF	Dummy	4KB	S0	lsbus_dummy_top0
0x4030_0000～0x403F_FFFF	Dummy	1MB	S1	lsbus_dummy_top1
0x7000_0000～0x77FF_FFFF	Dummy	128MB	S4	lsbus_dummy_top2
0x7800_0000～0x7FFF_FFFF	Dummy	128MB	S5	lsbus_dummy_top3

对 wujian100 平台 SoC 的 RTL 代码进行修改并完成 KWS IP 核在另一个集成位置的重新挂载后，需要在 Vivado 中重新进行综合、实现，以生成新的 BIT 文件。需要注意的是，重新挂载后的 KWS IP 核的各个输入输出端口的地址发生了变化，需要对测试用的嵌入式控制程序进行适当修改。

完成 KWS IP 核的重新挂载和嵌入式控制程序的修改后，将重新生成的 BIT 文件下载到 FPGA 开发板上再次进行测试，验证硬件修改得是否正确无误。

3．数据统计

依照前述步骤，编写嵌入式控制程序和计算机端辅助脚本，新建 CDK 项目并将编写的嵌入式控制程序作为源码添加到项目中。首先对本实验提供的示例 Vivado 项目进行测试，之后修改 KWS IP 核的挂载位置并再次进行测试。由于只是对 KWS IP 核的集成位置进行了修改，并未修改 KWS IP 核的功能，若硬件修改无误，两次测试的结果应该一致。

本实验提供的测试音频文件中每种标签有 5 组音频数据（不包括_silence_、_unknown_标签），统计所有测试用的音频文件对应的 KWS 系统的输出结果和预测结果，并将结果记录在表 10-3 中。

表 10-3　　　　　　　　　**KWS IP 核的功能测试结果记录表格**

测试音频文件序号	文件对应标签	KWS IP 核的预测标签
1		
2		
3		
…		
50		

根据表 10-2，最后可计算得到 KWS IP 核的预测准确率。

10.3　本章小结

本章基于平头哥提供的开源 SoC 平台（即 wujian100 平台）和配套的 FPGA 开发板，介绍了两个在 FPGA 开发板上进行程序调试的实验。首先，系统性地介绍了 wujian100 平台的情况，包括其本身的项目结构、SoC 的结构等，通过 wujian100 平台内置的一些简单测试实例给出了在 wujian100 平台上的前端仿真方法，结合配套的 FPGA 开发板逐步说明如何将 wujian100 SoC 下载到 FPGA 开发板并借助 CDK 软件进行程序调试。之后，基于前述的实际上板步骤，通过编写软件程序和修改硬件等对集成在 wujian100 平台 SoC 上的 KWS IP 核进行功能测试，在这一过程中读者可以对嵌入式应用的开发流程和软硬件协同的工作原理有进一步的了解。

参考文献

[1] PEI J，DENG L，SONG S，et al. Towards artificial general intelligence with hybrid Tianji chip architecture[J]. Nature，2019，572（7767）：106-111.

[2] HENNESSY J L，Patterson D A. Computer architecture: a quantitative approach[M]. Amsterdam：Elsevier，2011.

[3] ASANOVIC K，PATTERSON D A，CELIO C. The Berkeley Out-of-Order Machine (BOOM): An industry-competitive，synthesizable，parameterized RISC-V processor[R]. University of California at Berkeley Berkeley United States，2015.

[4] 唐朔飞. 计算机组成原理[M]. 2 版. 北京：高等教育出版社，2008.

[5] 郭炜，魏继增，郭筝，等. SoC 设计方法与实现[M]. 北京：电子工业出版社，2017.